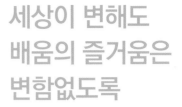

세상이 변해도
배움의 즐거움은
변함없도록

시대는 빠르게 변해도
배움의 즐거움은
변함없어야 하기에

어제의 비상은
남다른 교재부터
결이 다른 콘텐츠
전에 없던 교육 플랫폼까지

변함없는 혁신으로
교육 문화 환경의 새로운 전형을
실현해왔습니다.

비상은 오늘, 다시 한번
새로운 교육 문화 환경을 실현하기 위한
또 하나의 혁신을 시작합니다.

오늘의 내가 어제의 나를 초월하고
오늘의 교육이 어제의 교육을 초월하여
배움의 즐거움을 지속하는 혁신,

바로, 메타인지 기반 완전 학습을.

상상을 실현하는 교육 문화 기업 비상

메타인지 기반 완전 학습

초월을 뜻하는 meta와 생각을 뜻하는 인지가 결합한 메타인지는
자신이 알고 모르는 것을 스스로 구분하고 학습계획을 세우도록 하는
궁극의 학습 능력입니다. 비상의 메타인지 기반 완전 학습 시스템은
잠들어 있는 메타인지를 깨워 공부를 100% 내 것으로 만들도록 합니다.

야 초등과학 5-1

(공부계획표)

나는 이렇게 공부할 거야! ✏️

초등학교   이름

과학 공부
습관 기르고!

과학 자신감 올리고!

왜 진도책

초 등 과 학

5.1

차례

규칙적으로 공부하고, 공부한 내용을
확인하는 과정을 반복하면서 과학이
재미있어지고, 자신감이 쌓여갑니다.

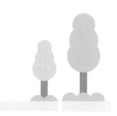

구성과 특징

오투와 함께 하면,
단계적으로 학습하여 규칙적인 공부 습관을 기를 수 있습니다.

진도책 — 개념 학습

탐구로 시작하여 개념을 이해할 수 있도록 구성하였고, 9종 교과서를 완벽하게 비교 분석하여 빠진 교과 개념이 없도록 구성하였습니다.

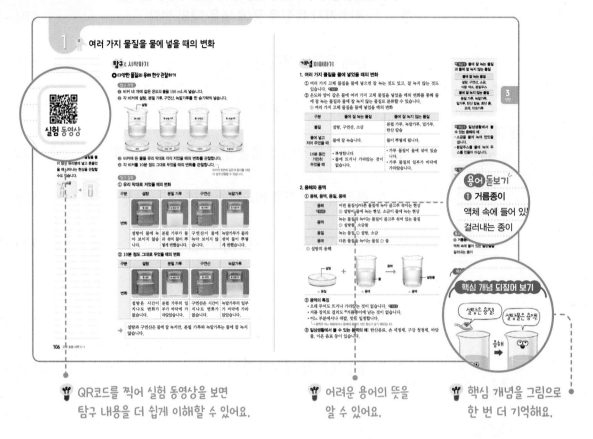

💡 QR코드를 찍어 실험 동영상을 보면 탐구 내용을 더 쉽게 이해할 수 있어요.

💡 어려운 용어의 뜻을 알 수 있어요.

💡 핵심 개념을 그림으로 한 번 더 기억해요.

문제 학습

단계적 문제 풀이를 할 수 있도록 구성하였습니다.

기본 문제로 익히기 ▶ **실력 문제**로 다잡기 ▶ **단원** 마무리 문제

평가책

단원별로 개념을 한눈에 보이도록 정리하였고, 효과적으로 복습할 수 있도록 문제를 구성하였습니다. 학교 단원 평가와 학업성취도 평가에 대비할 수 있습니다.

단원 평가 대비
- 단원 정리
- 쪽지 시험 / 서술 쪽지 시험
- 단원 평가
- 서술형 평가

학업성취도 평가 대비
- 학업성취도 평가 대비 문제 1회(1~2단원)
- 학업성취도 평가 대비 문제 2회(3~4단원)

과학자처럼 탐구하기

과학자들은 우리 주변에서 일어나는 자연 현상에 궁금한 문제가 생기면
탐구를 하여 궁금한 문제를 해결해 갑니다.
에이크만은 각기병을 치료하는 물질을 찾은 과학자입니다.
에이크만의 이야기를 읽으며 과학자가 탐구하는 과정을 알아봅시다.

1 탐구 문제 정하기   문제 인식, 가설 설정

각기병은 다리가 붓고 마비되어 잘 걷지 못하는 병입니다. 에이크만은 각기병에 걸렸던 닭이 회복된 것을 발견했습니다. 닭의 모이가 흰쌀에서 현미로 바뀐 후의 일이었습니다. 에이크만은 현미에 각기병을 치료하는 물질이 들어 있을 거라고 생각했습니다.

실험을 계획하고 실행하기 2
변인 통제

에이크만은 닭을 두 무리로 나누어 한 무리는 흰쌀만 먹이고, 다른 한 무리는 현미만 먹이며 닭의 상태를 관찰했습니다. 이때 모이의 양, 우리의 크기 등 다른 조건은 같게 했습니다. 에이크만은 닭의 상태를 꾸준히 관찰하고 기록했습니다.

3 실험 결과를 정리하고 해석하기

자료 변환, 자료 해석

에이크만은 관찰 결과를 해석하였고, 그 결과 흰쌀을 먹인 닭만 각기병에 걸린 것을 발견했습니다.

또 각기병에 걸린 닭에게 현미를 먹이며 관찰한 결과, 닭에게 현미를 먹이면 각기병이 낫는다는 사실을 발견했습니다.

4 결론 내리기 결론 도출

에이크만은 실험으로 자신의 생각이 옳다는 것을 확인하고, 현미에는 각기병을 치료하는 물질이 들어 있다는 결론을 얻었습니다.

우리도 과학자처럼 탐구하여 궁금한 문제를 해결해 봅시다.

1 탐구 문제 정하기 (문제 인식, 가설 설정)

탐구로 시작하기

탐구 문제 정하기

탐구 과정

❶ 색종이의 꼭짓점 네 개를 안쪽으로 접습니다.
❷ 쟁반에 물을 담고, 접은 색종이를 물 위에 띄운 후 일어나는 변화를 관찰합니다.

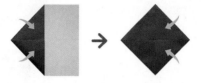

탐구 결과

① 접은 색종이를 물 위에 띄웠을 때 일어나는 변화

- 색종이가 물에 젖으면서 접힌 부분이 펴지기 시작합니다.
- 색종이에서 각각의 접힌 부분이 펴지는 데 걸리는 시간이 다릅니다.
- 색종이가 모두 펴졌을 때 색종이는 젖어 있습니다.

② 관찰하면서 생긴 궁금한 점을 생각하고, 탐구 문제 정하기

- 색종이를 접어 물 위에 띄우면 왜 색종이가 펴질까?
- 종이의 종류가 다르면 접힌 부분이 펴지는 데 걸리는 시간도 다를까?

탐구 문제 종이의 종류에 따라 접힌 부분이 물 위에서 펴지는 데 걸리는 시간은 다를까?

개념 이해하기

1. 탐구 문제를 정하는 방법

① **문제 인식**: 자연 현상을 관찰하고 탐구할 문제를 찾아 명확하게 나타내는 것 └→ 분별하고 판단하여 하는 일
② **탐구 문제를 정하는 방법**: 관찰한 현상에서 생긴 궁금한 점을 탐구 문제로 정합니다. 📖 '왜 그럴까?', '이것은 무엇일까?', '~하면 어떻게 될까?'
③ **탐구 문제를 정할 때 생각할 점**
- 탐구하려는 내용이 분명히 드러나야 합니다.
- 관찰이나 실험을 통해 스스로 해결할 수 있어야 합니다.
- 탐구 범위가 좁고 구체적이어야 합니다.

2. 탐구 문제의 답을 예상하기 →탐구 문제를 정한 뒤 탐구 문제의 답을 예상해 볼 수도 있습니다.

① **가설 설정**: 탐구 문제의 답을 예상하는 것 📖 종이의 종류에 따라 접힌 부분이 물 위에서 펴지는 데 걸리는 시간은 다를 것이다.
② 가설은 자신이 경험한 것이나 이미 알고 있는 내용을 바탕으로 세울 수 있습니다.

기본 문제로 익히기

◎ 정답과 해설 ● 2쪽

1 접은 색종이를 물 위에 띄웠을 때 일어나는 변화로 옳지 <u>않은</u> 것은 어느 것입니까? ( )

① 색종이가 물에 젖는다.
② 색종이의 색깔이 바뀐다.
③ 색종이의 접힌 부분이 펴진다.
④ 색종이가 모두 펴졌을 때 색종이는 젖어 있다.
⑤ 각각의 접힌 부분이 펴지는 데 걸리는 시간이 다르다.

2 다음에서 설명하는 것은 무엇인지 써 봅시다.

자연 현상을 관찰하고 탐구할 문제를 찾아 명확하게 나타내는 것이다.

( )

3 탐구 문제를 정할 때 생각할 점으로 옳지 <u>않은</u> 것을 **보기**에서 골라 기호를 써 봅시다.

보기
㉠ 스스로 해결할 수 있어야 한다.
㉡ 탐구 범위가 좁고 구체적이어야 한다.
㉢ 탐구하려는 내용이 드러나지 않아야 한다.

( )

2 실험 계획 세우기

탐구로 시작하기

실험 계획 세우기

① 탐구 문제를 해결하려면 어떻게 실험할지 생각하기

> **탐구 문제** 종이의 종류에 따라 접힌 부분이 물 위에서 펴지는 데 걸리는 시간은 다를까?

② 실험에서 다르게 해야 할 조건과 같게 해야 할 조건을 찾고, 그 방법 정하기

다르게 해야 할 조건	종이의 종류: 색종이, 한지, 신문용지, 도화지
같게 해야 할 조건	• 종이의 크기: 가장 긴 부분의 지름이 6 cm인 종이 • 종이의 모양: 같은 꽃 모양 • 종이를 접는 방법: 같은 힘을 주어 한쪽 방향으로 접기 • 물의 양: 500 mL 종이의 종류 외의 모든 조건을 같게 해야 합니다.

③ 실험할 때 관찰하거나 측정해야 할 것 정하기

> 종이의 접힌 부분이 물 위에서 펴지는 데 걸리는 시간

④ 실험 과정과 준비물, 안전 수칙 정하기

> [실험 과정]
> ❶ 색종이로 만든 꽃 모양 종이의 끝부분을 한쪽 방향으로 접기
> ❷ 접어 놓은 꽃 모양 색종이를 물 위에 띄우고, 모두 펴지는 데 걸리는 시간 측정하기
> ❸ 같은 방법으로 한지, 신문용지, 도화지로 만든 꽃 모양 종이가 모두 펴지는 데 걸리는 시간 측정하기
> [준비물] 색종이, 한지, 신문용지, 도화지, 꽃 모양 종이 틀, 쟁반, 물, 초시계
> [안전 수칙] 가위를 사용할 때 다치지 않도록 주의하기

⑤ 모둠 구성원의 역할 정하기

> • ○○○: 꽃 모양 종이 그리기   • ☆☆☆: 꽃 모양 종이 오리고 접기
> • ◇◇◇: 종이를 물 위에 띄우기   • □□□: 시간을 측정하고 기록하기

개념 이해하기

1. 실험 계획을 세우는 방법

┌ 실험 결과에 영향을 주는 조건
① **변인 통제**: 실험에서 다르게 해야 할 조건과 같게 해야 할 조건을 확인하고 통제하는 것 ➡ 변인 통제를 해야 다르게 한 조건이 실험 결과에 어떤 영향을 미치는지를 알 수 있습니다.
② **실험 계획을 세울 때 생각할 점**: 다르게 해야 할 조건과 같게 해야 할 조건, 관찰하거나 측정해야 할 것, 구체적인 실험 과정, 준비물, 안전 수칙, 모둠원의 역할 등

기본 문제로 익히기

○ 정답과 해설 ● 2쪽

1 다음 탐구 문제를 해결하기 위해 실험 계획을 세울 때 다르게 해야 할 조건은 어느 것입니까? (   )

> **탐구 문제** 종이의 종류에 따라 접힌 부분이 물 위에서 펴지는 데 걸리는 시간은 다를까?

① 물의 양
② 종이의 종류
③ 종이의 크기
④ 종이의 모양
⑤ 종이를 접는 방법

2 다음 (   ) 안의 알맞은 말에 ○표 해 봅시다.

> 변인 통제를 해야 (같게 , 다르게) 한 조건이 실험 결과에 어떤 영향을 미치는지를 알 수 있다.

3 실험 계획을 세울 때 생각할 점으로 옳지 않은 것을 보기 에서 골라 기호를 써 봅시다.

> 보기
> ㉠ 관찰하거나 측정해야 할 것을 생각한다.
> ㉡ 실험하면서 지켜야 할 안전 수칙을 생각한다.
> ㉢ 실험 과정은 구체적으로 생각하지 않아도 된다.

(   )

실험하기

탐구로 시작하기

꽃 모양 종이가 물 위에서 펴지는 데 걸리는 시간 측정하기

탐구 과정

❶ 색종이로 만든 꽃 모양 종이의 끝부분을 모두 한쪽 방향으로 접습니다.

❷ 접은 꽃 모양 색종이를 물 위에 띄우고, 색종이가 모두 펴지는 데 걸리는 시간을 반복하여 측정합니다.

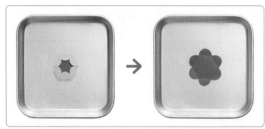

❸ 같은 방법으로 한지, 신문용지, 도화지로 만든 꽃 모양 종이가 모두 펴지는 데 걸리는 시간을 각각 측정합니다.

탐구 결과

꽃 모양 종이가 모두 펴지는 데 걸리는 시간

1회: 50초
2회: 49초
3회: 53초

▲ 색종이

1회: 1초
2회: 1초
3회: 1초

▲ 한지

1회: 4초
2회: 4초
3회: 4초

▲ 신문용지

1회: 1분 30초
2회: 1분 25초
3회: 1분 41초

▲ 도화지

개념 이해하기

1. 실험할 때 주의할 점

① 변인을 통제하면서 계획한 과정에 따라 실험합니다.
② 관찰하거나 측정하려고 했던 것을 생각하면서 결과를 기록합니다.
③ 실험 결과를 그대로 기록하고, 실험 결과가 예상과 다르더라도 고치거나 빼지 않습니다.
④ 실험하는 동안 안전 수칙을 지킵니다.

기본 문제로 익히기

○ 정답과 해설 ● 2쪽

1 다음은 접은 꽃 모양 종이를 물 위에 띄웠을 때의 변화를 설명한 것입니다. ( ) 안에 알맞은 말을 써 봅시다.

> 접은 꽃 모양 종이를 물 위에 띄우면 종이가 ( )에 젖으면서 꽃 모양 종이가 모두 펴진다.

( )

2 다음은 꽃 모양 종이를 물 위에 띄웠을 때 모두 펴지는 데 걸린 시간입니다. 색종이와 도화지 중 꽃 모양 종이가 모두 펴지는 데 걸린 시간이 더 짧은 것은 어느 것인지 써 봅시다.

색종이	50초
도화지	1분 30초

( )

3 실험할 때 주의할 점에 대해 잘못 설명한 친구의 이름을 써 봅시다.

> • 진우: 계획한 과정에 따라 실험해야 해.
> • 민지: 실험 결과가 예상과 다르면 결과를 기록하지 않아.

( )

4 실험 결과를 정리하고 해석하기

자료 변환,
자료 해석

탐구로 시작하기

실험 결과를 정리하고 해석하기

① 실험 결과를 표로 나타내기(자료 변환)

〈종이의 종류에 따라 접힌 부분이 물 위에서 펴지는 데 걸린 시간〉				
종이 종류 실험 횟수	색종이	한지	신문용지	도화지
1회	50초	1초	4초	1분 30초
2회	49초	1초	4초	1분 25초
3회	53초	1초	4초	1분 41초

→ 표의 제목을 씁니다.
→ 가로줄에는 실험에서 다르게 한 조건(종이의 종류)을 씁니다.
→ 세로줄에는 실험 횟수를 씁니다. → 각 칸에는 다르게 한 조건에 따라 나온 결과(시간)를 씁니다.

② 표를 보고 알 수 있는 점 생각하기(자료 해석)

- 종이가 모두 펴지는 데 걸린 시간이 가장 짧은 것은 한지이고, 가장 긴 것은 도화지입니다.
- 종이의 종류에 따라 종이가 펴지는 데 걸린 시간이 다릅니다.

③ 실험 과정에서 고치거나 더해야 할 것 찾아보기

- 꽃 모양 종이를 일정하게 접지 않았습니다.
- 꽃 모양 종이를 물 위에 비스듬히 올려놓아 일부분이 먼저 젖었습니다.

개념 이해하기

1. 실험 결과를 정리하고 해석하는 방법

→ 내용이나 형태가 달라져 다른 것으로 바꾸는 것

① **실험 결과를 정리하고 해석하는 과정**: 실험 결과 → 자료 변환 → 자료 해석
② **자료 변환**: 실험 결과를 표나 그래프 등의 형태로 바꾸어 나타내는 것
➡ 자료 변환을 하면 실험 결과의 특징을 쉽게 이해할 수 있습니다.

자료 변환의 형태	표, 그래프 → 자료를 변환할 때는 자료의 특징이 가장 잘 나타날 수 있는 형태로 바꾸어야 합니다.
실험 결과를 표로 나타내는 방법	❶ 다르게 한 조건에 따른 실험 결과가 잘 드러나도록 제목을 정합니다. ❷ 표의 첫 번째 가로줄과 첫 번째 세로줄에 나타낼 항목을 정합니다. ❸ 항목 수를 생각하여 가로줄과 세로줄의 개수를 정하고 표를 그립니다. ❹ 표의 각 칸에 실험 결과를 나타냅니다.

③ **자료 해석**: 실험 결과를 통해 알 수 있는 것을 생각하고, 자료 사이의 관계나 규칙을 찾아내는 것

- 실험에서 다르게 한 조건과 실험 결과는 어떤 관계가 있는지, 혹은 어떤 규칙이 있는지 등을 살펴봅니다. → 규칙에서 벗어난 값이 있다면 그 까닭이 무엇인지 생각합니다.
- 실험 방법이나 과정에서 문제가 있었는지 확인합니다. ➡ 변인 통제를 하지 않았거나 관찰 측정을 올바르게 하지 않았다면 실험을 다시 합니다.

과학
탐구

기본 문제로 익히기

● 정답과 해설 ● 2쪽

1 다음 ( ) 안에 알맞은 말을 써 봅시다.

> 실험 결과를 ( )나 그래프 등의 형태로 바꾸어 나타내면 실험 결과의 특징을 쉽게 이해할 수 있다.

( )

2 다음은 실험 결과를 표로 나타내는 방법을 순서에 상관없이 나타낸 것입니다. 순서대로 기호를 써 봅시다.

> ㉠ 제목을 정한다.
> ㉡ 표의 각 칸에 실험 결과를 나타낸다.
> ㉢ 항목 수를 생각하여 가로줄과 세로줄의 개수를 정하고 표를 그린다.
> ㉣ 표의 첫 번째 가로줄과 첫 번째 세로줄에 나타낼 항목을 정한다.

( ) → ( ) → ( ) → ( )

3 실험 결과를 통해 알 수 있는 것을 생각하고, 자료 사이의 관계나 규칙을 찾아내는 것을 무엇이라고 하는지 써 봅시다.

( )

5 결론 내리기

탐구로 시작하기

결론 이끌어 내기

① 실험 결과에서 결론 이끌어 내기

탐구 문제		실험 결과		결론
종이의 종류에 따라 접힌 부분이 물 위에서 펴지는 데 걸리는 시간은 다를까?	→	꽃 모양 종이를 접어 물 위에 띄웠을 때 한지, 신문용지, 색종이, 도화지 순서로 펴진다.	→	종이의 종류에 따라 접힌 부분이 물 위에서 펴지는 데 걸리는 시간은 다르다.

② 결론을 이용하여 무엇을 할 수 있는지 생각해 보고, 이를 바탕으로 새로운 실험 세우기

> 여러 종류의 꽃 모양 종이를 시간 간격을 두고 물 위에 띄우면 꽃이 동시에 피는 모습을 표현할 수 있을 것입니다.
>
> ------
>
> [제목] 꽃 모양 종이로 물 위에서 피는 꽃 표현하기
> [실험 과정]
> ❶ 색종이, 한지, 신문용지, 도화지로 꽃 모양 종이 만들기
> ❷ 꽃 모양 종이에 그림을 그리거나 글을 써서 꾸미기
> ❸ 꽃 모양 종이의 끝부분을 접어 도화지, 색종이, 신문용지, 한지 순서로 시간 간격을 두고 물 위에 띄우기
> ❹ 물 위에서 꽃이 동시에 피는 모습 표현하기
> [준비물] 여러 가지 색깔의 색종이, 한지, 신문용지, 도화지로 만든 꽃 모양 종이, 쟁반, 물, 사인펜
> [안전 수칙]
> • 가위를 사용할 때 다치지 않도록 주의하기
> • 쟁반에 물을 담을 때 튀거나 넘치지 않도록 주의하기

개념 이해하기

1. 실험 결과에서 결론을 이끌어 내는 방법

┌•실험 결과를 해석하여 얻은 탐구 문제의 답
① **결론 도출**: 실험 결과에서 결론을 이끌어 내는 것
② **결론을 도출하는 방법**
  • 탐구 문제를 확인한 후 계획을 세워 실험하고, 실험 결과를 해석하여 결론을 이끌어 냅니다.
  • 결론을 내릴 때에는 과학적인 근거를 들어 판단해야 합니다.
  • 실험 결과를 해석한 후 가설이 맞는지 판단하고 결론을 이끌어 냅니다.
    ➡ 실험 결과가 가설과 다르면 가설을 수정해 탐구를 다시 시작해야 합니다.

기본 문제로 익히기

◉ 정답과 해설 ● 2쪽

1 다음 내용으로 실험을 계획할 때 계획서에 들어갈 내용이 <u>아닌</u> 것은 어느 것입니까? ( )

> 여러 종류의 꽃 모양 종이를 시간 간격을 두고 물 위에 띄우면 꽃이 동시에 피는 모습을 표현할 수 있을 것이다.

① 제목
② 날씨
③ 준비물
④ 실험 과정
⑤ 안전 수칙

2 실험 결과에서 결론을 이끌어 내는 것을 무엇이라고 합니까? ( )

① 문제 인식
② 변인 통제
③ 결론 도출
④ 자료 변환
⑤ 자료 해석

3 다음은 결론을 도출하는 방법입니다. ( ) 안에 알맞은 말을 각각 써 봅시다.

> 탐구 문제를 확인한 후 계획을 세워 (㉠)을 하고, 실험 결과를 (㉡)하여 결론을 이끌어 낸다.

㉠: ( )
㉡: ( )

1

온도와 열

고체, 액체, 기체에서
열은 어떻게 이동할까요?

얼음물 속에 음료수를 넣어 놓으면
음료수의 온도는 어떻게 변할까요?

1 온도를 측정하는 까닭

탐구로 시작하기

○ 온도 측정이 필요한 까닭 알아보기

> **탐구 과정**

❶ 일상생활에서 온도를 **❶어림**하는 사례를 알아봅시다.

바깥 공기의 온도를 어림합니다.

목욕탕 물에 손을 넣어 보며 물의 온도를 어림합니다.

이마를 손으로 만져 보며 몸의 온도를 어림합니다.

❷ 일상생활에서 온도를 측정하는 사례를 알아봅시다.

❷온실 안 농작물이 자라기 적절한 온도인지 공기의 온도를 측정합니다.

어항 속 열대어가 살기 적절한 온도인지 물의 온도를 측정합니다.

병원에서 건강 상태를 확인할 때 몸의 온도를 측정합니다.

❸ 온도를 어림하면 어떤 점이 불편한지 이야기해 봅시다.

❹ 온도를 측정하는 까닭을 이야기해 봅시다.

> **탐구 결과**

① **온도를 어림하면 불편한 점**
- 정확한 온도를 알 수 없습니다.
- 같은 온도라도 사람마다 온도를 다르게 느낄 수 있습니다. **➕개념1**

② **온도를 측정하는 까닭**: 온도를 측정하면 물체의 온도를 정확하게 알 수 있기 때문입니다.

➕개념1 사람마다 다르게 느낄 수 있는 온도

거실 공기의 온도가 같더라도 목욕을 하고 욕실에서 나온 사람은 거실 공기가 차갑다고 느끼고, 추운 바깥에서 들어온 사람은 거실 공기가 따뜻하다고 느낍니다.

용어돋보기

❶ 어림하다
대강 짐작으로 헤아리다.

❷ 온실
계절에 관계없이 식물을 키우기 위해 유리나 비닐로 덮어 온도를 따뜻하게 유지하는 시설

개념이해하기

1. 온도

① **온도**: 물체의 차갑거나 따뜻한 정도를 나타낸 것입니다.

② 온도는 숫자에 단위 ℃(섭씨도)를 붙여 나타냅니다.

③ 공기의 온도를 기온, 물의 온도를 수온, 몸의 온도를 체온이라고 합니다.

2. 정확한 온도의 측정

① 온도를 어림하면 <u>정확한 온도를 알 수 없습니다.</u>
    └ •비슷한 온도를 정확하게 비교하기 어렵습니다.

② **온도를 측정하는 까닭**: 온도를 측정하면 물체의 온도를 정확하게 알 수 있습니다.

③ **온도 측정 도구**: 온도를 측정하기 위해 온도계를 사용합니다.

3. 온도를 어림하는 경우와 온도를 측정하는 경우 예

온도를 어림하는 경우 → 온도계를 사용하지 않습니다.

손으로 이마를 만져 보며 체온을 어림합니다.	수영장 물에 발을 먼저 넣고 수온을 어림합니다.	음식을 손으로 만져 보며 온도를 어림합니다.

온도를 측정하는 경우 → 온도계를 사용합니다.

건강 상태를 확인할 때	**열대어를 키울 때**	**농작물을 키울 때**

병원에서 환자의 체온을 측정합니다.	열대어가 살기에 적절한지 어항의 수온을 측정합니다.	농작물이 자라기 적절한지 온실 안의 기온을 측정합니다.
음식을 조리할 때	**음식을 조리할 때**	**음식을 조리할 때**

튀김 요리를 하기 위해 튀김용 기름의 온도를 측정합니다.	고기를 굽기 위해 달궈진 프라이팬의 온도를 측정합니다.	빵을 굽기 위해 ❸오븐 안의 온도가 적절한지 측정합니다.

4. 온도를 정확하게 측정해야 하는 까닭

① 온도를 정확하게 측정하지 않으면 여러 가지 문제가 생겨 불편함을 겪기 때문입니다. ^{➕개념2}

② 물체의 온도를 정확하게 알아야 알맞게 대처할 수 있기 때문입니다.

1 단원

➕**개념2** 온도를 정확하게 측정하지 않으면 생길 수 있는 여러 가지 문제

• 환자의 체온을 정확하게 알지 못하면 환자가 얼마나 아픈지 알 수 없어 알맞은 치료를 할 수 없습니다.

• 어항 속 물의 온도를 열대어가 살기 적절한 수온으로 맞춰 주기 어렵습니다.

• 온실 안의 온도를 농작물이 잘 자랄 수 있는 온도로 맞춰 주기 어렵습니다.

• 음식을 조리할 때 온도를 정확하게 알지 못하면 음식이 제대로 익지 않거나 타버릴 수 있습니다.

• 냉장고 안의 온도를 정확하게 알지 못하면 차갑게 보관하거나 얼려서 보관해야 하는 음식 재료가 상할 수 있습니다.

용어 돋보기

❸ **오븐**

조리 기구 중 하나로, 안에 음식을 넣으면 사방에서 보내는 열로 음식을 익힐 수 있습니다.

핵심 개념 되짚어 보기

조리하기 적절한 온도군.

온도계를 사용하여 온도를 측정하면 정확한 온도를 알 수 있습니다.

핵심 체크

● ① [ ][ ] : 물체의 차갑거나 따뜻한 정도를 나타낸 것입니다.
- 온도는 숫자에 단위 ℃(섭씨도)를 붙여 나타냅니다.
- 공기의 온도를 기온, 물의 온도를 수온, 몸의 온도를 체온이라고 합니다.

● 온도의 측정: ② [ ][ ][ ] 를 사용하여 온도를 측정하면 물체의 온도를 정확하게 알 수 있습니다.

● 온도를 어림하는 경우와 온도를 측정하는 경우 예

온도를 ③ [ ][ ] 하는 경우	• 수영장 물에 발을 담가 봅니다. • 음식을 손으로 만져 봅니다.
온도를 측정하는 경우	• 병원에서 건강 상태를 확인할 때 온도계로 환자의 체온을 측정합니다. • 열대어를 키울 때 열대어가 살기 적절한지 어항의 수온을 측정합니다.

● 온도를 정확하게 측정해야 하는 까닭
- 온도를 정확하게 ④ [ ][ ] 하지 않으면 여러 가지 문제가 생겨 불편함을 겪기 때문입니다.
- 물체의 ⑤ [ ][ ] 를 정확하게 알아야 알맞게 대처할 수 있기 때문입니다.

Step 1 ( ) 안에 알맞은 말을 써넣어 설명을 완성하거나 설명이 옳으면 ○, 틀리면 ×에 ○표 해 봅시다.

1 온도는 숫자에 단위 ( )를 붙여 나타냅니다.

2 공기의 온도를 ( )이라고 합니다.

3 온도를 어림하면 사람마다 느끼는 온도가 다를 수 있어 정확한 온도를 알 수 없습니다.
(○ , ×)

4 병원에서 환자의 건강 상태를 확인할 때는 환자의 체온을 어림합니다. (○ , ×)

1 다음에서 설명하는 '이것'은 무엇인지 써 봅시다.

- 물체의 차갑거나 따뜻한 정도는 '이것'으로 나타낸다.
- '이것'은 숫자에 단위 ℃(섭씨도)를 붙여 나타낸다.

(   )

2 온도를 나타내는 알맞은 말을 찾아 선으로 연결해 봅시다.

(1) 물의 온도   •   •㉠ 기온

(2) 몸의 온도   •   •㉡ 수온

(3) 공기의 온도   •   •㉢ 체온

3 온도에 대한 설명으로 옳은 것을 보기 에서 골라 기호를 써 봅시다.

보기
㉠ 단위는 kg을 사용한다.
㉡ 온도는 온도계로 측정한다.
㉢ 물체의 가볍거나 무거운 정도를 나타낸다.

(   )

4 온도를 어림하는 경우를 보기 에서 모두 골라 기호를 써 봅시다.

보기
㉠ 삶은 감자가 뜨거운지 만져본다.
㉡ 온도계로 환자의 체온을 측정한다.
㉢ 온도계로 어항 속 수온을 측정한다.
㉣ 목욕탕에서 온탕에 손을 먼저 넣어 본다.

(   )

5 일상생활에서 온도를 정확하게 측정하는 경우로 옳지 <u>않은</u> 것은 어느 것입니까? (   )

①
▲ 고기를 구울 때

②
▲ 튀김 요리를 할 때

③
▲ 공부를 할 때

④
▲ 온실에서 채소를 재배할 때

6 온도를 온도계로 정확하게 측정해야 하는 까닭을 옳게 설명한 사람의 이름을 써 봅시다.

- 민솔: 온도를 어림해도 정확한 온도를 알 수 있어.
- 예봄: 온도를 온도계로 측정하면 사람마다 느끼는 온도가 다 달라서 불편해.
- 혜선: 온도를 온도계로 측정하지 않으면 여러 가지 문제가 생겨 불편함을 겪을 수 있어.

(   )

2 온도계 사용 방법

❶ 온도계의 사용 방법 익히기

탐구 과정

적외선 온도계의 사용 방법 익히기

온도 측정 단추

온도 표시 창

❶ 손잡이에 있는 온도 측정 단추를 한 번 눌러 적외선 온도계를 켭니다.

❷ 공의 표면에 적외선 온도계를 겨누고, 측정 단추를 누릅니다.

❸ 측정 단추에서 손을 떼고 온도 표시 창에 나타난 온도를 확인합니다.

└→ 측정 단추를 누르면 적외선 온도계에서 레이저 빛이 나옵니다. 레이저 빛을 공의 표면에 맞춥니다.

알코올 온도계의 사용 방법 익히기 ➕개념1

❶ 알코올 온도계의 고리 부분에 실을 매달아 스탠드에 걸고, 물을 담은 비커를 알코올 온도계 아래에 놓습니다.

❷ 알코올 온도계의 액체샘 부분을 비커에 담긴 물에 넣습니다. ➕개념2

❸ 온도계의 빨간색 액체가 더 이상 움직이지 않을 때 액체 기둥의 끝이 닿은 위치에 눈높이를 맞추어 눈금을 읽습니다.

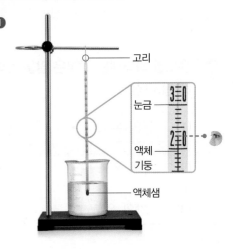

고리

눈금

액체 기둥

액체샘

➕개념1 알코올 온도계

알코올 온도계의 액체샘을 물에 넣으면 온도계 몸체 안의 빨간색 액체가 관을 따라 위나 아래로 이동하여 온도를 나타냅니다.

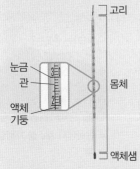

고리

눈금
관
액체 기둥

몸체

액체샘

▲ 알코올 온도계의 각 부분의 이름

➕개념2 알코올 온도계를 사용할 때 주의 사항

• 알코올 온도계를 물에 넣을 때 액체샘 부분이 물에 잠기도록 넣어야 합니다.
• 액체샘 부분이 비커 바닥이나 옆면에 닿지 않도록 합니다.
• 액체샘 부분을 손으로 잡지 않도록 합니다.

탐구 결과

적외선 온도계에서 확인한 온도

• 쓰기: 24.5 °C
• 읽기: 섭씨 이십사 점 오 도

알코올 온도계에서 확인한 온도

• 쓰기: 23.0 °C
• 읽기: 섭씨 이십삼 점 영 도

알코올 온도계의 작은 눈금은 보통 1 °C 간격으로 매겨져 있어요.

❷ 여러 가지 물체나 장소의 온도 측정하기

탐구 과정

❶ 온도를 측정하고 싶은 여러 가지 물체와 장소를 정합니다.
❷ 온도를 측정하려는 물체에 맞는 온도계를 선택하여 물체의 온도를 측정해 봅시다.

탐구 결과

① 여러 가지 물체나 장소의 온도

구분	여러 가지 물체			여러 가지 장소	
물체나 장소	교실 칠판	교실의 어항 속 물	교실 바닥	교실 기온	운동장 기온
사용한 온도계	적외선 온도계	알코올 온도계	적외선 온도계	알코올 온도계	알코올 온도계
온도	19.0 ℃	22.0 ℃	19.0 ℃	20.0 ℃	18.0 ℃

② 여러 가지 물체나 장소의 온도는 같을 수도 있고, 다를 수도 있습니다.

개념 이해하기

1. 온도계의 사용 방법 +개념3

적외선 온도계	알코올 온도계
온도를 측정하려는 물체의 표면을 겨누고 온도 측정 단추를 누르면, 온도 표시 창에 온도가 표시됩니다.	온도를 측정하려는 물질에 액체 샘 부분을 넣고, 온도계의 빨간색 액체가 관을 따라 더 이상 움직이지 않을 때 액체 기둥의 끝이 닿은 위치에 눈높이를 맞추어 눈금을 읽습니다.

2. 물체의 종류에 따라 사용하는 온도계

물체의 온도를 측정할 때에는 온도를 측정하려는 물체에 적합한 온도계를 사용해야 합니다.

탐침 온도계라고도 합니다.

적외선 온도계	알코올 온도계	귀 체온계 +개념4	❶조리용 온도계
주로 고체의 표면 온도를 측정할 때 예 교실 칠판	주로 액체나 기체의 온도를 측정할 때 예 어항 속 물	체온을 측정할 때 예 환자의 체온	음식의 내부 온도를 측정할 때 예 익힌 고기

3. 여러 가지 물체나 장소의 온도

① 같은 물체나 같은 장소라도 물체가 놓인 장소나 측정 시각, 햇빛의 양 등에 따라 온도가 다를 수 있습니다.
예 나무 그늘의 흙과 햇빛이 비치는 곳의 흙의 온도
② 다른 물체나 다른 장소라도 온도가 같을 수 있습니다.

▲ 나무 그늘의 흙과 햇빛이 비치는 곳의 흙의 온도

+개념3 귀 체온계와 조리용 온도계의 사용법
• 귀 체온계: 귀 체온계의 측정하는 부분을 귓구멍에 넣고 측정 단추를 누릅니다.
• 조리용 온도계: 조리용 온도계의 침을 음식 내부로 깊이 넣으면 음식 내부의 온도를 측정할 수 있습니다.

+개념4 귀 체온계의 온도 측정 범위
귀 체온계는 35 ℃~42 ℃의 온도를 정확하게 측정할 수 있습니다. 사람의 체온은 아무리 춥거나 더워도 35 ℃~42 ℃에서 측정되기 때문입니다.

용어 돋보기
❶ 조리(調 조절하다, 理 다스리다)
요리를 만듭니다.

핵심 개념 되짚어 보기

온도를 측정하려는 물체에 적합한 온도계를 사용해야 온도를 정확하게 측정할 수 있습니다.

기본 문제로 익히기

○ 정답과 해설 ● 3쪽

핵심 체크

● **온도계의 사용 방법**

• 적외선 온도계: 온도를 측정하려는 물체의 **❶**◻◻을 겨누고 온도 측정 단추를 누르면 온도 표시 창에 온도가 표시됩니다.

• 알코올 온도계: 온도를 측정하려는 물질에 액체샘 부분을 넣고, 빨간색 액체가 더 이상 움직이지 않을 때 액체 기둥의 끝이 닿은 위치에 **❷**◻◻◻를 맞춰 눈금을 읽습니다.

● **물체의 종류에 따라 사용하는 온도계**

적외선 온도계	알코올 온도계	귀 체온계	조리용 온도계
주로 **❸**◻◻의 표면 온도를 측정할 때 사용합니다.	주로 액체나 기체의 온도를 측정할 때 사용합니다.	**❹**◻◻을 측정할 때 사용합니다.	음식의 내부 온도를 측정할 때 사용합니다.

● **여러 가지 물체나 장소의 온도**

• 같은 물체나 같은 장소라도 물체가 놓인 장소나 측정 시각, 햇빛의 양 등에 따라 **❺**◻◻가 다를 수 있습니다.

• 다른 물체나 다른 장소라도 온도가 같을 수 있습니다.

Step 1

( ) 안에 알맞은 말을 써넣어 설명을 완성하거나 설명이 옳으면 ○, 틀리면 ×에 ○표 해 봅시다.

1 알코올 온도계는 온도를 측정하려는 물질에 ( ) 부분을 넣고 온도를 측정합니다.

2 액체나 기체의 온도를 측정할 때는 주로 적외선 온도계를 사용합니다. (○ , ×)

3 음식의 내부 온도를 측정할 때는 ( )를 사용합니다.

4 같은 물체라면 온도를 측정하는 시각에 관계없이 온도가 항상 같습니다. (○ , ×)

1 다음은 어떤 온도계의 사용 방법을 설명한 것입니다. 어떤 온도계의 사용 방법인지 써 봅시다.

> 측정하려는 물체의 표면을 겨누고 온도 측정 단추를 누르면 온도 표시 창에 물체의 온도가 나타난다.

(   )

2 오른쪽은 교실의 기온을 측정한 알코올 온도계의 눈금입니다. 교실의 기온을 쓰고, 읽어 봅시다.

(1) 쓰기: (   )

(2) 읽기: (   )

3 오른쪽 알코올 온도계의 눈금을 읽을 때 눈높이로 알맞은 것을 골라 기호를 써 봅시다.

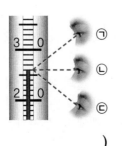

(   )

4 물체의 온도를 측정하기에 알맞은 온도계를 찾아 선으로 연결해 봅시다.

(1) 컵 •

(2) 교실 기온 • • ㉠ 적외선 온도계

(3) 칠판 • • ㉡ 알코올 온도계

(4) 어항 속 물 •

5 체온을 측정할 때 사용하는 온도계는 어느 것입니까?   (   )

6 다음 (   ) 안에 들어갈 말로 옳지 <u>않은</u> 것을 보기 에서 골라 기호를 써 봅시다.

> 물체의 온도는 (   )에 따라 다를 수 있다.

보기
㉠ 햇빛의 양
㉡ 물체가 놓인 장소
㉢ 온도를 측정하는 시각
㉣ 온도를 측정하는 사람의 옷차림

(   )

3 온도가 다른 두 물체가 접촉할 때 물체의 온도 변화

실험 동영상

탐구로 시작하기

○ 온도가 다른 두 물체가 ●접촉할 때 두 물체의 온도 변화 측정하기

탐구 과정

❶ 차가운 물을 빈 음료수 캔에 붓고, 따뜻한 물을 비커에 붓습니다.

❷ 차가운 물을 담은 음료수 캔을 따뜻한 물을 담은 비커에 넣습니다.

❸ 알코올 온도계 두 개를 스탠드에 매달아 음료수 캔과 비커에 각각 넣습니다.

❹ 음료수 캔과 비커에 담은 물의 처음 온도를 측정한 뒤 1분마다 온도를 측정해 봅시다.

❺ 음료수 캔과 비커에 담은 물의 온도가 어떻게 변하는지 이야기해 봅시다.

> 알코올 온도계의 액체샘 부분이 비커 바닥에 닿지 않으면서 물에 충분히 잠기도록 알코올 온도계의 높이를 조절해야 해요.

알코올 온도계

➕또 다른 방법!

비커와 음료수 캔 대신 칸막이가 있는 냄비를 사용하기도 합니다. 칸막이 양쪽 칸에 차가운 물과 따뜻한 물을 각각 붓고 양쪽 물의 온도가 어떻게 변하는지 비교해 봅니다.

탐구 결과

① 음료수 캔과 비커에 담은 물의 온도 변화

시간(분)	처음	1	2	3	4	5	6	7
음료수 캔에 담은 물의 온도(°C)	17.0	20.0	23.2	25.2	26.5	27.6	27.6	27.6
비커에 담은 물의 온도(°C)	38.0	33.0	30.0	29.0	28.0	27.6	27.6	27.6

→ 온도가 같아집니다.

② 음료수 캔에 담은 차가운 물의 온도는 점점 높아지다가 일정해집니다.

③ 비커에 담은 따뜻한 물의 온도는 점점 낮아지다가 일정해집니다.

④ 시간이 지나면 음료수 캔에 담은 차가운 물과 비커에 담은 따뜻한 물의 온도가 같아집니다.

용어 돋보기

● 접촉(接 접하다, 觸 닿다)
서로 맞닿아 있는 상태

개념 이해하기

1. 온도가 다른 두 물체가 접촉할 때 물체의 온도 변화

① 온도가 다른 두 물체가 접촉하면 온도가 높은 물체는 온도가 점점 낮아지고 온도가 낮은 물체는 온도가 점점 높아집니다.

② 온도가 다른 두 물체가 접촉한 채로 시간이 지나면 두 물체의 온도는 같아집니다.

▲ 서로 떨어져 있는 두 물체   ▲ 서로 접촉한 두 물체   ▲ 접촉한 채로 시간이 지난 두 물체

2. 온도가 다른 두 물체가 접촉할 때 열의 이동

① **열과 물체의 온도**: 물체에 열을 가하면 물체의 온도가 높아집니다.

② **접촉한 두 물체의 온도가 변하는 까닭**: 열의 이동 때문입니다.

③ **물체가 접촉할 때 열의 이동**: 온도가 높은 물체에서 온도가 낮은 물체로 열이 이동합니다.

④ **접촉한 두 물체 사이에서 열이 이동하는 예** ➕개념1

➕개념1 **접촉한 두 물체 사이에서 열이 이동하는 또 다른 예**

• 다리미로 옷을 다릴 때는 온도가 높은 다리미의 금속판에서 온도가 낮은 옷으로 열이 이동합니다.

• 음료수에 얼음을 넣으면 온도가 높은 음료수에서 온도가 낮은 얼음으로 열이 이동하여 시원한 음료수를 마실 수 있습니다.

• 열이 날 때 이마에 얼음주머니를 대면 온도가 높은 이마에서 온도가 낮은 얼음주머니로 열이 이동하여 이마의 온도가 내려갑니다.

• 갓 삶은 면을 차가운 물에 헹구면 온도가 높은 삶은 면에서 온도가 낮은 물로 열이 이동하여 삶은 면을 식힐 수 있습니다.

핵심 개념 되짚어 보기

온도가 낮은 물질로 이동하자.

접촉한 두 물질 사이에서 열은 온도가 높은 물질에서 온도가 낮은 물질로 이동합니다.

기본 문제로 익히기

정답과 해설 ● 4쪽

핵심 체크

● 온도가 다른 두 물체가 접촉할 때 물체의 온도 변화

- 온도가 높은 물체:

  온도가 ❶ ⬜⬜ 집니다.

- 온도가 낮은 물체:

  온도가 ❷ ⬜⬜ 집니다.

→ 시간이 지나면 두 물체의 온도는
  ❸ ⬜⬜ 집니다.

● 온도가 다른 두 물체가 접촉할 때 열의 이동

- 열과 물체의 온도: 물체에 ❹ ⬜ 을 가하면 물체의 온도가 높아집니다.
- 접촉한 두 물체의 온도가 변하는 까닭: 열의 이동 때문입니다.
- 열의 이동: 열은 온도가 높은 물체에서 온도가 낮은 물체로 ❺ ⬜⬜ 합니다.

Step 1

( ) 안에 알맞은 말을 써넣어 설명을 완성하거나 설명이 옳으면 ○, 틀리면 ✕에 ○표 해 봅시다.

1 온도가 다른 두 물체가 접촉하면 온도가 높은 물체의 온도는 더 높아지고, 온도가 낮은 물체의 온도는 더 낮아집니다. (○ , ✕)

2 온도가 다른 두 물체가 접촉할 때 두 물체의 온도가 변하는 까닭은 ( ) 때문입니다.

3 온도가 다른 두 물체가 접촉할 때 열은 온도가 ( ) 물체에서 온도가 ( ) 물체로 이동합니다.

4 얼음 위에 생선을 올려놓을 때에는 생선에서 얼음으로 열이 이동합니다. (○ , ✕)

24 오투 초등 과학 5-1

[1~3] 오른쪽과 같이 차가운 물을 담은 음료수 캔을 따뜻한 물을 담은 비커에 넣고, 1분마다 음료수 캔과 비커에 담긴 물의 온도를 측정하였습니다.

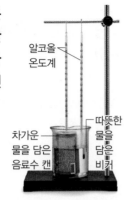

알코올 온도계

따뜻한 물을 담은 비커

차가운 물을 담은 음료수 캔

1 다음은 위 실험 결과 음료수 캔과 비커에 담긴 물의 온도 변화를 나타낸 것입니다. ( ) 안의 알맞은 말에 ○표를 해 봅시다.

(음료수 캔 , 비커)에 담긴 물의 온도는 높아지고, (음료수 캔 , 비커)에 담긴 물의 온도는 낮아진다.

2 위 실험에서 시간이 지난 후 음료수 캔과 비커에 담긴 물의 온도를 비교한 것으로 옳은 것은 어느 것입니까? ( )

① 두 물의 온도가 같아진다.
② 두 물의 온도 차이가 더 커진다.
③ 두 물의 온도는 처음 온도와 각각 같아진다.
④ 비커에 담긴 물의 온도가 음료수 캔에 담긴 물의 온도보다 낮아진다.
⑤ 음료수 캔에 담긴 물의 온도가 비커에 담긴 물의 온도보다 높아진다.

3 위 실험에서 음료수 캔에 담긴 물과 비커에 담긴 물 사이에 열이 이동하는 방향을 ○ 안에 화살표(→, ←)로 표시해 봅시다.

음료수 캔에 담긴 물 ◯ 비커에 담긴 물

4 온도가 다른 두 물체가 접촉할 때 온도가 낮아지는 경우를 보기 에서 골라 기호를 써 봅시다.

보기
㉠ 얼음물이 담긴 컵을 잡고 있는 손
㉡ 뜨거운 프라이팬 위에 올려놓은 빵
㉢ 열이 날 때 이마에 올려놓은 얼음주머니

( )

5 갓 삶은 달걀을 차가운 얼음물 속에 넣을 때 열이 이동하는 방향을 ◯ 안에 화살표(→, ←)로 표시해 봅시다.

갓 삶은 달걀 ◯ 얼음물

6 온도가 다른 두 물체가 접촉할 때, 열의 이동 방향을 화살표로 나타낸 것으로 옳은 것은 어느 것입니까? ( )

①
▲ 손으로 따뜻한 손난로를 잡고 있을 때

②
▲ 뜨거운 프라이팬 위에 버터가 있을 때

③
▲ 얼음 위에 생선을 올려놓을 때

④
▲ 손으로 얼음물을 잡을 때

● 온도를 측정하는
　까닭

1 다음 ( ) 안에 알맞은 말을 각각 써 봅시다.

> 물체의 차갑고 따뜻한 정도는 (㉠)(으)로 나타내는데, 정확한 (㉠)은/는 온도계를 사용하여 (㉡)할 수 있다.

㉠: (　　　　　　　) ㉡: (　　　　　　　)

2 온도를 측정할 때 사용하는 것은 어느 것입니까? (　　)

①

▲ 자석

②

▲ 온도계

③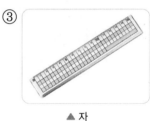

▲ 자

④

▲ 저울

⑤

▲ 시계

3 온도를 정확하게 측정해야 할 상황으로 옳지 <u>않은</u> 것을 보기 에서 골라 기호를 써 봅시다.

> 보기
> ㉠ 튀김 요리를 할 때
> ㉡ 온실의 크기를 확인할 때
> ㉢ 병원에서 환자의 체온을 확인할 때
> ㉣ 어항 속 물의 온도가 물고기가 살기에 적절한지 확인할 때

(　　　　　　　)

4 다음은 적외선 온도계로 컵의 온도를 측정하는 방법을 순서에 관계없이 나열한 것입니다. 순서대로 기호를 써 봅시다.

> (가) 온도 표시 창에 나타난 온도를 확인한다.
> (나) 컵의 표면에 온도계를 겨누고, 측정 단추를 누른다.
> (다) 온도 측정 단추를 한 번 눌러 적외선 온도계를 켠다.

(   ) → (   ) → (   )

5 알코올 온도계로 비커에 담긴 물의 온도를 측정하는 방법으로 옳지 <u>않은</u> 것을 보기에서 골라 기호를 써 봅시다.

> **보기**
> ㉠ 액체샘 부분이 물에 잠기도록 넣어야 한다.
> ㉡ 액체샘 부분이 비커 옆면에 닿도록 넣어야 한다.
> ㉢ 눈금을 읽을 때 액체 기둥의 끝이 닿는 위치에 눈높이를 맞춰야 한다.

(   )

6 다음은 여러 장소에서 물체나 물질의 온도를 측정하기 위해 선택한 온도계입니다. 물체나 물질에 적합한 온도계를 선택한 것을 골라 기호를 써 봅시다.

기호	물체나 물질	선택한 온도계
㉠	운동장에 있는 철봉	알코올 온도계
㉡	연못의 물	적외선 온도계
㉢	교실의 벽	적외선 온도계
㉣	나무 그늘의 흙	귀 체온계

(   )

7 물체의 온도를 측정한 결과에 대한 설명으로 옳은 것을 보기에서 골라 기호를 써 봅시다.

> **보기**
> ㉠ 다른 물체의 온도는 항상 다르다.
> ㉡ 같은 물체의 온도라도 측정 시각에 따라 다를 수 있다.
> ㉢ 같은 물체의 온도는 물체가 놓인 장소에 관계없이 항상 같다.

(   )

8 오른쪽과 같이 손난로를 손으로 잡고 있을 때에 대한 설명으로 옳지 <u>않은</u> 것은 어느 것입니까? ( )

① 온도가 다른 두 물체가 접촉한다.
② 손의 온도는 점점 높아진다.
③ 손난로의 온도는 점점 낮아진다.
④ 손에서 손난로로 열이 이동한다.
⑤ 손과 손난로의 온도가 변하는 것은 열의 이동 때문이다.

9 온도가 다른 두 물체가 접촉할 때 온도가 높아지는 경우는 어느 것입니까?

( )

① 컵에 얼음물이 담겨 있을 때 컵의 온도
② 얼음 위에 생선을 올려놓았을 때 생선의 온도
③ 시원한 냉면이 그릇에 담겨 있을 때 그릇의 온도
④ 갓 삶은 달걀을 차가운 물에 담글 때 달걀의 온도
⑤ 여름철 공기 중에 아이스크림이 있을 때 아이스크림의 온도

10 우리 주변에서 온도가 다른 두 물체가 접촉할 때 열의 이동 방향을 설명한 것으로 옳은 것을 보기 에서 골라 기호를 써 봅시다.

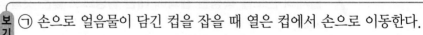

> 보기
> ㉠ 손으로 얼음물이 담긴 컵을 잡을 때 열은 컵에서 손으로 이동한다.
> ㉡ 뜨거운 국이 그릇에 담겨 있을 때 열은 국에서 그릇으로 이동한다.
> ㉢ 삶은 면을 차가운 물에 행굴 때 열은 물에서 삶은 면으로 이동한다.
> ㉣ 얼음주머니를 열이 나는 이마에 올려놓을 때 열은 얼음주머니에서 이마로 이동한다.

( )

탐구 서술형 문제

1 단원

서술형 길잡이

❶ 온도를 온도계로 측정하지 않으면 □□를 정확하게 알 수 없습니다.

❷ 병원에서 환자의 건강 상태를 확인할 때 환자의 □□을 측정합니다.

11 오른쪽은 병원에서 환자의 체온을 측정하는 모습입니다. 이때 온도를 측정할 수 없다면 어떤 문제가 생기는지 써 봅시다.

_____

_____

❶ 알코올 온도계에서 빨간색 액체 기둥의 위쪽 □이 닿는 위치에 눈높이를 맞추어 □□을 읽습니다.

12 오른쪽은 알코올 온도계의 액체샘을 비커에 담긴 물에 넣고, 빨간색 액체의 움직임이 멈추었을 때의 모습입니다.

(1) 비커에 담긴 물의 온도는 몇 °C인지 써 봅시다.

(   )

(2) 알코올 온도계의 눈금을 읽는 방법을 써 봅시다.

_____

_____

❶ 물체에 열을 가하면 물체의 온도가 □□집니다.

❷ 열은 온도가 □□ 물체에서 온도가 □□ 물체로 이동합니다.

13 오른쪽과 같이 차가운 물을 담은 음료수 캔을 따뜻한 물을 담은 비커에 넣고 알코올 온도계로 1분마다 각각의 온도를 측정하였습니다.

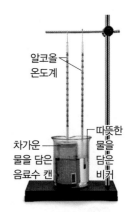

알코올 온도계

차가운 물을 담은 음료수 캔

따뜻한 물을 담은 비커

(1) 음료수 캔에 담긴 물의 온도는 높아지는지 낮아지는지 써 봅시다.

(   )

(2) 이와 같이 온도가 변하는 까닭을 열의 이동과 관련지어 써 봅시다.

_____

_____

4 고체에서 열의 이동

탐구로 시작하기

❶ 고체에서 열의 이동 알아보기

➕개념1 열 변색 붙임딱지
열 변색 붙임딱지는 온도에 따라 색깔이 변하는 것으로, 일정한 온도에서 색깔이 변하는 화합물을 이용하여 온도를 알 수 있게 한 것입니다.

➕또 다른 방법!
길게 자른 구리판에 열 변색 붙임딱지를 붙이고 뜨거운 물에 넣어서 열 변색 붙임딱지의 색깔 변화를 볼 수도 있습니다.

- 열 변색 붙임딱지를 붙인 구리판
- 뜨거운 물

탐구 과정

❶ 길게 자른 구리판과 정사각형 구리판, 긴 구멍이 뚫린 구리판의 한쪽 면에 각각 열 ❶변색 붙임딱지를 붙입니다. ➕개념1

▲ 길게 자른 구리판　▲ 정사각형 구리판　▲ 긴 구멍이 뚫린 구리판

❷ 열 변색 붙임딱지를 붙인 구리판을 각각 가열하면서 열 변색 붙임딱지의 색깔 변화를 관찰해 봅시다.

| 길게 자른 구리판의 한쪽 끝부분을 가열하면서 열 변색 붙임딱지의 색깔 변화를 관찰해 봅시다. | 정사각형 구리판의 가운데를 가열하면서 열 변색 붙임딱지의 색깔 변화를 관찰해 봅시다. | 긴 구멍이 뚫린 구리판의 가운데를 가열하면서 열 변색 붙임딱지의 색깔 변화를 관찰해 봅시다. |

❸ 구리판에서 열이 어떻게 이동하는지 이야기해 봅시다.

탐구 결과

① 열 변색 붙임딱지의 색깔 변화 및 구리판에서 열의 이동

구분	길게 자른 구리판	정사각형 구리판	긴 구멍이 뚫린 구리판
색깔 변화	가열한 부분(◯)에서 멀어지는 방향으로 색깔이 변합니다.	가열한 부분(◯)의 바깥쪽 모든 방향으로 색깔이 변합니다.	구리판이 끊긴 방향으로는 색깔이 변하지 않습니다.
열의 이동	가열한 부분에서 멀어지는 방향으로 열이 이동합니다.	가열한 부분에서 멀어지는 모든 방향으로 열이 이동합니다.	구리판이 끊긴 방향으로는 열이 이동하지 않습니다.

➡ 열은 가열한 부분에서 멀어지는 방향으로 이동합니다.
➡ 열은 구리판을 따라 이동합니다.

용어 돋보기
❶ 변색(變 변하다, 色 빛)
물건의 색깔이 변하여 달라지는 것

개념 이해하기

1. 전도

① **전도**: 고체에서 열이 온도가 높은 부분에서 온도가 낮은 부분으로 고체 물체를 따라 이동하는 것

② **열이 전도되는 방향**: 고체를 가열한 부분에서 멀어지는 방향으로 열이 이동합니다.

③ **열이 전도되는 과정**

고체 물체의 한 부분을 가열하면 가열한 부분의 온도가 높아집니다.		온도가 높아진 부분에서 주변의 온도가 낮은 부분으로 열이 이동합니다.		주변의 온도가 낮은 부분도 온도가 높아집니다.
	→		→	

2. 열의 전도가 잘 일어나지 않는 경우

고체 물체가 끊겨 있거나, 두 고체 물체가 접촉하고 있지 않다면 전도는 잘 일어나지 않습니다.

3. 일상생활에서 전도가 일어나는 예

냄비를 불 위에 올려놓으면 열이 냄비의 옆면을 따라 불과 가까운 쪽에서 먼 쪽으로 이동하여 냄비의 옆면 전체가 뜨거워집니다.

❷철판에서 고기를 구울 때는 열이 철판을 따라 불과 가까운 쪽에서 먼 쪽으로 이동하여 철판 전체에서 고기를 구울 수 있습니다. ➕개념❷

감자를 찔 때 크기가 큰 감자에 쇠젓가락을 꽂아 놓으면 열이 쇠젓가락을 따라 감자 속으로 이동하여 감자가 속까지 잘 익습니다.

뜨거운 찌개에 쇠숟가락을 담가 놓으면 열이 쇠숟가락을 따라 손잡이 쪽으로 이동하여 쇠숟가락의 손잡이가 뜨거워집니다.

고체에서 열이 이동할 때 고체 물체를 따라 이동하기 때문에 고체 물체가 끊겨 있거나, 두 고체 물체가 접촉하고 있지 않을 때는 전도가 잘 일어나지 않아요.

➕**개념❷ 철판에서 고기를 구울 때 열의 이동**
열은 철판을 따라 불과 가까운 쪽에서 먼 쪽으로 이동합니다. 또한 열은 온도가 높은 철판에서 온도가 낮은 고기로도 이동합니다.

용어 돋보기

❷ **철판(鐵 쇠, 板 널빤지)**
쇠로 된 넓은 조각으로, 고기나 생선을 구워 먹는 조리 기구로 사용됩니다.

핵심 개념 되짚어 보기

우리가 간다.

고체에서 열은 고체 물체를 따라 온도가 높은 부분에서 온도가 낮은 부분으로 이동하는데, 이러한 열의 이동을 전도라고 합니다.

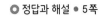

핵심 체크

● **①**☐☐ : 고체에서 열이 온도가 높은 부분에서 낮은 부분으로 고체 물체를 따라 이동하는 것

● **고체에서 열이 전도되는 방향:** 고체를 가열한 부분에서 **②**☐☐지는 방향으로 열이 이동합니다.

● **전도가 잘 일어나지 않는 경우**
  • 고체 물체가 **③**☐☐ 있을 때
  • 두 고체 물체가 접촉하고 있지 않을 때

● **일상생활에서 전도가 일어나는 예**
  • 냄비를 불 위에 올려놓으면 냄비의 옆면을 따라 불과 **④**☐☐☐ 쪽에서 **⑤**☐ 쪽으로 열이 이동하여 냄비의 옆면 전체가 뜨거워집니다.
  • 감자를 찔 때 크기가 큰 감자에 쇠젓가락을 꽂아두면 열이 쇠젓가락을 따라 **⑥**☐☐하여 감자 속까지 잘 익습니다.

Step 1 ( ) 안에 알맞은 말을 써넣어 설명을 완성하거나 설명이 옳으면 ○, 틀리면 ×에 ○표 해 봅시다.

1 ( )에서 열이 온도가 높은 부분에서 온도가 낮은 부분으로 물체를 따라 이동하는 것을 전도라고 합니다.

2 구리판을 가열하면 열은 구리판을 따라 이동합니다. (○ , ×)

3 고체 물체가 끊겨 있거나, 두 고체 물체가 접촉하고 있지 않아도 전도는 잘 일어납니다.
(○ , ×)

4 뜨거운 찌개에 쇠숟가락을 담가 놓으면 열이 ( )에서 ( )(으)로 이동합니다.

1 오른쪽과 같이 열 변색 붙임딱지를 붙인 길게 자른 구리판의 한쪽 끝부분을 가열할 때 색깔 변화가 가장 나중에 나타나는 부분의 기호를 써 봅시다.

(   )

2 열 변색 붙임딱지를 붙인 정사각형 구리판의 가운데(○)를 가열할 때, 구리판에서 열이 이동하는 방향을 화살표로 옳게 표시한 것은 어느 것입니까? (   )

①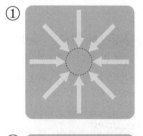

②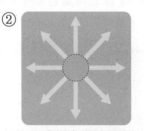

③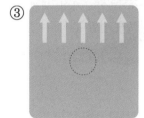

④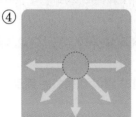

3 긴 구멍이 뚫린 정사각형 구리판에 열 변색 붙임딱지를 붙이고 가운데(○)를 가열할 때, 열 변색 붙임딱지의 색깔이 변한 모습으로 옳은 것을 골라 기호를 써 봅시다.

㉠

㉡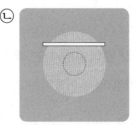

(   )

4 고체에서 열의 이동에 대한 설명으로 옳지 않은 것을 보기 에서 골라 기호를 써 봅시다.

보기
㉠ 고체에서 온도가 높은 부분에서 온도가 낮은 부분으로 열이 이동하는 것을 전도라고 한다.
㉡ 고체에서 열은 고체 물체를 따라 이동한다.
㉢ 고체에서 열은 가열한 부분에 가까워지는 방향으로 이동한다.

(   )

5 다음 (   ) 안에 공통으로 들어갈 알맞은 말을 써 봅시다.

• 철판에서 고기를 구울 때 (   )은 철판을 따라 이동한다.
• 뜨거운 찌개에 쇠숟가락을 담가 놓으면 (   )은 쇠숟가락을 따라 이동한다.

(   )

6 다음과 같이 냄비를 불 위에 올려놓았습니다. 냄비 옆면을 따라 열이 이동하는 방향을 ○ 안에 화살표(→, ←)로 표시해 봅시다.

불과 가까운 쪽 ○ 불과 먼 쪽

5 고체 물질의 종류에 따라 열이 이동하는 빠르기

실험 동영상

➕ 또 다른 방법!
유리판과 나무판 대신 플라스틱판으로 열이 이동하는 빠르기를 비교해 볼 수 있습니다.

탐구로 시작하기

❶ 고체 물질의 종류에 따라 열이 이동하는 빠르기 비교하기

탐구 과정

❶ 열 변색 붙임딱지를 붙인 구리판, 철판, 유리판, 나무판을 자에 고정합니다.
❷ 수조에 뜨거운 물을 조금 붓습니다.
❸ 자에 고정한 네 가지 판을 수조에 동시에 넣은 뒤, 열 변색 붙임딱지의 색깔이 변하는 빠르기를 비교해 봅시다.

구리판 철판 유리판 나무판
뜨거운 물

탐구 결과

① 고체 물질의 종류에 따라 열 변색 붙임딱지의 색깔이 변하는 빠르기

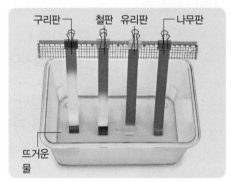

구리판 철판 유리판 나무판
뜨거운 물

➔
• 구리판과 철판은 유리판과 나무판보다 열 변색 붙임딱지의 색깔이 빠르게 변합니다.
• 구리판은 철판보다 열 변색 붙임딱지의 색깔이 빠르게 변합니다.

② 고체 물질의 종류에 따라 열이 이동하는 빠르기

> (빠름) 구리판 – 철판 – 유리판과 나무판 (느림)
> └➔ 금속인 물질   └➔ 금속이 아닌 물질

➔ 금속인 물질은 금속이 아닌 물질보다 열이 빠르게 이동합니다.
➔ 금속인 물질 중에서도 금속 물질의 종류에 따라 열이 이동하는 빠르기가 다릅니다.
➔ 고체 물질의 종류에 따라 열이 이동하는 빠르기가 다릅니다.

> 금속 중에서도 구리는 철보다 열이 더 빠르게 이동해요.

개념 이해하기

1. 고체 물질의 종류에 따라 열이 이동하는 빠르기

① 고체 물질의 종류에 따라 열이 이동하는 빠르기가 다릅니다.
② 구리, 철과 같은 금속에서는 열이 빠르게 이동합니다.→ 열이 잘 이동합니다.
③ 유리, 나무, 플라스틱과 같이 금속이 아닌 물질에서는 열이 느리게 이동합니다.
　　　　　　　　　　　　　　　　　　　　　　└➔ 열이 잘 이동하지 않습니다.

2. 열이 이동하는 빠르기가 다른 성질을 이용하는 예 ^{＋개념1}

냄비

손잡이: 열이 느리게 이동하는 플라스틱이나 나무로 만듭니다.

몸체: 열이 빠르게 이동하는 금속으로 만듭니다.

다리미

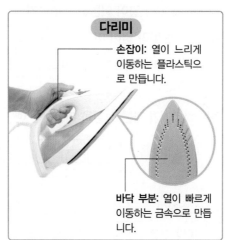

손잡이: 열이 느리게 이동하는 플라스틱으로 만듭니다.

바닥 부분: 열이 빠르게 이동하는 금속으로 만듭니다.

3. 단열

① **단열**: 온도가 다른 두 물체 사이에서 열의 이동을 막는 것입니다.
② 단열을 위해 플라스틱이나 나무와 같이 열의 전도가 느린 물질을 이용합니다.
③ **단열을 이용한 예** ^{＋개념2}

컵 싸개

컵에 담긴 음료와 손 사이에 열이 이동하는 것을 막습니다.

냄비 받침

뜨거운 냄비와 식탁 사이에 열이 이동하는 것을 막습니다.

주방 장갑

뜨거운 그릇을 옮길 때 그릇과 손 사이에 열이 이동하는 것을 막습니다.

❶단열재

집을 지을 때 단열재를 사용하여 집 안의 온도를 유지합니다.

모자, 장갑, 외투

열이 몸 밖으로 이동하는 것을 막아 몸의 온도를 유지합니다.

아이스박스

안과 밖 사이에서 열이 이동하는 것을 막아 아이스박스 안에 있는 음료수를 시원하게 유지합니다.

＋개념1 냄비의 몸체와 손잡이를 다른 물질로 만드는 까닭

• 냄비의 몸체는 금속으로 만들어져 열이 빠르게 이동합니다. 따라서 가열하면 온도가 빠르게 올라가 음식이 잘 익습니다.
• 냄비의 손잡이는 플라스틱이나 나무로 만들어져 열이 잘 이동하지 않습니다. 따라서 손으로 잡아도 많이 뜨겁지 않습니다.

＋개념2 단열을 이용하는 다른 예

• 소방복: 불이 난 곳의 열이 소방관의 몸으로 이동하는 것을 막아 소방관을 보호합니다.
• ❷이중창: 유리창을 이중창으로 설치하여 실내와 외부 사이에서 열이 이동하는 것을 막습니다.

▲ 이중창

용어 돋보기

❶ 단열재
단열을 위해 사용하는 재료

❷ 이중창(二 두, 重 거듭, 唱 창문)
유리를 두 겹으로 만든 창

핵심 개념 되짚어 보기

구리판 유리판 철판

내가 일등!

고체 물질의 종류에 따라 열이 이동하는 빠르기가 다릅니다.

○ 정답과 해설 ● 6쪽

핵심 체크

● 고체 물질의 종류에 따라 열이 이동하는 빠르기
  · 고체 물질의 종류에 따라 열이 이동하는 ❶ [ ][ ][ ]가 다릅니다.
  · ❷ [ ][ ]에서는 열이 빠르게 이동하고, ❷ [ ][ ]이 아닌 물질에서는 열이 느리게 이동합니다.

● 열이 이동하는 빠르기가 다른 성질을 이용하는 예

냄비	손잡이	❸ [ ][ ][ ][ ]이나 나무로 만듭니다.
	몸체	❹ [ ][ ]으로 만듭니다.
다리미	손잡이	플라스틱으로 만듭니다.
	바닥 부분	금속으로 만듭니다.

● ❺ [ ][ ]: 열의 전도가 느린 물질을 이용하여 두 물체 사이에서 열의 이동을 막는 것입니다.

● 단열을 이용한 예: 아이스박스, 주방 장갑, 컵 싸개, 단열재 등

Step 1   ( ) 안에 알맞은 말을 써넣어 설명을 완성하거나 설명이 옳으면 ○, 틀리면 ×에 ○표 해 봅시다.

1 유리나 나무에서는 금속보다 열이 빠르게 이동합니다. (○ , ×)

2 냄비의 손잡이는 열이 잘 이동하지 않도록 금속과 플라스틱 중 (   )으로 만듭니다.

3 두 물체 사이에서 (   )의 이동을 막는 것을 단열이라고 합니다.

4 컵 싸개는 컵에 담긴 음료와 손 사이에 열이 이동하는 것을 막습니다. (○ , ×)

[1~2] 다음과 같이 열 변색 붙임딱지를 붙인 구리판, 철판, 유리판, 나무판을 뜨거운 물이 담긴 수조에 동시에 넣었습니다.

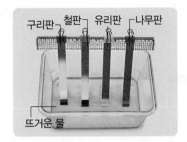

구리판 ─ 철판 ─ 유리판 ─ 나무판

뜨거운 물

1 위 실험에서 열 변색 붙임딱지의 색깔이 가장 빠르게 변하는 판을 써 봅시다.

(   )

2 위의 실험에서 구리판, 철판, 유리판 중 열이 이동하는 빠르기가 빠른 판부터 순서대로 써 봅시다.

(   ) → (   ) → (   )

3 고체 물질의 종류에 따라 열이 이동하는 빠르기에 대한 설명으로 옳은 것을 보기 에서 골라 기호를 써 봅시다.

> 보기
> ㉠ 고체 물질의 종류에 따라 열이 이동하는 빠르기가 다르다.
> ㉡ 금속보다 나무에서 열이 더 빠르게 이동한다.
> ㉢ 금속은 종류에 관계없이 열이 이동하는 빠르기가 같다.

(   )

4 다리미의 손잡이와 다리미의 바닥은 어떤 물질로 만들어야 하는지를 찾아 선으로 연결해 봅시다.

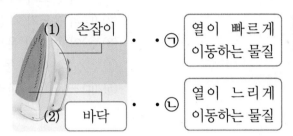

(1) 손잡이 ·   · ㉠ 열이 빠르게 이동하는 물질

(2) 바닥 ·   · ㉡ 열이 느리게 이동하는 물질

5 단열에 대해 옳게 설명한 사람의 이름을 써 봅시다.

> • 다윤: 단열을 위해 열의 전도가 빠른 물질을 이용해.
> • 창민: 단열은 물체 사이에서 열이 더 빠르게 이동하게 하는 것을 말해.
> • 솔해: 뜨거운 냄비의 손잡이를 잡을 때 주방 장갑을 사용하는 것은 단열을 이용한 것이야.

(   )

6 단열을 이용한 예로 옳지 <u>않은</u> 것을 보기 에서 골라 기호를 써 봅시다.

> 보기
> ㉠ 시원한 음료수를 얼음과 함께 아이스박스에 보관한다.
> ㉡ 열이 날 때 이마에 얼음주머니를 올려 놓는다.
> ㉢ 집을 지을 때 단열재를 사용한다.

(   )

1 단원

❹ 고체에서 열의 이동

1 오른쪽과 같이 열 변색 붙임딱지를 붙인 정사각형 구리판의 가운데를 가열할 때, 구리판의 온도에 대한 설명으로 옳은 것은 어느 것입니까? ( )

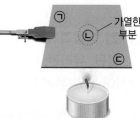

① ㉠의 온도가 가장 먼저 변한다.
② ㉡의 온도가 가장 늦게 변한다.
③ ㉡이 ㉢보다 온도가 먼저 변한다.
④ ㉠, ㉡, ㉢이 동시에 온도가 변한다.
⑤ ㉢ → ㉡ → ㉠의 순서로 온도가 변한다.

2 오른쪽과 같이 긴 구멍이 뚫린 구리판에 열 변색 붙임딱지를 붙이고 구리판의 가운데를 가열하였습니다. 구리판에서 열의 이동에 대해 <u>잘못</u> 설명한 사람의 이름을 써 봅시다.

- 해찬: 열은 가열한 부분에서 멀어지는 방향으로 이동해.
- 승혜: 구리판이 끊겨 있거나 접촉하고 있지 않아도 열의 이동은 잘 일어나.
- 초아: 열은 ㉡ → ㉠ → ㉢으로 이동해.

( )

3 고체에서 열의 이동에 대한 설명으로 옳지 <u>않은</u> 것을 보기에서 골라 기호를 써 봅시다.

보기
㉠ 고체에서 열은 고체 물체를 따라 이동한다.
㉡ 고체에서 열이 이동하는 것을 전도라고 한다.
㉢ 열은 온도가 낮은 부분에서 온도가 높은 부분으로 이동한다.
㉣ 가열한 부분에서 멀리 떨어진 부분도 시간이 지나면 온도가 높아진다.

( )

4 다음은 냄비를 불에 올려놓은 모습입니다. 냄비에서 열이 이동하는 방향을 표시한 것 중 옳지 <u>않은</u> 것은 어느 것인지 기호를 써 봅시다.

(   )

5 오른쪽과 같이 뜨거운 찌개에 쇠숟가락을 담가 놓을 때 찌개에 직접 닿지 않았던 쇠숟가락의 손잡이가 뜨거워지는 까닭으로 옳은 것은 어느 것입니까?

(   )

① 국물이 쇠숟가락을 타고 올라오기 때문이다.
② 쇠숟가락에서 뜨거운 물질이 나오기 때문이다.
③ 쇠숟가락이 따뜻한 물질로 되어 있기 때문이다.
④ 쇠숟가락의 손잡이 주변의 공기가 따뜻하기 때문이다.
⑤ 열이 찌개에 직접 닿았던 부분에서 손잡이 쪽으로 쇠숟가락을 따라 이동하기 때문이다.

⑤ 고체 물질의 종류에 따라 열이 이동하는 빠르기

6 오른쪽은 열 변색 붙임딱지를 붙인 구리판, 유리판, 철판을 뜨거운 물이 담긴 패트리어트 접시에 동시에 넣고 시간이 조금 지났을 때의 모습입니다. ㉠~㉢ 중 구리판을 골라 기호를 써 봅시다.

(   )

7 고체 물질의 종류에 따라 열이 이동하는 빠르기에 대한 설명으로 옳은 것은 어느 것입니까? ( )

① 모든 금속은 열이 이동하는 빠르기가 같다.
② 금속보다 나무에서 열이 더 빠르게 이동한다.
③ 유리보다 금속에서 열이 더 빠르게 이동한다.
④ 금속보다 플라스틱에서 열이 더 빠르게 이동한다.
⑤ 모든 고체 물질은 종류에 관계없이 열이 이동하는 빠르기가 같다.

8 다음 냄비에서 (가)열이 빠르게 이동하는 물질로 만들어야 하는 부분과 (나)열이 느리게 이동하는 물질로 만들어야 하는 부분을 모두 골라 기호를 써 봅시다.

(가) 열이 빠르게 이동하는 물질로 만들어야 하는 부분: ( )
(나) 열이 느리게 이동하는 물질로 만들어야 하는 부분: ( )

9 다음은 우리 생활에서 공통으로 무엇을 이용한 예인지 써 봅시다.

> • 뜨거운 냄비를 식탁 위에 올려둘 때는 냄비 밑에 냄비 받침을 놓는다.
> • 겨울철에 바깥에 나갈 때 몸 밖으로 열이 빠져나가는 것을 막기 위해 모자와 장갑, 두꺼운 외투를 입는다.

( )

1
단원

10 다음과 같이 열 변색 붙임딱지를 붙인 세 가지 모양의 구리판을 가열했더니 열 변색 붙임딱지의 색깔이 화살표 방향으로 변했습니다.

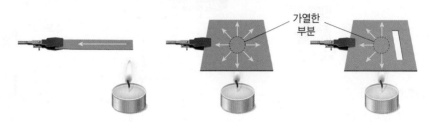

가열한 부분

(1) 위 결과를 통해 알 수 있는 열의 이동 방향을 ◯ 안에 화살표(→, ←)로 표시해 봅시다.

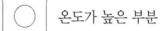

| 온도가 낮은 부분 | ◯ | 온도가 높은 부분 |

(2) 위 결과로 보아 고체 물체가 끊겨 있을 때 열의 이동 방향은 어떠한지 써 봅시다.

_____

_____

11 오른쪽은 열 변색 붙임딱지를 붙인 세 개의 판을 뜨거운 물이 담긴 수조에 동시에 넣었더니 열 변색 붙임딱지의 색깔이 변한 모습입니다. 이 결과로 보아 고체 물질의 종류에 따라 열이 이동하는 빠르기는 어떠한지 써 봅시다.

구리판 ─ 플라스틱판 ─ 철판

_____

_____

12 오른쪽과 같이 다리미의 손잡이 부분은 플라스틱으로 되어 있고, 옷을 다리는 다리미의 바닥 부분은 금속으로 되어 있습니다. 다리미의 손잡이와 바닥을 다른 물질로 만드는 까닭을 써 봅시다.

손잡이

바닥

_____

_____

6 액체에서 열의 이동

탐구로 시작하기

① 가열 장치를 이용하여 액체에서 열의 이동 알아보기

탐구 과정

❶ 비커에 물을 $\frac{2}{3}$ 정도 넣어 삼발이에 올려놓습니다.

❷ 비커 바닥에 파란색❶잉크를 스포이트로 천천히 넣습니다.

❸ 파란색 잉크를 넣은 비커의 아랫부분을 가열합니다.

❹ 파란색 잉크가 움직이는 모습을 관찰하면서 열의 이동을 추리해 봅시다.

탐구 결과

① **파란색 잉크가 움직이는 모습**: 파란색 잉크가 위로 올라갑니다.

② **액체에서 열의 이동**: 액체를 가열하면 온도가 높아진 액체가 위로 올라가면서 열이 이동합니다.

② 차가운 물과 뜨거운 물을 이용하여 액체에서 열의 이동 알아보기

탐구 과정

❶ 바닥에 받침 용기 두 개를 놓고, 그 위에 물을 $\frac{3}{4}$ 정도 넣은 사각 용기를 올려놓습니다.

❷ 사각 용기 바닥에 파란색 잉크를 스포이트로 천천히 넣습니다.

❸ 한쪽 받침 용기에는 차가운 물을, 다른 쪽 받침 용기에는 뜨거운 물을 가득 넣습니다.

❹ 파란색 잉크가 움직이는 모습을 관찰하면서 열의 이동을 추리해 봅시다.

실험 동영상

➕ 또 다른 방법!
파란색 잉크 대신 열 변색 물감을 사용하면 온도가 높아진 액체가 위로 올라가는 것을 더 확실하게 볼 수 있습니다.

비커를 가열할 때는 비커가 그을릴 수 있으니 조심해요.

실험 동영상

용어돋보기
❶ 잉크
글씨를 쓰거나 인쇄하는 데 쓰는 빛깔이 있는 액체

① **파란색 잉크가 움직이는 모습**: 뜨거운 물에 닿은 바닥면 쪽에서는 파란색 잉크가 위로 올라가고, 차가운 물에 닿은 바닥면 쪽에서는 파란색 잉크가 아래로 내려옵니다.

차가운 물　뜨거운 물 → 차가운 물　뜨거운 물 → 차가운 물　뜨거운 물

② **액체에서 열의 이동**: 주변보다 온도가 높아진 액체는 위로 올라가고, 주변보다 온도가 낮은 액체는 아래로 내려가면서 열이 이동합니다.

개념 이해하기

1. 대류

① **대류**: 액체에서 온도가 높아진 물질이 위로 올라가고, 위에 있던 온도가 낮은 물질이 아래로 내려오면서 열이 이동하는 과정입니다.

② **액체에서 대류로 열이 이동하는 과정**: 액체를 가열하면 대류가 일어나 액체 전체의 온도가 높아집니다.

▲ 냄비에 물을 끓일 때 일어나는 물의 대류

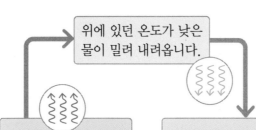

위에 있던 온도가 낮은 물이 밀려 내려옵니다.

가열되어 온도가 높아진 물이 위로 올라갑니다.

이러한 과정이 반복되며 물 전체의 온도가 높아집니다.

2. 액체의 대류가 일어나는 예 ⊕개념1 ⊕개념2

① **전기 주전자로 물을 끓일 때**: 전기 주전자가 물의 아랫부분을 가열하면 온도가 높아진 물은 위로 올라가고, 위에 있던 물은 아래로 내려옵니다. ➡ 시간이 지나면 물 전체의 온도가 높아집니다.
└▸ 물을 끓일 때 물을 젓지 않아도 물 전체의 온도가 높아집니다.

▲ 전기 주전자에서 끓는 물

② **욕조에 따뜻한 물을 받을 때**: 온도가 높은 물은 욕조 윗부분으로 올라갑니다. ➡ 욕조 윗부분의 물이 아랫부분의 물보다 온도가 높습니다.

---

1 단원

⊕개념1 **차가운 물이 담긴 컵에 따뜻한 물이 담긴 컵을 거꾸로 올려놓을 때 물의 이동** 위쪽에 있는 따뜻한 물은 위로 이동하고, 아래쪽에 있는 차가운 물은 아래로 이동하므로 온도가 다른 두 물은 잘 섞이지 않습니다.

따뜻한 물

차가운 물

⊕개념2 **온도가 낮은 음료수가 아래로 내려오는 모습**

음료수에 얼음을 넣으면 얼음 주위에서 온도가 낮아진 음료수가 아래로 내려가며 음료수 전체가 시원해집니다.

핵심 개념 되짚어 보기

따뜻해진 물은 어서 올라와.

액체에서는 온도가 높아진 물질이 위로 올라가고, 위에 있던 물질이 아래로 내려오는 과정인 대류를 통해 열이 이동합니다.

기본 문제로 익히기

○ 정답과 해설 ● 7쪽

핵심 체크

- **①**⬚⬚ : 액체에서 온도가 높아진 물질이 위로 올라가고, 위에 있던 온도가 낮은 물질이 아래로 내려오면서 열이 이동하는 과정입니다.

- 액체에서 대류로 열이 이동하는 과정

가열되어 온도가 높아진 물이 위로 올라갑니다.	→	위에 있던 온도가 **②**⬚은 물이 밀려 내려옵니다.	→	이러한 과정이 반복되며 물 전체의 온도가 **③**⬚아집니다.

- 액체의 대류가 일어나는 예
  - 전기 주전자로 물을 끓일 때: 전기 주전자가 물의 **④**⬚⬚부분을 가열하면 대류가 일어나서 시간이 지나면 물 전체의 온도가 높아집니다.
  - 욕조에 따뜻한 물을 받을 때: 온도가 높은 물은 욕조 윗부분으로 올라갑니다. ➡ 욕조 윗부분의 물이 아랫부분의 물보다 온도가 **⑤**⬚습니다.

Step 1

( ) 안에 알맞은 말을 써넣어 설명을 완성하거나 설명이 옳으면 ○, 틀리면 ×에 ○표 해 봅시다.

1 물이 담긴 비커 바닥에 파란색 잉크를 넣고, 파란색 잉크의 아랫부분을 가열하면 파란색 잉크는 ( )(으)로 이동합니다.

2 액체에서 온도가 ( )진 물질이 위로 올라가며 열이 이동하는 과정을 대류라고 합니다.

3 냄비에 물을 넣고 냄비의 아랫부분을 가열하면 시간이 충분히 지나도 냄비의 아랫부분에 가까운 물의 온도만 높아집니다. (○ , ×)

[1~2] 오른쪽과 같이 물이 담긴 비커 바닥에 파란색 잉크를 넣고, 파란색 잉크의 아랫부분을 가열하였습니다.

파란색 잉크

1 위 실험에서 파란색 잉크가 움직이는 모습을 화살표로 옳게 나타낸 것을 골라 기호를 써 봅시다.

ㄱ   ㄴ

(   )

2 위 실험을 통해 알 수 있는 액체에서 열이 이동하는 모습으로 옳은 것은 어느 것입니까?

(   )

① 온도가 높아진 물질은 위로 올라간다.
② 온도가 높아진 물질은 아래로 내려온다.
③ 온도가 높아진 물질은 이동하지 않는다.
④ 온도가 높아진 물질은 사방으로 흩어진다.
⑤ 액체 물질은 움직이지 않고 열이 액체 물질을 따라 이동한다.

3 다음과 같이 물이 든 사각 용기 바닥에 파란색 잉크를 넣고, 한쪽 받침 용기에는 차가운 물을, 다른 쪽 받침 용기에는 뜨거운 물을 가득 넣었습니다. 파란색 잉크가 위로 올라가는 부분을 골라 기호를 써 봅시다.

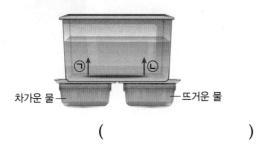

차가운 물   뜨거운 물

(   )

4 다음 (   ) 안에 알맞은 말을 골라 각각 써 봅시다.

> 액체에서 온도가 ㉠(높아진 / 낮아진) 물질은 위로 올라가고, 위에 있던 온도가 ㉡(높은 / 낮은) 물질은 아래로 내려가면서 열이 이동한다.

㉠: (   ) ㉡: (   )

5 오른쪽은 냄비에 물을 끓이는 모습입니다. 물 전체의 온도가 높아지는 과정을 순서대로 나열하여 기호를 써 봅시다.

> ㉠ 물 전체의 온도가 높아진다.
> ㉡ 온도가 높아진 물이 위로 올라간다.
> ㉢ 위에 있던 물이 아래로 밀려 내려온다.
> ㉣ 가열한 부분에 있는 물의 온도가 높아진다.

(   ) → (   ) → (   ) → (   )

6 욕조에 따뜻한 물을 받을 때 욕조에 받은 물의 윗부분과 아랫부분의 온도가 다른 까닭으로 옳은 것을 보기 에서 골라 기호를 써 봅시다.

> 보기
> ㉠ 온도가 높아진 물이 위로 올라가기 때문이다.
> ㉡ 온도가 낮아진 물이 위로 올라가기 때문이다.
> ㉢ 온도가 높아진 물은 움직이지 않기 때문이다.

(   )

1
단원

7 기체에서 열의 이동

또 다른 방법!

• **나선 모양 띠나 바람개비를 이용한 방법**

불을 붙인 초 위에 나선 모양 띠나 바람개비를 매달면 나선 모양 띠나 바람개비가 빙글빙글 돕니다. 이것은 온도가 높아진 기체가 위로 올라가기 때문입니다.

빙글빙글 돕니다.

• **비눗방울을 이용한 방법**

비눗방울을 불고 그 아래쪽의 가열 장치에 불을 붙이면 비눗방울이 가열 장치 주변에서 위쪽으로 올라갑니다.

▲ 불을 붙이기 전   ▲ 불을 붙인 후

실험 동영상

향 연기의 움직임을 보면 눈에 보이지 않는 공기의 움직임을 눈으로 볼 수 있어요.

탐구로 시작하기

❶ 열 변색 붙임딱지를 이용하여 기체에서 열의 이동 알아보기

탐구 과정

❶ 구멍 뚫린 아크릴 통 윗부분과 옆면에 열 변색 붙임딱지를 붙입니다.

❷ 초에 불을 붙인 후 아크릴 통으로 촛불을 덮고, 열 변색 붙임딱지의 색깔 변화를 관찰합니다.

❸ 기체에서 열이 어떻게 이동하는지 이야기해 봅시다.

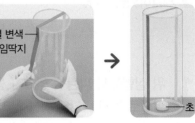

열 변색 붙임딱지   초

탐구 결과

열 변색 붙임딱지의 색깔 변화

아크릴 통 윗부분의 열 변색 붙임딱지의 색깔이 먼저 변합니다.

기체에서 열의 이동

기체를 가열하면 온도가 높아진 기체가 위로 올라가면서 열이 이동합니다.

❷ 향 연기를 이용하여 기체에서 열의 이동 알아보기

탐구 과정

티(T) 자 모양 종이

초

향

❶ 초를 비커 바닥의 가장자리에 놓고 알루미늄 포일로 감싼 티(T) 자 모양 종이를 비커의 가운데에 걸쳐 놓습니다.

❷ 향에 불을 붙인 뒤, 비커에서 초를 넣은 반대쪽의 바닥 근처에 향을 넣고 향 연기의 움직임을 관찰해 봅시다.

❸ 초에 불을 붙이고 1분 정도 기다린 다음 ❷의 활동을 반복해 봅시다.

❹ 초에 불을 붙이기 전과 후 향 연기의 움직임을 비교해 봅시다.

초에 불을 붙이기 전	초에 불을 붙인 후
 향 연기가 향을 넣은 쪽 위로 올라갑니다.	 향 연기가 초를 넣은 쪽으로 넘어가 위로 올라갑니다. • 촛불 주변에서 온도가 높아진 공기가 위로 올라갑니다.

➡ 불을 붙인 초 주변에서 온도가 높아진 공기가 위로 올라가기 때문에 초에 불을 붙인 후에는 향 연기가 초를 넣은 쪽으로 넘어가 위로 올라갑니다.

개념 이해하기

1. 기체의 대류

① **기체에서 열의 이동**: 기체에서도 액체에서와 같이 온도가 높아진 물질이 위로 올라가고, 위에 있던 물질이 밀려 내려오는 대류를 통해 열이 이동합니다.

② **기체에서 대류로 열이 이동하는 과정**

▲ 촛불 주변에서 일어나는 공기의 대류

온도가 높은 물체가 있으면 주변 공기의 온도가 높아집니다.	→	온도가 높아진 공기가 위로 올라가면서 열이 이동합니다. 개념1

2. 기체의 대류가 일어나는 예

방 안에서 난방 기구를 켰을 때	석빙고에 얼음을 넣어 두었을 때	❶화재가 발생하여 연기가 생겼을 때

따뜻해진 공기는 위로 올라가고, 위쪽의 차가운 공기는 아래로 밀려 내려오며 방 전체가 따뜻해집니다. 개념2	천연 냉장고인 석빙고는 더운 공기를 위로 빼내어 차가운 공기가 석빙고 안에 오래 머무르게 합니다.	뜨거운 연기가 위로 올라가므로 연기를 많이 마시지 않기 위해 낮은 자세로 대피합니다.

1
단원

＋개념1 찜기 통 가장 위층의 채소가 익는 까닭

찜기 통을 여러 층으로 쌓았을 때 찜기에서 나오는 뜨거운 김이 위로 이동하기 때문에 가장 위층에 있는 채소가 익을 수 있습니다.

＋개념2 냉방기를 높은 곳에 설치하는 까닭

냉방기에서 나오는 차가운 공기는 아래로 내려오므로 냉방기를 높은 곳에 설치하면 방 안 전체의 공기가 시원해집니다.
→ 난방기는 낮은 곳에 설치해야 방 전체가 따뜻해집니다.

용어 돋보기

❶ 화재(火 불, 災 재앙)
불이 나는 재앙, 또는 불로 인한 재난

핵심 개념 되짚어 보기

얘들아! 어서 올라오렴.

기체에서는 온도가 높아진 공기가 위로 올라가고, 위에 있던 공기가 아래로 내려오는 과정인 대류를 통해 열이 이동합니다.

핵심 체크

- 기체에서 열의 이동: 기체에서도 액체에서와 같이 온도가 높아진 물질이 위로 올라가고, 위에 있던 물질이 밀려 내려오는 **①**[ ][ ]를 통해 열이 이동합니다.

- 기체에서 대류로 열이 이동하는 과정

| 온도가 높은 물체가 있으면 주변 공기의 온도가 **②**[ ][ ]집니다. | → | 온도가 **②**[ ][ ]진 공기가 위로 올라가면서 열이 이동합니다. |

- 기체의 대류가 일어나는 예

  - 방 안에서 **③**[ ][ ] 기구를 켰을 때: 따뜻해진 공기는 위로 올라가고, 위쪽의 차가운 공기는 아래로 밀려 내려오며 방 전체가 따뜻해집니다.

  - 석빙고에 얼음을 넣어 두었을 때: 석빙고는 더운 공기를 위로 빼내어 **④**[ ][ ][ ] 공기가 석빙고 안에 오래 머무르게 합니다.

  - 화재가 발생하여 연기가 생겼을 때: **⑤**[ ][ ][ ] 연기가 위로 올라가므로 낮은 자세로 대피합니다.

Step 1　　( ) 안에 알맞은 말을 써넣어 설명을 완성하거나 설명이 옳으면 ○, 틀리면 ×에 ○표 해 봅시다.

1　기체에서는 고체에서와 같이 주로 전도를 통해 열이 이동합니다. (○ , ×)

2　온도가 높은 물체 주변에서 온도가 높아진 공기는 ( )로 이동합니다.

3　방 안에서 난방 기구를 켜면 따뜻해진 공기는 아래쪽에만 머무릅니다. (○ , ×)

[1~2] 오른쪽과 같이 구멍 뚫린 아크릴 통에 열 변색 붙임 딱지를 붙이고, 아크릴 통으로 촛불을 덮었습니다.

열변색 붙임딱지

1 위 실험에서 ㉠~㉢ 중 열 변색 붙임딱지의 색깔이 가장 먼저 변하는 위치를 골라 기호를 써 봅시다.

(   )

2 다음은 위의 실험 결과가 나타난 까닭을 설명한 것입니다. ( ) 안에 알맞은 말은 어느 것입니까? (   )

> 촛불 주변에서 온도가 높아진 공기가 (   ) 때문이다.

① 위로 올라갔기   ② 아래로 내려왔기
③ 옆으로 이동했기   ④ 한곳에 머물렀기
⑤ 사방으로 흩어졌기

3 초를 비커 바닥의 가장자리에 놓고 티(T) 자 모양 종이를 비커 가운데에 걸쳐 놓은 다음, 초에 불을 붙이고 초를 넣은 반대쪽 비커 바닥 근처에 불을 붙인 향을 넣었습니다. 향 연기가 움직이는 방향을 화살표로 옳게 나타낸 것을 골라 기호를 써 봅시다.

㉠   ㉡

(   )

4 기체에서 열의 이동에 대한 설명으로 옳은 것을 보기 에서 골라 기호를 써 봅시다.

> 보기
> ㉠ 기체에서는 열이 이동하지 않는다.
> ㉡ 온도가 높아진 공기는 위로 올라가면서 열이 이동한다.
> ㉢ 온도가 높아진 공기는 아래로 내려오면서 열이 이동한다.

(   )

5 일상생활에서 기체의 대류가 일어나는 예에 대한 설명으로 옳은 것을 보기 에서 골라 기호를 써 봅시다.

> 보기
> ㉠ 석빙고 안에는 차가운 공기가 오래 머무른다.
> ㉡ 화재가 발생했을 때 뜨거운 연기는 아래로 내려온다.
> ㉢ 난방기를 방 안의 아래쪽에 켜 놓으면 아래쪽만 따뜻해진다.

(   )

6 다음과 같은 냉방기는 방 안에서 높은 곳과 낮은 곳 중 어느 곳에 설치하는 것이 좋은지 써 봅시다.

(   )

⑥ 액체에서 열의 이동

1 액체에서 열의 이동에 대한 설명으로 옳은 것을 보기 에서 골라 기호를 써 봅시다.

> 보기
> ㉠ 액체를 가열하면 액체 전체의 온도가 동시에 높아진다.
> ㉡ 액체 아랫부분을 가열하면 대류가 일어나며 열이 이동한다.
> ㉢ 액체를 가열하면 온도가 높아진 물질이 위로 올라가는 전도가 일어난다.

(   )

2 다음은 액체에서 열의 이동을 알아보기 위해 사각 용기 바닥 면에 파란색 잉크를 넣은 다음, 한쪽 받침 용기에 뜨거운 물을 넣고 다른 쪽 받침 용기에 차가운 물을 넣은 모습입니다. 사각 용기 바닥 면에 넣은 파란색 잉크가 화살표 방향으로 이동하였을 때 뜨거운 물을 넣은 받침 용기를 골라 기호를 써 봅시다.

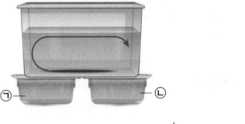

(   )

3 다음과 같이 물이 담긴 냄비를 가열하였을 때, 물의 온도가 가장 먼저 높아지는 부분을 골라 기호를 써 봅시다.

(   )

4 오른쪽은 전기 주전자의 전원을 켜자 전기 주전자의 바닥 부분이 가열되는 모습입니다. 시간이 충분히 지난 뒤 물의 온도에 대해 옳게 설명한 사람의 이름을 써 봅시다.

> • 아람: 전기 주전자에서 가열하는 아랫부분에 있는 물의 온도만 높아져.
> • 선우: 온도가 높아진 물이 위로 올라가므로 윗부분에 있는 물의 온도만 높아져.
> • 혜미: 아랫부분만 가열해도 물 전체의 온도가 높아져.

(   )

5 오른쪽과 같이 온도를 알 수 없는 물 ㉠이 담긴 컵에 온도가 다른 물 ㉡이 담긴 컵을 거꾸로 가만히 올려놓으니 두 물이 잘 섞이지 않았습니다. ㉠과 ㉡ 중 차가운 물과 따뜻한 물에 해당하는 것을 각각 써 봅시다.

㉠: (   ) ㉡: (   )

7 기체에서 열의 이동

6 오른쪽과 같이 구멍이 뚫린 아크릴 통에 열 변색 붙임딱지를 붙이고 촛불을 덮으니 아크릴 통 윗부분의 열 변색 붙임딱지의 색깔이 먼저 변했습니다. 아크릴 통 안에서 일어난 열의 이동 과정을 순서대로 나열하여 기호를 써 봅시다.

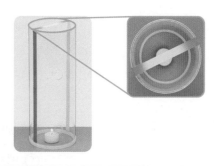

> ㉠ 아크릴 통 윗부분 열 변색 붙임딱지의 색깔이 변한다.
> ㉡ 촛불 주변 공기의 온도가 높아진다.
> ㉢ 온도가 높아진 공기가 위로 올라간다.

(   ) → (   ) → (   )

7 난방 기구를 한 곳에 켜 놓았을 때, 난방 기구 주변에서 공기가 이동하는 방향을 화살표로 나타낸 것으로 옳은 것을 골라 기호를 써 봅시다. (단, 빨간색 화살표는 따뜻한 공기, 파란색 화살표는 차가운 공기입니다.)

( )

8 다음 ( ) 안에 알맞은 말을 각각 골라 써 봅시다.

> • 석빙고는 더운 공기를 ㉠(위 / 아래)로 빼내어 차가운 공기가 석빙고 안에 오래 머무르게 한다.
> • 화재가 발생하면 뜨거운 연기가 ㉡(위 / 아래)로 이동하므로 연기를 많이 마시지 않기 위해 ㉢(높은 / 낮은) 자세로 대피해야 한다.

㉠: ( ) ㉡: ( ) ㉢: ( )

9 액체와 기체에서 열의 이동에 대한 설명으로 옳은 것은 어느 것입니까? ( )

① 액체는 가열해도 열이 이동하지 않는다.
② 기체에서는 대류를 통해 열이 이동한다.
③ 기체에서는 온도가 낮아진 물질이 위로 올라간다.
④ 액체에서는 온도가 높아진 물질이 아래로 내려온다.
⑤ 기체에서 열은 온도가 높은 부분에서 온도가 낮은 부분으로 기체 물질을 따라 이동한다.

서술형 길잡이

❶ 물이 담긴 주전자를 가열하면 온도가 □□ □ 물은 위로 올라가고, 위에 있던 온도가 □□ 물은 아래로 밀려 내려옵니다.

10 오른쪽과 같이 물이 든 주전자를 가열할 때 주전자에 있는 물 전체가 따뜻해지는 까닭을 써 봅시다.

_____

_____

❶ 불을 붙인 초 주변의 공기는 온도가 □□집니다.

❷ 온도가 높아진 공기는 □로 이동합니다.

11 오른쪽과 같이 초를 비커 바닥의 가장자리에 놓고 티 (T) 자 모양 종이를 비커의 가운데에 걸쳐 놓은 다음, 초에 불을 붙였습니다. 초를 넣은 반대쪽 비커의 바닥 근처에 향불을 넣으니 향 연기가 초를 넣은 쪽으로 넘어가 위로 올라갔습니다. 향 연기가 이렇게 움직인 까닭을 써 봅시다.

_____

_____

❶ 냉방기에서 나오는 차가운 공기는 □□로 이동합니다.

12 오른쪽과 같이 나리네 가족이 새로운 집으로 이사하여 이삿짐을 정리하고 있습니다.

(1) 난방 기구는 높은 곳과 낮은 곳 중 어느 곳에 설치하는 것이 좋은지 써 봅시다. (   )

(2) 냉방기는 어느 곳에 설치하는 것이 좋은지 그 까닭과 함께 써 봅시다.

_____

_____

1 온도와 온도계

- **온도**: 물체의 차갑거나 따뜻한 정도를 나타낸 것입니다.
- **정확한 온도를 측정하는 방법**: ❶ [　　] 를 사용하여 온도를 측정합니다.
- **온도를 정확하게 측정해야 하는 까닭**: 물체의 온도를 정확하게 알아야 알맞게 대처할 수 있기 때문입니다.
- **온도계 사용 방법**

적외선 온도계	알코올 온도계
온도를 측정하려는 물체의 표면을 겨누고 온도 측정 단추를 누르면, 온도 표시 창에 온도가 표시됩니다.	온도를 측정하려는 물질에 ❷ [　　] 부분을 넣고, 온도계의 액체 기둥의 끝이 닿은 위치에 눈높이를 맞추어 눈금을 읽습니다.

2 온도가 다른 두 물체가 접촉할 때 물체의 온도 변화

- **온도가 다른 두 물체가 접촉할 때 두 물체의 온도 변화**

알코올 온도계

음료수 캔에 담은 차가운 물
온도가 높아집니다.

비커에 담은 따뜻한 물
온도가 낮아집니다.

➡ 시간이 지나면 두 물체의 온도가 ❸ [　　] 집니다.

- **온도가 다른 두 물체가 접촉할 때 열의 이동**:
온도가 ❹ [　　] 물체 → 온도가 ❺ [　　] 물체

온도가 높은 생선 / 온도가 낮은 얼음

▲ 얼음과 생선 사이 열의 이동

온도가 높은 달걀 / 온도가 낮은 얼음물

▲ 갓 삶은 달걀과 얼음물 사이 열의 이동

3 고체에서 열의 이동

- ❻ [　　]: 고체에서 열이 온도가 높은 부분에서 온도가 낮은 부분으로 고체 물체를 따라 이동하는 것
- **열의 전도가 잘 일어나지 않는 경우**: 고체 물체가 끊겨 있거나, 두 고체 물체가 접촉하고 있지 않다면 전도는 잘 일어나지 않습니다.
- **고체 물질의 종류에 따라 열이 이동하는 빠르기**

구리, 철과 같은 금속	금속이 아닌 물질
열이 빠르게 이동합니다.	열이 느리게 이동합니다.

- **단열**: 두 물체 사이에서 열의 ❼ [　　] 을 막는 것
- **단열을 이용한 예**

▲ 냄비 받침　　▲ 주방 장갑　　▲ 아이스박스

4 액체와 기체에서 열의 이동

- ❽ [　　]: 액체나 기체에서 온도가 높아진 물질이 위로 올라가고, 위에 있던 물질이 밀려 내려오면서 열이 이동하는 과정

액체에서의 대류	기체에서의 대류
물이 든 냄비를 가열하면 온도가 높아진 물은 위로 올라가고, 위에 있던 물은 밀려 내려옵니다.	초에 불을 붙이면 촛불 주변에서 온도가 높아진 공기는 ❾ [　　] 로 올라갑니다.

- **일상생활에서 대류를 이용한 예**

액체의 대류를 이용한 예	기체의 대류를 이용한 예
전기 주전자로 물의 아랫부분을 끓이면 물 ❿ [　　] 의 온도가 높아집니다.	방 한쪽에서 난로를 켜면 방 전체가 따뜻해집니다.

단원 마무리 문제

1 온도를 어림하는 상황은 어느 것입니까?
( )

①  ②

③  ④

2 다음은 물체의 온도를 정확하게 알 수 있는 방법을 설명한 것입니다. ( ) 안에 알맞은 말을 보기 에서 골라 각각 써 봅시다.

> 온도를 (㉠)하면 온도를 정확하게 알수 없다. (㉡)을/를 사용하여 온도를 측정하면 온도를 정확하게 알 수 있다.

보기   어림, 측정, 온도계, 전자저울

㉠: ( ) ㉡: ( )

3 온도에 대한 설명으로 옳지 <u>않은</u> 것을 보기 에서 골라 기호를 써 봅시다.

> 보기 ㉠ 온도는 물체의 차갑거나 따뜻한 정도를 나타낸 것이다.
> ㉡ 숫자에 단위 ℃를 붙여 나타낸다.
> ㉢ 기체의 온도는 기온이라고 한다.
> ㉣ 병원에서 환자의 체온을 정확하게 알지 못해도 문제가 되지 않는다.

( )

[4~5] 다음은 여러 가지 온도계의 모습입니다.

㉠  ㉡  ㉢

4 ㉠~㉢ 중 측정하려는 물체의 표면을 겨누고 측정 단추를 누르면 온도 표시 창에 온도가 나타나는 온도계를 골라 기호를 써 봅시다.

( )

5 ㉢ 온도계에 대한 설명으로 옳은 것은 어느 것입니까? ( )

① 주로 체온을 측정할 때 사용한다.
② 온도계 끝을 귀에 넣고 측정 단추를 누른다.
③ 주로 고체의 표면 온도를 측정할 때 사용한다.
④ 온도계로 비커에 담긴 물의 온도를 측정할 때는 액체샘을 비커 바닥에 닿도록 한다.
⑤ 액체 기둥의 끝이 닿은 위치에 눈높이를 맞추어 온도계의 눈금을 읽는다.

6 오른쪽은 알코올 온도계 각 부분의 이름을 나타낸 것입니다. ( ) 안에 알맞은 말을 각각 써 봅시다.

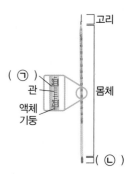

㉠: ( ) ㉡: ( )

서술형

7 우리 주변에서 같은 물체라도 장소에 따라 온도가 다른 예를 두 가지 찾아 써 봅시다.

_____

_____

[8~9] 오른쪽과 같이 차가운 물을 담은 음료수 캔(㉠)을 따뜻한 물을 담은 비커(㉡)에 넣고, 1분마다 물의 온도를 측정하였습니다.

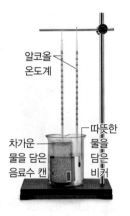

알코올 온도계

차가운 물을 담은 음료수 캔

따뜻한 물을 담은 비커

8 위 실험에서 ㉠과 ㉡에 담긴 물의 온도 변화로 옳은 것은 어느 것입니까? (   )

	㉠에 담긴 물	㉡에 담긴 물
①	높아진다.	낮아진다.
②	높아진다.	변하지 않는다.
③	높아진다.	높아진다.
④	변하지 않는다.	낮아진다.
⑤	낮아진다.	높아진다.

9 다음은 위 실험에서 물의 온도가 변한 까닭을 설명한 것입니다. (   ) 안에 알맞은 말을 써 봅시다.

㉡에 담긴 물에서 ㉠에 담긴 물로 (   ) 이/가 이동하였기 때문이다.

(   )

서술형

10 오른쪽과 같이 뜨거운 프라이팬 위에 버터를 올려 두었습니다. 프라이팬과 버터 사이에서 열이 어떻게 이동하는지 써 봅시다.

_____

_____

11 다음은 열 변색 붙임딱지를 붙인 구리판을 가열하였을 때, 열 변색 붙임딱지의 색깔이 변하는 방향을 화살표로 나타낸 것입니다. ㉠~㉢ 중 가열한 부분을 골라 기호를 써 봅시다.

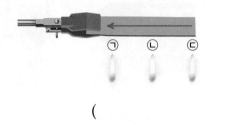

㉠   ㉡   ㉢

(   )

12 긴 구멍이 뚫린 정사각형 구리판에 열 변색 붙임딱지를 붙이고 가운데(◯)를 가열할 때, 구리판에서 열이 이동하는 방향을 화살표로 옳게 표시한 것은 어느 것입니까? (   )

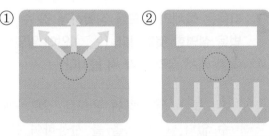

① ②

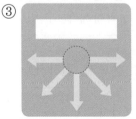 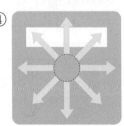

③ ④

13 고체에서 열의 이동에 대한 설명으로 옳지 <u>않은</u> 것은 어느 것입니까? (   )

① 가열한 부분의 온도가 가장 먼저 높아진다.

② 고체 물질의 종류에 따라 열이 잘 이동하지 않을 수도 있다.

③ 고체 물체가 끊겨 있으면 열은 그 방향으로는 잘 이동하지 않는다.

④ 온도가 높아진 부분에서 주변의 온도가 낮은 부분으로 열이 이동한다.

⑤ 서로 다른 두 고체 물체가 접촉하고 있지 않아도 열이 두 물체 사이를 잘 이동한다.

14 오른쪽과 같이 열 변색 붙임딱지를 붙인 종류가 다른 세 개의 판을 뜨거운 물에 동시에 넣었더니 열 변색 붙임딱지의 색깔이 변했습니다. 열이 가장 빠르게 이동한 판을 골라 기호를 써 봅시다.

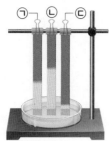

(   )

15 우리 생활에서 단열을 이용한 예로 옳지 <u>않은</u> 것을 보기 에서 골라 기호를 써 봅시다.

> 보기
> ㉠ 음료수를 아이스박스에 넣어 둔다.
> ㉡ 뜨거운 그릇을 옮길 때 주방 장갑을 낀다.
> ㉢ 집을 지을 때 집의 벽을 한 겹으로 얇게 만든다.

(   )

16 물이 담긴 주전자를 가열할 때 열이 이동하는 모습을 화살표로 나타낸 것으로 옳은 것은 어느 것입니까? (   )

①    ②

③    ④

17 오른쪽과 같이 물이 담긴 비커 바닥에 파란색 잉크를 넣고 아랫부분을 가열할 때 파란색 잉크가 화살표 방향으로 움직이는 까닭을 써 봅시다.

파란색 잉크

_____

_____

18 오른쪽과 같이 불을 붙인 초를 비커 바닥의 가장자리에 놓고 티(T) 자 모양 종이를 비커 가운데에 걸쳐 놓은 다음, 초를 넣은 반대쪽 비커 바닥 근처에 불을 붙인 향을 넣었습니다. 향 연기의 움직임에 대한 설명으로 옳은 것은 어느 것입니까? (   )

① 향 연기가 금방 사라진다.
② 향 연기가 공중에 그대로 떠 있다.
③ 향 연기가 향 바로 위로 모두 올라간다.
④ 향 연기가 촛불 주변으로 가라앉는다.
⑤ 향 연기가 초를 넣은 쪽으로 넘어가 위로 올라간다.

19 오른쪽과 같이 화재가 발생하여 대피하는 상황에 대한 설명으로 옳지 <u>않은</u> 것을 보기 에서 골라 기호를 써 봅시다.

> 보기
> ㉠ 뜨거운 연기는 위로 올라간다.
> ㉡ 연기가 이동하는 것은 전도 때문이다.
> ㉢ 연기를 많이 마시지 않기 위해 낮은 자세로 대피한다.

(   )

20 다음은 열이 이동하는 경우를 설명한 것입니다. 전도를 통해 열이 이동한 것인지, 대류를 통해 열이 이동한 것인지 각각 써 봅시다.

(1) 방 한쪽의 난방기구를 켜면 방 전체가 따뜻해진다. (   )

(2) 금속으로 된 냄비의 바닥을 가열하면 냄비 전체가 뜨거워진다. (   )

(3) 전기 주전자로 물을 끓이면 물을 젓지 않아도 물 전체가 뜨거워진다. (   )

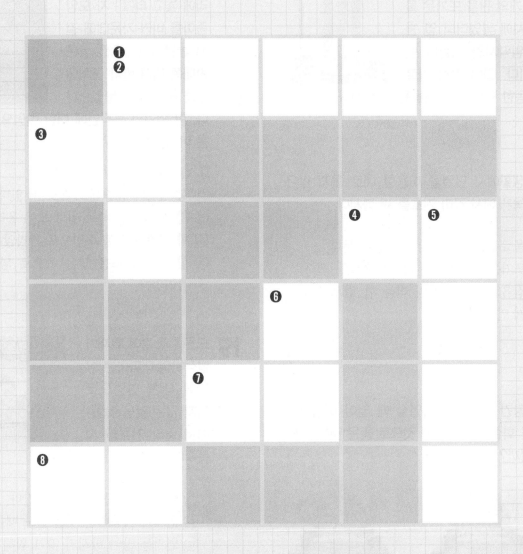

○ 정답과 해설 ● 11쪽

가로 퀴즈

❶ 적외선 온도계로 온도를 측정하려는 물체의 표면을 겨누고 온도 측정 단추를 누르면, ○○ ○○ ○에 온도가 나타납니다.

❸ 고체에서 열이 온도가 높은 부분에서 온도가 낮은 부분으로 고체 물체를 따라 이동하는 것

❹ 두 물체 사이에서 열의 이동을 막는 것

❼ 물의 온도를 ○○이라고 합니다.

❽ 액체나 기체에서 온도가 높아진 물질은 위로 올라가고 위에 있던 물질은 밀려 내려오면서 열이 이동하는 과정

세로 퀴즈

❷ 온도를 측정할 때 사용하는 것

❺ 온도가 다른 두 물체가 접촉할 때 두 물체의 온도가 변하는 까닭은 ○○ ○○ 때문입니다.

❻ 몸의 온도를 ○○이라고 합니다.

2

태양계와 별

태양계에는 어떤 구성원이 있을까요?

밤하늘에 빛나는 점들은 모두 별일까요?

1 태양이 우리에게 미치는 영향

탐구로 시작하기

○ 태양이 생물과 우리 생활에 미치는 영향 찾아보기

탐구 과정

❶ 아래 그림에서 태양이 지구에 있는 생물과 우리 생활에 미치는 영향을 찾아 이야기해 봅시다.

❷ 스마트 기기를 이용하여 ❶에서 찾은 것 외에 태양이 생물과 우리 생활에 미치는 다른 영향을 찾아 봅시다.

❸ 태양이 지구에 있는 생물과 우리 생활에 미치는 영향을 보고 지구의 에너지원은 무엇인지 생각해 봅시다.

❹ 태양이 지구에 있는 생물과 우리에게 소중한 까닭을 이야기해 봅시다.

용어 돋보기

❶ 일광욕(日 해, 光 빛, 浴 목욕하다)

치료나 건강을 위해 몸에 태양 빛을 쬐는 일

탐구 결과

① 태양이 지구에 있는 생물과 우리 생활에 미치는 영향

태양 때문에 물이 증발하고 구름이 되어 비가 내립니다.

태양은 물이 순환하는 데 필요한 에너지를 끊임없이 공급합니다.

태양은 지구를 따뜻하게 하여 생물이 살아가기에 알맞은 환경을 만들어 줍니다.

태양 빛을 이용해 전기를 만들고 생활에 이용합니다.

일부 동물은 식물이 만든 양분을 먹고 살아갑니다.

식물은 태양 빛을 이용해 양분을 만듭니다.

밝은 낮에 야외에서 뛰어놀 수 있습니다.

태양 빛으로 바닷물이 증발해 소금이 만들어집니다.

❶일광욕을 즐깁니다.

태양이 생물과 우리 생활에 미치는 다른 영향	• 태양 빛은 물체를 볼 수 있게 합니다. • 태양 빛으로 빨래를 말리면 빠르게 바싹 말릴 수 있고, 세균을 없앨 수 있습니다. • 생선이나 오징어를 말릴 수 있습니다.

② 지구의 에너지원: 태양
③ 태양이 지구에 있는 생물과 우리에게 소중한 까닭
- 태양은 지구에 생물이 살 수 있게 해 주기 때문입니다.
- 태양은 지구의 모든 것에 영향을 미치기 때문입니다.
- 태양이 없으면 지구에서 생물이 살기에 적당한 온도가 되지 않아 생물이 살 수 없기 때문입니다.

개념 이해하기

1. 태양

┌─ 태양은 많은 양의 에너지를 내보냅니다.

① **태양**: 스스로 빛을 내는 **②천체**로, 지구의 에너지원입니다.

➡ 우리는 살아가는 데 필요한 대부분의 에너지를 태양에서 얻습니다.

② **태양이 지구의 환경과 생물에게 미치는 영향과 사람이 태양 빛을 이용하는 예**

태양이 자연 현상에 미치는 영향

- 공기, 땅, 바닷물을 따뜻하게 합니다.
- 주변을 밝게 비춰 줍니다.
- 태양 에너지를 공급하여 물을 순환시킵니다.

태양이 지구의 생물에게 미치는 영향

- 식물은 태양 빛을 이용해 **③광합성**을 하며 양분을 만듭니다.
- 초식 동물은 식물이 만든 양분을 먹고 살아갑니다.

태양이 우리 생활에 미치는 영향

- 태양에서 오는 에너지를 이용하여 전기를 만들고 생활에 이용합니다. **+개념1**
- 태양 빛으로 바닷물이 증발해 소금이 만들어집니다.
- 태양 빛으로 농작물을 재배합니다.
- 태양 빛은 물체를 볼 수 있게 합니다.
- 태양 빛으로 빨래를 말리면 세균을 없앨 수 있습니다.

2. 태양이 우리에게 소중한 까닭

- 생물이 살아가는 데 필요한 에너지를 제공해 주기 때문입니다.
- 태양은 지구를 따뜻하게 해서 생물이 살기에 알맞은 환경을 만들어 주기 때문입니다.

3. 태양이 없다면 지구에서 일어날 수 있는 일

① 지구가 차갑게 얼어붙을 것입니다.
② 사람은 낮에 어두워서 야외 활동을 할 수 없을 것입니다.
③ 빛이 없어 식물이 자라지 못하고 동물도 살기 어려울 것입니다.

+개념1 태양에서 오는 에너지를 이용하여 전기를 만드는 도구

태양 에너지를 이용하여 전기를 만드는 도구에는 대표적으로 태양광 발전과 태양열 발전이 있습니다.

▲ 태양광 발전

용어 돋보기

② 천체(天 하늘, 體 몸)
별, 행성, 달 등을 포함한 우주에 있는 모든 물체

③ 광합성(光 빛, 合 합하다, 成 이루다)
식물이 햇빛을 이용하여 양분을 스스로 만드는 과정

핵심 개념 되짚어 보기

내가 없으면 지구에 생물이 살기 어려워!

지구의 중요한 에너지원은 태양입니다.

기본 문제로 익히기

○ 정답과 해설 ● 12쪽

핵심 체크

● ①⬜⬜ : 스스로 빛을 내는 천체로, 지구의 에너지원입니다.

● 태양이 지구에 미치는 영향

태양이 자연 현상에 미치는 영향	• 공기, 땅, 바닷물을 따뜻하게 합니다. • 주변을 ②⬜⬜ 비춰 줍니다. • 태양 에너지를 공급하여 물을 순환시킵니다.
태양이 생물에게 미치는 영향	• 식물은 태양 빛을 이용해 ③⬜⬜을 만듭니다. • 초식 동물은 식물이 만든 양분을 먹고 살아갑니다.
태양이 우리 생활에 미치는 영향	• 태양 에너지를 이용하여 ④⬜⬜를 만들고 생활에 이용합니다. • 태양 빛으로 바닷물이 증발해 소금이 만들어집니다. • 태양 빛으로 농작물을 재배합니다.

● **태양이 우리에게 소중한 까닭**: 태양은 생물이 살아가는 데 필요한 에너지를 제공해 주고, 지구를 ⑤⬜⬜⬜⬜ 해서 생물이 살기에 알맞은 환경을 만들어 주기 때문입니다.

● 태양이 없다면 지구에서 일어날 수 있는 일

• 지구가 ⑥⬜⬜⬜ 얼어붙을 것입니다.
• 사람은 낮에 어두워서 야외 활동을 할 수 없을 것입니다.
• 빛이 없어 식물이 자라지 못하고 동물도 살기 어려울 것입니다.

Step 1

( ) 안에 알맞은 말을 써넣어 설명을 완성하거나 설명이 옳으면 ○, 틀리면 ×에 ○표 해 봅시다.

1 ( )은/는 지구에 필요한 대부분의 에너지를 공급합니다.

2 우리는 태양 빛을 이용해 전기를 만들고 생활에 이용합니다. (○ , ×)

3 태양이 없다면 식물은 잘 자라지만 동물은 살기 어려울 것입니다. (○ , ×)

1 다음에서 설명하는 것은 어느 것입니까?
( )

> 우리가 살아가는 데 필요한 대부분의 에너지를 얻는다.

① 달　　　② 태양　　　③ 구름
④ 바다　　⑤ 땅속

2 다음 그림과 태양이 지구에 미치는 영향을 옳게 연결해 봅시다.

(1)  ·

· ㉠ 태양 빛으로 바닷물이 증발해 소금이 만들어진다.

(2)  ·

· ㉡ 일부 동물은 식물이 만든 양분을 먹고 살아간다.

(3) 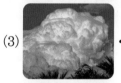 ·

· ㉢ 태양 때문에 물이 증발하여 구름이 만들어진다.

(4)  ·

· ㉣ 태양 빛을 이용해 전기를 만들고 생활에 이용한다.

3 태양이 생물과 우리 생활에 미치는 영향으로 옳은 것을 골라 기호를 써 봅시다.

㉠
▲ 태양 빛을 이용해 전기를 만들어 생활에 이용한다.

㉡
▲ 낮에는 어두우므로 야외에서 뛰어놀기 어렵다.

( )

4 태양이 지구의 환경과 우리 생활에 미치는 영향을 옳게 말한 친구의 이름을 써 봅시다.

> • 유림: 태양 빛은 땅을 차갑게 만들어.
> • 수연: 태양 때문에 구름이 생기고 비가 내려.
> • 민호: 염전에서 소금을 만들 때에는 태양 빛 없이 바닷물만을 이용해.

( )

5 태양이 소중한 까닭으로 옳지 않은 것을 보기에서 골라 기호를 써 봅시다.

> 보기
> ㉠ 태양이 없으면 지구에 사는 생물의 수가 늘어나기 때문이다.
> ㉡ 태양은 생물이 살아가는 데 필요한 에너지를 제공해 주기 때문이다.
> ㉢ 태양이 지구를 따뜻하게 해서 생물이 살기에 알맞은 환경을 만들어 주기 때문이다.

( )

6 태양이 없다면 지구에서 일어날 수 있는 일로 옳지 않은 것은 어느 것입니까? ( )

① 태양이 없으면 식물이 자라지 못한다.
② 태양이 없으면 지구는 차갑게 얼어붙을 것이다.
③ 태양이 없으면 동물이 살기에 알맞은 환경이 된다.
④ 태양이 없으면 지구에서 물이 순환하지 않을 것이다.
⑤ 태양이 없으면 사람은 낮에 어두워서 야외 활동을 할 수 없다.

2 태양계를 구성하는 태양과 행성

탐구로 시작하기

● 태양계를 구성하는 태양과 행성의 특징 조사하기

탐구 과정

① 스마트 기기를 이용하여 태양의 특징을 조사해 봅시다.

② 태양계를 구성하는 행성에는 어떤 것들이 있는지 이야기해 봅시다.

③ 스마트 기기를 이용하여 태양계 행성의 특징을 조사한 뒤 행성 카드를 완성해 봅시다.

탐구 결과

① **태양의 특징**: 태양은 태양계에서 유일하게 스스로 빛을 내는 천체로, 태양계의 중심에 있습니다.

② **태양계 행성**: 수성, 금성, 지구, 화성, 목성, 토성, 천왕성, 해왕성

수성

- 색깔: 회색
- 표면의 상태: 암석
- 고리: 없습니다.
- 특징: ❶대기가 거의 없고, 달처럼 충돌 구덩이가 있어 표면이 울퉁불퉁합니다.

금성

- 색깔: 하얀색, 노란색
- 표면의 상태: 암석
- 고리: 없습니다.
- 특징: 태양계 행성 중 지구에서 가장 밝게 보이고, 표면이 두꺼운 대기로 둘러싸여 있습니다.

지구 ➕개념1

┌ 다양한 색으로 보입니다.
- 색깔: 초록색, 파란색
- 표면의 상태: 암석
- 고리: 없습니다.
- 특징: 물과 공기가 있으며 표면의 약 70 %가 바다로 덮여 있고 많은 생물이 살고 있습니다.

화성

- 색깔: 붉은색
- 표면의 상태: 암석
- 고리: 없습니다.
- 특징: 지구의 사막처럼 암석과 흙으로 이루어져 있고, 지구보다 대기가 훨씬 적습니다.

목성

- 색깔: 하얀색, 갈색
- 표면의 상태: 기체
- 고리: 있습니다.
  └→ 희미한 고리
- 특징: 표면에 가로 줄무늬가 있고, 붉은색으로 보이는 거대한 반점이 있습니다.

토성

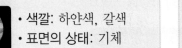

- 색깔: 하얀색, 노란색
- 표면의 상태: 기체
- 고리: 있습니다.
- 특징: 표면에 가로 줄무늬가 있고, 태양계 행성 중 가장 뚜렷한 고리를 가지고 있습니다.
  └→ 얇고 넓은 고리

말풍선: 표면이 암석으로 되어 있다는 것은 표면이 딱딱한 땅이라는 뜻이에요.

➕개념1 지구의 모습
우주에서 지구를 바라보면 육지와 바다가 보이고 구름이 떠 있습니다. 바다가 차지하는 면적이 넓어서 파랗게 보이는 부분이 많습니다.

용어돋보기
❶ 대기(大 크다, 氣 기운)
천체의 표면을 둘러싸고 있는 공기

천왕성	
	• 색깔: 청록색 • 표면의 상태: 기체

• 고리: 있습니다.
  └→ 세로 방향으로 희미한 고리
• 특징: 희미한 줄무늬가 있고, 망원경 없이는 볼 수 없습니다.

해왕성	
	• 색깔: 파란색 • 표면의 상태: 기체

• 고리: 있습니다.
  └→ 희미한 고리
• 특징: 표면에 거대한 검은 반점이 있고, 희미한 줄무늬가 있습니다.

2 단원

+개념2 소행성과 혜성

소행성	태양의 주위를 도는 크기가 상대적으로 작은 암석 천체
혜성	소행성과 크기가 비슷하지만 먼지와 가스로 된 대기가 있는 천체

개념 이해하기

1. 태양계와 태양계의 구성원

① **태양계**: 태양과 태양의 영향을 받는 천체들과 그 공간
② **태양계의 구성원**: 태양, 행성, 위성, 소행성, 혜성 등 +개념2

위 그림은 태양계 구성원의 크기와 구성원 간의 거리, 위성의 수 등을 고려하지 않은 것입니다.

태양	• 태양계에서 유일하게 스스로 빛을 내는 천체 • 태양계의 중심에 있습니다. • 행성에 비해 매우 크고 뜨겁습니다.
행성	태양의 주위를 도는 둥근 천체
위성	행성의 주위를 도는 천체 예 달

③ **태양계 행성**: 수성, 금성, 지구, 화성, 목성, 토성, 천왕성, 해왕성

+개념3 태양계 행성의 분류
• 위성에 따른 분류

위성이 없는 행성	수성, 금성
위성이 있는 행성	지구, 화성, 목성, 토성, 천왕성, 해왕성

• 줄무늬에 따른 분류

줄무늬가 없는 행성	수성, 금성, 지구, 화성
줄무늬가 있는 행성	목성, 토성, 천왕성, 해왕성

2. 태양계 행성의 특징

① 태양계 행성마다 표면의 색깔이나 무늬, 고리 등 겉모습이 다릅니다.
② **태양계 행성을 분류할 수 있는 기준**: 표면 상태, 고리, 위성, 줄무늬 등 +개념3
• 태양계 행성의 표면 상태에 따른 분류

표면이 암석으로 되어 있는 행성	표면이 기체로 되어 있는 행성
수성, 금성, 지구, 화성	목성, 토성, 천왕성, 해왕성

• 태양계 행성의 고리에 따른 분류

고리가 없는 행성	고리가 있는 행성
수성, 금성, 지구, 화성	목성, 토성, 천왕성, 해왕성

핵심 개념 되짚어 보기

우리는 모두 태양계야!

태양계는 태양과 태양의 영향을 받는 천체들(행성, 위성 등)과 그 공간을 말합니다.

○ 정답과 해설 ● 12쪽

핵심 체크

- ① ☐☐☐ : 태양과 태양의 영향을 받는 천체들과 그 공간
- 태양계의 구성원: 태양, 행성, 위성, 소행성, 혜성 등
  - 태양: 태양계에서 유일하게 스스로 빛을 내는 천체로, 태양계의 중심에 있습니다.
  - ② ☐☐ : 태양의 주위를 도는 둥근 천체입니다.
- 태양계 행성의 특징 예

구분	화성	③ ☐☐	천왕성
색깔	④ ☐☐☐	하얀색, 노란색	청록색
표면의 상태	암석	기체	⑤ ☐☐
고리	없습니다.	있습니다.	있습니다.

- 태양계 행성을 분류할 수 있는 기준: 표면의 상태, 고리 등

표면이 암석으로 되어 있는 행성	표면이 ⑥ ☐☐로 되어 있는 행성
수성, 금성, 지구, 화성	목성, 토성, 천왕성, 해왕성

Step 1

( ) 안에 알맞은 말을 써넣어 설명을 완성하거나 설명이 옳으면 ○, 틀리면 ×에 ○표 해 봅시다.

1 태양은 태양계에서 유일하게 스스로 빛을 내는 천체입니다. (○ , ×)

2 지구처럼 태양의 주위를 도는 둥근 천체를 위성이라고 합니다. (○ , ×)

3 ( )은/는 태양계를 구성하는 행성으로, 붉은색이고 표면이 암석으로 되어 있습니다.

4 토성은 표면이 기체로 되어 있습니다. (○ , ×)

1 다음에서 설명하는 것은 무엇인지 써 봅시다.

- 태양계의 중심에 있다.
- 태양계에서 유일하게 스스로 빛을 낸다.

(   )

2 다음 태양계의 구성원 중 행성을 **두 가지** 골라 써 봅시다. (,   )

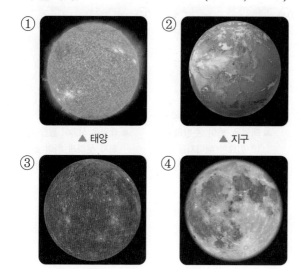

① ▲ 태양   ② ▲ 지구

③ ▲ 수성   ④ ▲ 달

3 태양계를 구성하는 행성이 <u>아닌</u> 것은 어느 것입니까? (   )

① 금성   ② 목성   ③ 수성
④ 혜성   ⑤ 해왕성

4 다음에서 설명하는 태양계 행성은 어느 것입니까? (   )

- 파란색이다.
- 표면이 기체로 되어 있다.
- 표면에 거대한 검은 반점이 있다.

① 목성   ② 토성   ③ 화성
④ 천왕성   ⑤ 해왕성

5 다음 태양계 행성 중 표면이 암석으로 되어 있는 행성은 어느 것입니까? (   )

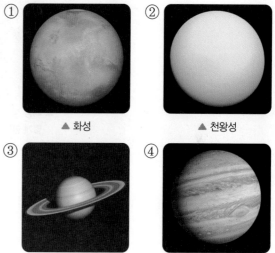

① ▲ 화성   ② ▲ 천왕성

③ ▲ 토성   ④ ▲ 목성

6 고리가 있는 행성을 보기 에서 모두 골라 기호를 써 봅시다.

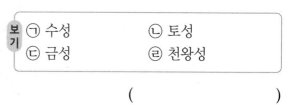

보기

ㄱ 수성   ㄴ 토성
ㄷ 금성   ㄹ 천왕성

(   )

2 단원

❶ 태양이 우리에게 미치는 영향

1 다음 ( ) 안에 공통으로 들어갈 알맞은 말을 써 봅시다.

> • ( )은/는 식물이 양분을 만드는 데 도움을 준다.
> • ( )은/는 바닷물을 증발시켜 소금을 만드는 데 도움을 준다.

( )

2 다음 태양이 생물과 우리 생활에 미치는 영향의 그림을 보고 옳은 것을 골라 기호를 써 봅시다.

▲ 태양 빛은 물체를 볼 수 없게 한다.

▲ 태양은 물이 순환하는 데 필요한 에너지를 공급한다.

▲ 태양은 식물이 광합성을 하지 못하게 하여 초식 동물이 살 수 없게 한다.

( )

3 태양이 생물과 우리 생활에 미치는 영향으로 옳지 <u>않은</u> 것은 어느 것입니까?

( )

① 식물이 양분을 만들 수 있다.
② 전기를 만들고 생활에 이용할 수 있다.
③ 낮에 야외에서 학생들이 뛰어놀 수 있다.
④ 우리가 춥고 어둡게 생활할 수 있게 해 준다.
⑤ 태양 빛으로 바닷물이 증발해 소금이 만들어진다.

4 태양이 없다면 지구에서 일어날 수 있는 일을 옳게 설명한 친구의 이름을 써 봅시다.

태양이 없다면 식물이 자라지 못할 거야.

우현

태양이 없다면 밤에도 낮처럼 밝게 생활할 수 있을 거야.

효정

태양이 없다면 지구가 차가워져서 생물이 살아가기에 알맞은 환경을 만들어 줄거야.

민호

(   )

❷ 태양계를 구성하는 태양과 행성

5 태양계의 구성원에 대한 설명으로 옳지 <u>않은</u> 것은 어느 것입니까?   (   )

① 위성은 행성의 주위를 돈다.
② 행성은 태양계의 중심에 있다.
③ 지구와 같은 행성은 태양의 주위를 돈다.
④ 태양은 태양계에서 유일하게 스스로 빛을 내는 천체이다.
⑤ 태양계는 태양, 행성, 위성, 소행성, 혜성 등으로 구성된다.

6 태양계 행성에 대한 설명으로 옳은 것을 보기 에서 모두 골라 기호를 써 봅시다.

보기
㉠ 위성이 있는 행성도 있다.
㉡ 스스로 빛을 내는 천체이다.
㉢ 태양계에는 일곱 개의 행성이 있다.
㉣ 행성은 태양의 주위를 도는 둥근 천체이다.

(   )

7 오른쪽 수성에 대한 설명으로 옳은 것은 어느 것입니까? ( )

① 고리가 있다.
② 색깔이 붉은색이다.
③ 표면이 기체로 되어 있다.
④ 달처럼 충돌 구덩이가 있다.
⑤ 지구에서 가장 밝게 보이는 행성이다.

8 다음에서 설명하는 태양계 행성은 어느 것입니까? ( )

• 대기가 있으나 지구보다 훨씬 적다.
• 표면은 지구의 사막처럼 암석과 흙으로 이루어져 있다.

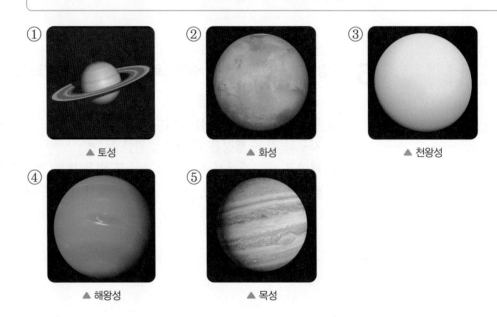

① ▲ 토성
② ▲ 화성
③ ▲ 천왕성
④ ▲ 해왕성
⑤ ▲ 목성

9 다음과 같이 태양계 행성을 분류한 기준으로 옳은 것은 어느 것입니까? ( )

| 수성, 금성, 지구, 화성 | 목성, 토성, 천왕성, 해왕성 |

① 고리가 없는 행성과 있는 행성
② 위성이 없는 행성과 있는 행성
③ 색깔이 노란색인 행성과 청록색인 행성
④ 태양의 주위를 도는 행성과 돌지 않는 행성
⑤ 생물이 살고 있는 행성과 살고 있지 않는 행성

서술형 길잡이

❶ 일부 동물은 식물이 만든 ☐☐을 먹고 살아갑니다.

❷ 태양 빛을 이용해 ☐☐를 만들고 우리 생활에 이용합니다.

10 다음 그림을 보고, 태양이 생물과 우리 생활에 미치는 영향을 <u>두 가지</u> 써 봅시다.

_____

_____

❶ 태양계를 구성하는 행성에는 수성, 금성, 지구, ☐☐, 목성, ☐☐, 천왕성, 해왕성이 있습니다.

11 오른쪽은 태양과 태양의 영향을 받는 천체들의 모습을 나타낸 그림입니다.

(1) 오른쪽과 같이 태양과 태양의 영향을 받는 천체들과 그 공간을 무엇이라고 하는지 써 봅시다.

(   )

(2) 위 (1)번 답을 구성하는 행성에는 무엇이 있는지 모두 써 봅시다.

_____

_____

❶ 표면이 ☐☐으로 되어 있는 행성은 수성, 금성, 지구, 화성이고, 표면이 기체로 되어 있는 행성은 ☐☐, 토성, 천왕성, 해왕성입니다.

12 다음은 태양계 행성을 표면의 상태에 따라 분류한 표입니다. (가)와 (나)에 들어갈 표면의 상태를 써 봅시다.

(가)	(나)
수성, 금성, 지구, 화성	목성, 토성, 천왕성, 해왕성

_____

_____

3 태양계 행성의 크기

실험 동영상

탐구로 시작하기

○ 태양계 행성 모형으로 행성의 상대적인 크기 비교하기

탐구 과정

❶ 아래 표를 보고 지구의 ❶반지름을 1로 보았을 때 태양계 행성의 상대적인 크기를 이야기해 봅시다. ➕개념1

행성	수성	금성	지구	화성	목성	토성	천왕성	해왕성
상대적인 크기	0.4	0.9	1.0	0.5	11.2	9.4	4.0	3.9

❷ 과정 ❶에 따라 태양계 행성 모형에 해당하는 행성의 이름을 각각 써 봅시다.

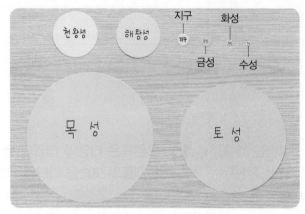

▲ 태양계 행성 모형

❸ 태양계 행성 모형을 포개어 보면서 태양계 행성의 크기를 비교해 봅시다.

❹ 지구와 상대적인 크기가 가장 비슷한 행성을 찾고, 지구보다 크기가 큰 행성과 작은 행성으로 분류해 봅시다.

탐구 결과

① 상대적인 크기가 큰 순서대로 태양계 행성 모형을 나열한 모습

② 지구와 상대적인 크기가 가장 비슷한 행성: 금성

③ 지구보다 크기가 큰 행성과 작은 행성으로 분류하기

지구보다 크기가 큰 행성인가?

그렇다. | 목성, 토성, 천왕성, 해왕성

그렇지 않다. | 수성, 금성, 화성

➕개념1 지구, 토성, 목성의 크기와 비슷한 물체

지구   토성   목성

지구의 크기가 반지름이 1 cm인 구슬과 같다고 할 때 토성의 크기는 반지름이 9.3 cm인 핸드볼 공과 비슷하고, 목성의 크기는 반지름이 12 cm인 농구공과 비슷합니다.

용어돋보기

❶ 반지름(半 절반, 지름)
원의 중심에서 원 위의 한 점을 이은 선분입니다.

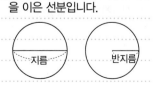
지름   반지름

개념 이해하기

태양계 행성의 크기는 매우 커서 직접 비교하기 어렵기 때문에 상대적인 크기로 비교합니다.

1. 지구의 반지름을 1로 보았을 때 태양계 행성의 상대적인 크기

상대적으로 크기가 작은 행성

상대적으로 크기가 큰 행성

지구와 크기가 가장 비슷한 행성

수성 0.4   금성 0.9   지구 1.0   화성 0.5   목성 11.2   토성 9.4   천왕성 4.0   해왕성 3.9

가장 작은 행성

가장 큰 행성

태양계 행성의 크기는 다양합니다.

① 크기가 큰 행성부터 나열한 순서

> 목성 > 토성 > 천왕성 > 해왕성 > 지구 > 금성 > 화성 > 수성

② 크기가 가장 작은 행성: 수성
③ 크기가 가장 큰 행성: 목성
④ 지구와 크기가 가장 비슷한 행성: 금성 ✚개념2
> 지구보다 약간 작습니다.

✚개념2 상대적인 크기가 비슷한 행성끼리 짝 짓기
• 수성–화성
• 금성–지구
• 천왕성–해왕성

2. 크기에 따른 태양계 행성의 분류

① 지구보다 크기가 작은 행성과 큰 행성

지구보다 크기가 작은 행성	지구보다 크기가 큰 행성
수성, 금성, 화성	목성, 토성, 천왕성, 해왕성

② 상대적으로 크기가 작은 행성과 큰 행성

상대적으로 크기가 작은 행성	상대적으로 크기가 큰 행성
수성, 금성, 지구, 화성	목성, 토성, 천왕성, 해왕성

3. 태양과 지구, 목성의 크기 비교

① **태양과 지구**: 태양의 반지름은 지구의 반지름보다 약 109배 큽니다.

> 지구 109개가 일렬로 늘어선 것 **=** 태양의 지름

② **태양과 목성**: 목성은 태양계에서 크기가 가장 큰 행성이지만 태양과 비교하면 작게 보입니다.

태양 옆에 지구를 놓고 크기를 비교하면 지구가 작은 점처럼 보입니다.

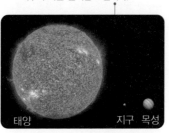

태양   지구 목성

▲ 태양, 지구, 목성의 크기 비교

핵심 개념 되짚어 보기

나는 태양계 행성 중 가장 작은 수성이야.

나는 태양계 행성 중 가장 큰 목성이야.

태양계에서 크기가 가장 작은 행성은 수성이고, 크기가 가장 큰 행성은 목성입니다.

기본 문제로 익히기

정답과 해설 ● 14쪽

핵심 체크

● **태양계 행성의 크기**
- 크기가 큰 행성부터 나열한 순서: 목성>토성>천왕성>해왕성>지구>금성>❶ ☐☐ >수성
- 크기가 가장 작은 행성: 수성
- 크기가 가장 큰 행성: ❷ ☐☐
- 지구와 크기가 가장 비슷한 행성: ❸ ☐☐

● **지구보다 크기가 작은 행성과 큰 행성**

지구보다 크기가 작은 행성	지구보다 크기가 ❹ ☐ 행성
수성, 금성, 화성	목성, 토성, 천왕성, 해왕성

● **상대적으로 크기가 작은 행성과 큰 행성**

상대적으로 크기가 작은 행성	상대적으로 크기가 큰 행성
수성, 금성, ❺ ☐☐, 화성	목성, 토성, 천왕성, 해왕성

● **태양과 지구, 목성의 크기 비교**
- 태양의 반지름은 지구의 반지름보다 약 ❻ ☐☐☐ 배 큽니다.
- 목성은 태양계에서 크기가 가장 큰 행성이지만 태양과 비교하면 작게 보입니다.

Step 1 ( ) 안에 알맞은 말을 써넣어 설명을 완성하거나 설명이 옳으면 ○, 틀리면 ×에 ○표 해 봅시다.

1 태양계 행성 중 크기가 가장 작은 행성은 금성입니다. (○ , ×)

2 태양계 행성 중 토성은 지구보다 크기가 ( ) 행성입니다.

3 화성과 수성은 상대적으로 크기가 작은 행성에 속합니다. (○ , ×)

[1~3] 다음은 지구의 반지름을 1로 보았을 때 태양계 행성의 상대적인 크기를 나타낸 표입니다.

행성	상대적인 크기	행성	상대적인 크기
수성	0.4	목성	11.2
금성	0.9	토성	9.4
지구	1.0	천왕성	4.0
화성	0.5	해왕성	3.9

1 위 표를 보고, 태양계 행성 중 크기가 가장 큰 행성을 써 봅시다.

( )

2 다음은 위 표를 보고 태양계 행성 모형을 만들어 크기가 큰 행성부터 순서대로 나열한 것입니다. ㉠ 행성은 어느 것입니까? ( )

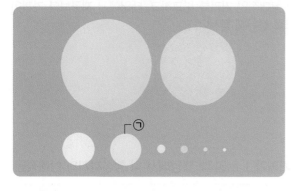

① 토성　　② 목성　　③ 화성
④ 금성　　⑤ 해왕성

3 위 표를 보고, 지구와 크기가 가장 비슷한 행성은 어느 것입니까? ( )

① 토성　　② 수성　　③ 화성
④ 금성　　⑤ 해왕성

4 태양계 행성을 지구보다 크기가 큰 행성과 작은 행성으로 옳게 연결해 봅시다.

(1) 금성, 화성 ・　・㉠ 지구보다 큰 행성

(2) 목성, 토성 ・　・㉡ 지구보다 작은 행성

5 태양계 행성의 크기에 대해 옳게 말한 친구의 이름을 써 봅시다.

- 나연: 지구는 토성보다 크기가 커.
- 규민: 목성과 해왕성의 크기는 비슷해.
- 해은: 천왕성은 상대적으로 크기가 큰 행성에 속해.

( )

6 다음 태양계 행성 중 수성과 상대적인 크기가 가장 비슷한 행성은 어느 것입니까? ( )

▲ 금성

▲ 토성

▲ 화성

▲ 목성

4 태양계 행성의 거리

탐구로 시작하기

○ 태양에서 행성까지의 상대적인 거리 비교하기

탐구 과정

❶ 다음은 태양에서 지구까지의 거리를 1로 보았을 때 태양에서 행성까지의 거리를 상대적으로 나타낸 표입니다. 표를 보면서 태양에서 지구까지의 거리를 1 m로 정했을 때 각 행성까지의 상대적인 거리를 이야기해 봅시다.

행성	수성	금성	지구	화성	목성	토성	천왕성	해왕성
상대적인 거리	0.4	0.7	1.0	1.5	5.2	9.6	19.1	30.0

❷ 모둠 구성원끼리 태양과 각 행성의 역할을 맡을 사람을 정한 뒤 태양계 이름표 붙임 딱지를 옷에 붙입니다.

❸ 줄자를 바닥에 길게 놓고, 태양을 맡은 사람이 줄자의 0 m 위치에 섭니다.

❹ 행성을 맡은 사람들은 태양에서 각 행성까지의 상대적인 거리에 맞는 위치에 각각 섭니다.

❺ 태양에서 각 행성까지의 상대적인 거리를 비교하고, 태양에서 지구보다 가까이 있는 행성과 멀리 있는 행성으로 분류해 봅시다.

탐구 결과

① 태양에서 지구까지의 거리가 1 m일 때 태양에서 각 행성까지의 상대적인 거리

행성	수성	금성	지구	화성	목성	토성	천왕성	해왕성
위치(m)	0.4	0.7	1.0	1.5	5.2	9.6	19.1	30.0

② 태양에서 가까운 행성부터 멀어지는 행성의 순서

| 수성 | 금성 | 지구 | 화성 | 목성 | 토성 | 천왕성 | 해왕성 |

③ 태양에서 지구보다 가까이 있는 행성과 멀리 있는 행성으로 분류하기

태양에서 지구보다 가까이 있는 행성인가?

그렇다. — 수성, 금성

그렇지 않다. — 화성, 목성, 토성, 천왕성, 해왕성

태양계 행성 중 지구에서 가장 가까이 있는 행성은 금성이에요.

실험 동영상

개념 이해하기

1. 지구에서 태양까지의 거리

걸어서 가면
한 시간에 4 km 이동, 약 4300년

약 1억 5000만 km

고속 열차를 타고 가면
한 시간에 300 km 이동, 약 57년

비행기를 타고 가면
한 시간에 900 km 이동, 약 19년

태양   지구

지구에서 태양까지의 거리는 약 1억 5000만 km로, 태양은 지구에서 매우 멀리 떨어져 있어 빠른 교통 수단을 이용한다고 해도 태양까지 가는 데 오랜 시간이 걸립니다.

▲ 지구에서 태양까지 가는 데 걸리는 시간

2. 태양에서 지구까지의 거리를 1로 보았을 때 태양에서 행성까지의 상대적인 거리 → 태양에서 행성까지의 거리가 매우 멀기 때문에 상대적인 거리로 비교합니다.

상대적으로 태양에서 가까이 있는 행성

상대적으로 태양에서 멀리 있는 행성

태양

수성 0.4
금성 0.7
지구 1.0
화성 1.5
목성 5.2
토성 9.6
천왕성 19.1
해왕성 30.0

태양에서 가장 가까운 행성

태양에서 가장 먼 행성

① 태양에서 가까이 있는 행성부터 나열한 순서

수성 - 금성 - 지구 - 화성 - 목성 - 토성 - 천왕성 - 해왕성

② 태양에서 가장 가까이 있는 행성: 수성
③ 태양에서 가장 멀리 있는 행성: 해왕성

3. 거리에 따른 태양계 행성의 분류

① 태양에서 지구보다 가까이 있는 행성과 멀리 있는 행성 ➕개념1

지구보다 가까이 있는 행성	지구보다 멀리 있는 행성
수성, 금성	화성, 목성, 토성, 천왕성, 해왕성

② 태양에서 상대적으로 가까이 있는 행성과 멀리 있는 행성

상대적으로 가까이 있는 행성	상대적으로 멀리 있는 행성
수성, 금성, 지구, 화성	목성, 토성, 천왕성, 해왕성

4. 태양에서 행성까지의 상대적인 거리를 보고 알 수 있는 특징

① 태양계가 매우 큽니다.
② 태양에서 거리가 멀어질수록 행성 사이의 거리도 대체로 멀어집니다.

➕개념1 밤하늘에서 지구보다 크기가 큰 행성이 작은 행성보다 작게 보이는 까닭
지구보다 크기가 작은 수성, 금성은 지구보다 크기가 큰 천왕성, 해왕성보다 지구에 훨씬 가까이 있기 때문에 밤하늘에서 크게 보입니다.

핵심 개념 되짚어 보기

나 수성은 태양에서 가장 가까워.

나 해왕성은 태양에서 가장 멀어.

태양에서 가장 가까운 행성은 수성이고, 가장 먼 행성은 해왕성입니다.

기본 문제로 익히기

○ 정답과 해설 ● 14쪽

핵심 체크

- 지구에서 태양까지의 거리: 약 1억 5000만 km
- 태양에서 행성까지의 상대적인 거리
  - 태양에서 가까이 있는 행성부터 나열한 순서: 수성−금성−지구−❶☐☐−목성−토성
    −천왕성−해왕성
  - 태양에서 가장 가까이 있는 행성: 수성
  - 태양에서 가장 멀리 있는 행성: 해왕성
- 태양에서 지구보다 가까이 있는 행성과 멀리 있는 행성

지구보다 가까이 있는 행성	지구보다 멀리 있는 행성
수성, ❷☐☐	화성, 목성, 토성, ❸☐☐☐, 해왕성

- 태양에서 상대적으로 가까이 있는 행성과 멀리 있는 행성

상대적으로 가까이 있는 행성	상대적으로 멀리 있는 행성
수성, 금성, ❹☐☐, 화성	❺☐☐, 토성, 천왕성, 해왕성

- 태양에서 행성까지의 상대적인 거리를 보고 알 수 있는 특징: 태양에서 거리가 멀어질수록
  행성 사이의 거리도 대체로 ❻☐☐☐☐☐.

Step 1　　( ) 안에 알맞은 말을 써넣어 설명을 완성하거나 설명이 옳으면 ○, 틀리면 ×에 ○표 해 봅시다.

1 태양계 행성 중 태양에서 가장 가까이 있는 행성은 금성입니다. (○ , ×)

2 화성은 태양에서 지구보다 ( ) 있는 행성입니다.

3 금성은 토성에 비하면 상대적으로 태양에 가까이 있습니다. (○ , ×)

1 다음 비행기를 타고 지구에서 태양까지 가는 데 걸리는 시간을 보고, ( ) 안의 알맞은 말에 ○표 해 봅시다.

> 한 시간에 900 km를 이동하는 비행기를 타고 갈 때 걸리는 시간: 약 19년

> 태양은 지구에서 매우 (멀리 , 가까이) 있다.

[2~3] 다음은 태양에서 지구까지의 거리를 1로 보았을 때 태양에서 각 행성까지의 상대적인 거리를 나타낸 표입니다.

행성	상대적인 거리	행성	상대적인 거리
수성	0.4	목성	5.2
금성	0.7	토성	9.6
지구	1.0	천왕성	19.1
화성	1.5	해왕성	30.0

2 위 표를 보고, 태양에서 가장 멀리 있는 행성을 써 봅시다.

( )

3 위 표를 보고, 태양에서 지구보다 가까이 있는 행성으로 옳은 것은 어느 것입니까? ( )

① 수성   ② 목성   ③ 토성
④ 천왕성   ⑤ 해왕성

4 다음 두 행성 중 태양에서 상대적으로 더 멀리 있는 행성을 골라 기호를 써 봅시다.

㉠  ㉡

▲ 목성   ▲ 금성

( )

5 다음 태양계 행성 중 태양에서 상대적으로 가까이 있는 행성과 멀리 있는 행성의 이름을 각각 써 봅시다.

> 토성, 지구, 화성, 천왕성

(1) 상대적으로 가까이 있는 행성:

( )

(2) 상대적으로 멀리 있는 행성:

( )

6 태양에서 행성까지의 거리에 대한 설명으로 옳은 것을 보기 에서 골라 기호를 써 봅시다.

> 보기
> ㉠ 지구에서 가장 가까운 행성은 화성이다.
> ㉡ 화성은 태양에서 지구보다 가까이 있다.
> ㉢ 태양에서 거리가 멀어질수록 행성 사이의 거리도 대체로 멀어진다.
> ㉣ 수성, 금성은 목성, 토성에 비하면 상대적으로 태양에서 멀리 있다.

( )

[1~2] 오른쪽은 태양계 행성 모형의 모습입니다.

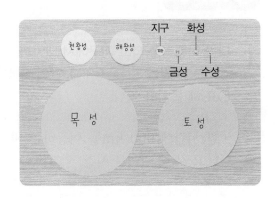

③ 태양계 행성의 크기

1 다음은 위 태양계 행성 모형을 상대적인 크기가 큰 행성부터 나열한 것입니다. (　) 안에 들어갈 행성은 무엇인지 각각 써 봅시다.

목성 – 토성 – (　㉠　) – 해왕성 – 지구 – 금성 – 화성 – (　㉡　)

㉠: (　　　　　　　　) ㉡: (　　　　　　　　)

2 위 태양계 행성 모형을 보고, 상대적인 크기가 비슷한 행성끼리 옳게 짝 지은 것을 **두 가지** 골라 써 봅시다. (　　, 　　)

① 수성 – 화성　　　　　　② 금성 – 토성
③ 화성 – 목성　　　　　　④ 토성 – 천왕성
⑤ 천왕성 – 해왕성

3 다음 태양계 행성 중 지구보다 크기가 큰 행성을 보기 에서 모두 골라 기호를 써 봅시다.

보기
㉠ 토성　　　　㉡ 목성　　　　㉢ 수성
㉣ 화성　　　　㉤ 금성　　　　㉥ 해왕성

(　　　　　　　　)

4 지구의 반지름을 1로 보았을 때 목성의 상대적인 크기는 11.2입니다. 지구의 크기가 반지름이 1 cm인 구슬과 같다면 목성과 크기가 가장 비슷한 물체는 어느 것입니까? (   )

① ▲ 반지름이 0.5 cm인 완두콩
② ▲ 반지름이 2 cm인 탁구공
③ ▲ 반지름이 4 cm인 야구공
④ ▲ 반지름이 9.3 cm인 핸드볼 공
⑤ ▲ 반지름이 12 cm인 농구공

[5~6] 다음은 태양계 행성의 상대적인 거리를 나타낸 표입니다.

행성	(㉠)	금성	지구	화성	목성	토성	천왕성	(㉡)
상대적인 거리	0.4	0.7	1.0	1.5	5.2	9.6	19.1	30.0

❹ 태양계 행성의 거리

5 위 표는 무엇을 기준으로 보았을 때 태양에서 행성까지의 상대적인 거리를 나타낸 것입니까? (   )

① 태양에서 금성까지의 거리
② 태양에서 지구까지의 거리
③ 태양에서 화성까지의 거리
④ 태양에서 목성까지의 거리
⑤ 태양에서 천왕성까지의 거리

6 위 표에서 (   ) 안에 들어갈 행성은 무엇인지 각각 써 봅시다.

㉠: (   ) ㉡: (   )

7 다음은 태양에서 지구보다 가까이 있는 행성과 지구보다 멀리 있는 행성으로 분류한 표입니다. <u>잘못</u> 분류한 행성을 골라 써 봅시다.

지구보다 가까이 있는 행성	지구보다 멀리 있는 행성
수성, 금성, 목성	화성, 토성, 천왕성, 해왕성

(   )

8 다음 보기 의 행성을 태양에서 행성까지의 거리가 가까운 순서대로 옳게 나열한 것은 어느 것입니까? (   )

보기	㉠ 화성	㉡ 목성	㉢ 수성
	㉣ 금성	㉤ 천왕성	

① ㉢-㉠-㉣-㉡-㉤
② ㉢-㉣-㉠-㉡-㉤
③ ㉢-㉣-㉡-㉤-㉠
④ ㉣-㉢-㉠-㉡-㉤
⑤ ㉣-㉢-㉠-㉤-㉡

9 태양계 행성의 상대적인 크기와 거리에 대한 특징을 설명한 것으로 옳은 것은 어느 것입니까? (   )

① 지구에서 가장 멀리 있는 행성은 천왕성이다.
② 금성은 태양에서 지구보다 멀리 있는 행성이다.
③ 태양에서 거리가 멀어질수록 행성의 크기는 작아진다.
④ 지구와 크기가 가장 비슷한 행성은 태양에서 가장 가까이 있다.
⑤ 태양에서 거리가 멀어질수록 행성 사이의 거리도 대체로 멀어진다.

❶ 목성, 토성, 천왕성, 해왕성은 상대적으로 크기가 □ 행성입니다.

❷ □□, 금성, 지구, 화성은 상대적으로 크기가 □□ 행성입니다.

10 다음은 지구의 반지름을 1로 보았을 때 태양계 행성의 상대적인 크기를 나타낸 표입니다. 태양계 행성을 상대적으로 크기가 큰 행성과 작은 행성으로 분류하여 써 봅시다.

행성	수성	금성	지구	화성	목성	토성	천왕성	해왕성
상대적인 크기	0.4	0.9	1.0	0.5	11.2	9.4	4.0	3.9

_____

_____

❶ 태양계 행성 중 지구에서 가장 가까이 있는 행성은 □□입니다.

11 다음은 태양에서 지구보다 가까이 있는 행성과 멀리 있는 행성으로 분류한 표입니다. 행성 ㉠과 ㉡ 중 지구와 더 가까이 있는 행성을 고르고, 그 까닭을 써 봅시다.

지구보다 가까이 있는 행성	지구보다 멀리 있는 행성
수성, (㉠)	(㉡), 목성, 토성, 천왕성, 해왕성

_____

_____

❶ 태양에서 거리가 멀어질수록 행성 사이의 거리도 대체로 □□집니다.

❷ 수성, 금성, 지구, □□은 상대적으로 태양 가까이에 있고, 목성, □□, 천왕성, 해왕성은 상대적으로 태양에서 멀리 있습니다.

12 다음은 태양에서 지구까지의 거리를 1로 보았을 때 태양에서 행성까지의 상대적인 거리를 나타낸 그림입니다. 태양에서 행성까지의 상대적인 거리를 보고 알 수 있는 특징을 <u>한 가지</u> 써 봅시다.

_____

_____

5 별과 행성의 차이점

탐구로 시작하기

○ 별과 행성의 관측상의 차이점 알아보기

탐구 과정

❶ 여러 날 동안 밤하늘을 ❶관측해 나타낸 그림을 관찰합니다. (화성을 제외한 흰 점들은 별입니다.)

❷ 그림 위에 각각 투명 필름을 덮고 모든 천체의 위치를 유성 펜으로 표시합니다.

> 그림마다 각각 다른 색깔의 유성 펜으로 표시해요.

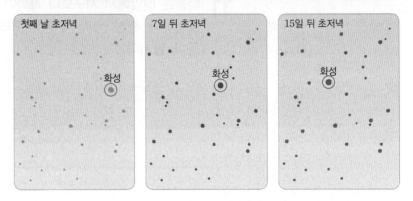

❸ 투명 필름 세 장을 순서에 맞게 겹쳐 보고 위치가 변한 것이 있는지 확인합니다.

➕또 다른 방법!

천체 관측 프로그램에서 행성을 관측할 날짜와 시각을 설정한 뒤 날짜를 변경하면서 행성의 위치 변화를 관측할 수도 있습니다.

▲ 천체 관측 프로그램

탐구 결과

① 천체의 위치를 표시한 투명 필름 세 장을 겹쳐 보고 위치가 변한 천체 찾기

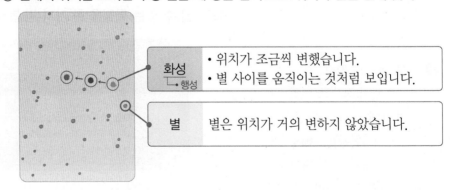

화성 └ 행성
- 위치가 조금씩 변했습니다.
- 별 사이를 움직이는 것처럼 보입니다.

별
별은 위치가 거의 변하지 않았습니다.

② 여러 날 동안 밤하늘을 관측했을 때 알 수 있는 별과 행성의 차이점: 여러 날 동안 밤하늘을 관측하면 별은 위치가 거의 변하지 않고, 행성은 위치가 조금씩 변합니다.

용어돋보기

❶ 관측(觀 보다, 測 재다)
맨눈이나 기계로 자연 현상, 천체 등을 관찰하여 측정하는 일

개념 이해하기

1. 별의 특징

① 별은 태양처럼 스스로 빛을 내는 천체입니다.
② 여러 날 동안 밤하늘을 관측하면 움직이지 않는 것처럼 보입니다.
　➡ 지구에서 매우 먼 거리에 있기 때문입니다.
③ 밤하늘에서 밝고 작은 점으로 보입니다. ⁺개념1

2. 행성의 특징

① 행성은 스스로 빛을 내지 못하지만 태양 빛을 ❷반사하여 밝게 보입니다. 예 금성, 화성, 목성, 토성 등
② 별처럼 밝고 작은 점으로 보입니다.
③ 여러 날 동안 밤하늘을 관측하면 별들 사이에서 위치가 변합니다. ➡ 행성은 태양 주위를 돌고 있으며, 별보다 지구에 가까이 있기 때문입니다.

└ 행성은 별들 사이에서 위치가 변하기 때문에 우리 조상들은 행성을 떠돌이별이라고 불렀습니다.

▲ 별과 행성

3. 별과 행성의 관측상의 공통점과 차이점

① **별과 행성의 공통점**: 밤하늘에서 밝게 빛나고, 작은 점으로 보입니다.
② **별과 행성의 차이점**

구분	별	행성
밤하늘에서 빛나 보이는 까닭	별은 스스로 빛을 내기 때문입니다.	행성은 스스로 빛을 내는 것이 아니라 태양 빛을 반사하기 때문입니다.
밤하늘에서 보이는 모습	밝게 빛나는 작은 점으로 보입니다.	금성, 화성, 목성, 토성과 같은 행성은 별보다 밝고 또렷하게 보입니다. ⁺개념2
여러 날 동안 밤하늘에서 위치 변화	별은 밤하늘에서 움직이지 않는 것처럼 보입니다. ➡ 행성보다 지구에서 매우 먼 거리에 있기 때문입니다.	행성은 별들 사이에서 위치가 변합니다. ➡ 태양 주위를 돌고 있으며, 별보다 지구에 가까이 있기 때문입니다.

별은 위치가 거의 변하지 않습니다.

행성은 별들 사이에서 위치가 조금씩 변합니다.

⁺**개념1** 밤하늘에서 별이 태양과 다르게 밝은 점으로 보이는 까닭
별은 태양처럼 스스로 빛을 내는 천체이지만, 태양보다 너무 멀리 있기 때문에 밝은 점으로 보입니다.

⁺**개념2** 금성, 화성, 목성, 토성과 같은 행성이 별보다 밝고 또렷하게 보이는 까닭
금성, 화성, 목성, 토성과 같은 행성은 별보다 지구에 가까이 있기 때문에 더 밝고 또렷하게 보입니다.

용어돋보기
❷ **반사**(反 되돌리다, 射 쏘다)
일정한 방향으로 나아가던 빛이 다른 물체의 표면에 부딪쳐서 나아가던 방향을 반대로 바꾸는 현상

핵심 개념 되짚어 보기

넌 왜 위치가 변하니?

나는 행성이기 때문이지.

여러 날 동안 같은 밤하늘을 관측하면 별은 위치가 거의 변하지 않고, 행성은 위치가 조금씩 변합니다.

핵심 체크

- ➊ [ ] : 태양처럼 스스로 빛을 내는 천체입니다.
- ➋ [ ][ ] : 스스로 빛을 내지 못하지만 태양 빛을 반사하여 밝게 보입니다.
- 별과 행성의 차이점

구분	별	행성
밤하늘에서 빛나 보이는 까닭	스스로 ➌ [ ]을 내기 때문입니다.	스스로 빛을 내는 것이 아니라 태양 빛을 반사하기 때문입니다.
밤하늘에서 보이는 모습	밝게 빛나는 작은 점으로 보입니다.	금성, 화성, 목성, 토성과 같은 행성은 별보다 밝고 또렷하게 보입니다.
여러 날 동안 밤하늘에서 위치 변화	움직이지 않는 것처럼 보입니다.	별들 사이에서 ➍ [ ][ ]가 변합니다.

- 금성, 화성, 목성, 토성과 같은 행성이 별들 사이에서 위치가 변하는 까닭: 태양 주위를 돌고 있으며, 별보다 지구에 ➎ [ ][ ][ ] 있기 때문입니다.

Step 1

( ) 안에 알맞은 말을 써넣어 설명을 완성하거나 설명이 옳으면 ○, 틀리면 ×에 ○표 해 봅시다.

1 ( )은/는 태양처럼 스스로 빛을 내는 천체입니다.

2 금성, 화성, 목성, 토성과 같은 ( )은/는 밤하늘에서 별보다 밝고 또렷하게 보입니다.

3 밤하늘의 별은 여러 날 동안 관측해도 위치가 변하지 않는 것처럼 보입니다.

(○ , ×)

4 행성은 별에 비해 지구에서 매우 먼 거리에 있습니다. (○ , ×)

1 태양처럼 스스로 빛을 내고 밤하늘에서 빛나는 작은 점으로 보이는 천체는 어느 것입니까?

( )

① 별 　　② 달 　　③ 수성
④ 지구 　　⑤ 금성

2 다음은 별과 행성이 밤하늘에서 빛나 보이는 까닭에 대한 설명입니다. ( ) 안에 들어갈 알맞은 말을 각각 써 봅시다.

(㉠)은/는 스스로 빛을 내기 때문이고, (㉡)은/는 스스로 빛을 내는 것이 아니라 태양 빛을 반사하기 때문에 밤하늘에서 빛나 보인다.

㉠: (　　　　) ㉡: (　　　　)

3 행성과 별을 옳게 비교한 것은 어느 것입니까?

( )

① 행성은 스스로 빛을 낸다.
② 별은 태양 빛을 반사한다.
③ 별보다 밝게 관측되는 행성이 있다.
④ 행성은 밤하늘에서 빛나지만 별은 빛나지 않는다.
⑤ 별은 밤하늘에서 빛나지만 행성은 빛나지 않는다.

[4~5] 다음은 여러 날 동안 밤하늘을 관측해 나타낸 화성과 별 그림 위에 투명 필름을 덮고 모든 천체의 위치를 서로 다른 색깔의 유성 펜으로 표시한 것입니다.

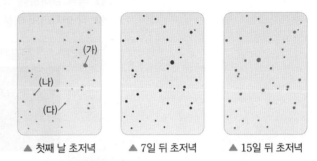

▲ 첫째 날 초저녁　　▲ 7일 뒤 초저녁　　▲ 15일 뒤 초저녁

4 위 투명 필름의 점 (가)~(다) 중 화성은 어느 것인지 써 봅시다.

(　　　　)

5 위 투명 필름을 보고 알 수 있는 별과 행성의 차이점을 보기 에서 골라 기호를 써 봅시다.

보기
㉠ 행성은 별보다 지구에서 멀리 있다.
㉡ 별은 행성보다 밝고 또렷하게 보인다.
㉢ 행성은 별들 사이에서 위치가 변한다.

(　　　　)

6 여러 날 동안 행성을 관측했을 때 별들 사이에서 위치가 변하는 까닭을 옳게 말한 친구의 이름을 써 봅시다.

• 민진: 행성은 태양 주위를 돌고 있기 때문이야.
• 주현: 행성은 별보다 지구에서 멀리 있기 때문이야.
• 서윤: 행성은 별에 비해 크기가 더 크기 때문이야.

(　　　　)

6 밤하늘의 별자리

탐구로 시작하기

❶ 북쪽 밤하늘의 별자리에 이름 붙여보기

탐구 과정 및 결과

❶ 북쪽 밤하늘에 있는 별자리의 모양을 관찰해 봅시다.

❷ 각 별자리의 이름을 지어 보고, 그렇게 지은 까닭을 이야기해 봅시다.

별자리	큰곰자리	북두칠성	작은곰자리	카시오페이아자리
모습				
나만의 별자리	예 오소리자리	예 국자자리	예 빗자루자리	예 더블유(W)자리

➔ **이름을 지은 까닭**: 별자리의 모양을 보고 닮은 것들로 이름을 지었습니다.

❷ 북쪽 밤하늘의 별자리를 별자리 ❶투영 판에 나타내기

탐구 과정 및 결과

❶ 북쪽 밤하늘의 별자리가 그려진 투영 판 네 개 중 하나를 고릅니다.

❷ 투영 판에서 별과 별을 선으로 연결하고, 별을 연필로 구멍을 뚫습니다.

❸ 투영 판에 손전등을 비추어 검은색 도화지에 별자리를 나타냅니다.

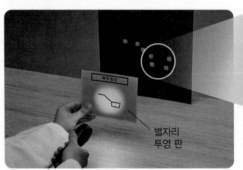

별자리 투영 판

별자리가 투영되어 나타납니다.

❸ 북쪽 밤하늘의 별자리 관측하기

└─ 우리나라에서는 북쪽 하늘의 별자리를 일 년 내내 볼 수 있습니다.

탐구 과정

❶ 별자리를 관측할 시각과 장소를 정합니다.
└─ 별을 관측하기에 충분히 어두워지는 시각이 좋습니다. 예 저녁 9시

❷ 정해진 시각에 정해진 장소에서 ❷나침반을 이용해 북쪽을 확인합니다.

❸ 주변 건물이나 나무 등의 위치를 표현합니다.

❹ 북쪽 밤하늘의 별자리를 관측한 뒤 별자리의 위치와 모양을 기록합니다.

▲ 나침반으로 북쪽 찾기

용어 돋보기

❶ **투영**(透 투과하다, 映 비치다)

광선을 통과시켜 비추는 것

❷ **나침반**(羅 그물, 針 바늘, 盤 소반)

동, 서, 남, 북의 지리적인 방향을 알려주는 기구로, 회전할 수 있는 자석의 성질을 가진 침을 이용하여 만듭니다.

북쪽 밤하늘에서 관측한 별자리의 위치와 모양

또 다른 방법!

별 붙임딱지와 흰색 테이프로 우산 안쪽에 북쪽 하늘의 별자리를 만든 뒤 별자리가 북쪽 하늘에 오도록 우산을 움직여 별자리를 관찰합니다.

▲ 별자리 우산

개념 이해하기

1. 별자리

① **별자리**: 밤하늘에 무리 지어 있는 별들을 연결하여 ❸신화의 인물이나 동물, 물건의 이름을 붙인 것입니다.
  • 옛날 사람들은 밤하늘에 무리 지어 있는 별을 연결하여 이름을 붙였습니다.
    ➡ 별의 위치를 쉽게 기억하고 별을 쉽게 찾기 위해서입니다.
② 별자리의 모습과 이름은 지역과 시대에 따라 다릅니다.
③ 사람들에게 많이 알려져 있거나 모양이 익숙한 별자리는 밤하늘에서 쉽게 찾을 수 있습니다.

> 카시오페이아자리는 신화의 인물을 따서 이름 붙인 것이고, 작은곰자리는 동물의 모양을 떠올려 이름을 붙인 것입니다.

2. 우리나라의 북쪽 밤하늘의 별자리

① 옛날 사람들이 북쪽 밤하늘의 밝은 별을 연결해 이름을 붙인 것입니다.
② **우리나라의 북쪽 밤하늘에서 보이는 별자리**: 큰곰자리, 작은곰자리, 북두칠성, 카시오페이아자리는 북쪽 밤하늘에서 일 년 내내 볼 수 있습니다.

용어 돋보기

❸ **신화**(神 귀신, 話 이야기하다)
옛날 사람들의 생각이나 상징이 들어간 신성한 이야기입니다. 주로 우주의 기원, 신이나 영웅의 업적 등의 내용입니다.

큰곰자리	카시오페이아자리
 • 큰 곰 모양입니다. • 북두칠성을 포함합니다.	 • 더블유(W)자나 엠(M)자 모양입니다.

북두칠성	작은곰자리
 • 국자 모양입니다. • 큰곰자리의 꼬리 부분에 위치합니다. • 7개의 별로 이루어져 있습니다.	 • 작은 곰 모양입니다. ⌐ 북두칠성을 닮았기 때문입니다. • 작은 국자자리라고도 합니다. • 북극성을 포함합니다.

핵심 개념 되짚어 보기

난 북쪽 밤하늘에서 보여.

우리나라의 북쪽 밤하늘에서는 북두칠성, 작은곰자리, 큰곰자리, 카시오페이아자리 등을 볼 수 있습니다.

기본 문제로 익히기

○ 정답과 해설 ● 16쪽

핵심 체크

- **❶**⬜⬜⬜ : 밤하늘에 무리 지어 있는 별들을 연결하여 신화의 인물이나 동물, 물건의 이름을 붙인 것입니다.
- **옛날 사람들이 별자리를 만든 까닭**: 별의 위치를 쉽게 기억하고 별을 쉽게 찾기 위해서입니다.
- **북쪽 밤하늘의 별자리 관측하기**: 정해진 시각, 정해진 장소에서 나침반으로 북쪽을 확인한 후 북쪽 밤하늘의 별자리를 관측합니다.
- **우리나라의 북쪽 밤하늘의 별자리**

별자리	특징
큰곰자리	• 큰 곰 모양입니다. • 동물의 모양을 따서 붙여진 이름입니다. • **❷**⬜⬜⬜⬜을 포함하고 있습니다.
북두칠성	• **❸**⬜⬜ 모양입니다. • 7개의 별로 이루어져 있습니다.
❹⬜⬜⬜자리	• 작은 곰 모양이거나 국자 모양입니다. • 북극성을 포함하고 있습니다.
❺⬜⬜⬜⬜⬜⬜자리	• 더블유(W)자 모양이거나 엠(M)자 모양입니다. • 신화의 인물을 따서 이름을 붙인 것입니다.

Step 1

( ) 안에 알맞은 말을 써넣어 설명을 완성하거나 설명이 옳으면 ○, 틀리면 ×에 ○표 해 봅시다.

1 밤하늘에 무리 지어 있는 ( )을/를 연결하여 신화의 인물이나 동물, 물건의 이름을 붙인 것을 별자리라고 합니다.

2 북쪽 밤하늘의 별자리를 관측할 때에는 정해진 시각에 정해진 장소에서 나침반을 이용해 ( )쪽을 확인합니다.

3 북두칠성은 국자 모양입니다. (○ , ×)

4 카시오페이아자리는 북쪽 밤하늘에서 볼 수 없는 별자리입니다. (○ , ×)

1 별자리에 대한 설명으로 옳지 <u>않은</u> 것은 어느 것입니까? ( )

① 모두 현대 과학자들이 만들었다.
② 모양이 익숙한 별자리는 밤하늘에서 쉽게 찾을 수 있다.
③ 별자리의 모습과 이름은 지역과 시대에 따라 달라지기도 한다.
④ 옛날 사람들은 밤하늘의 밝은 별을 연결해 별자리를 만들었다.
⑤ 밤하늘에 무리 지어 있는 별들을 연결하여 신화의 인물이나 동물, 물건의 이름을 붙인 것이다.

2 별자리를 관측할 때 가장 먼저 해야 할 일은 어느 것입니까? ( )

① 나침반을 이용해 북쪽을 확인한다.
② 정해진 시각에 정해진 장소로 간다.
③ 별자리를 관측할 시각과 장소를 정한다.
④ 관측한 별자리의 위치와 모양을 기록한다.
⑤ 북쪽 밤하늘에서 어떤 별자리가 보이는지 관측한다.

3 오른쪽 별자리의 이름을 써 봅시다.

( )

4 다음 두 별자리는 어느 쪽 밤하늘에서 볼 수 있는지 보기 에서 골라 기호를 써 봅시다.

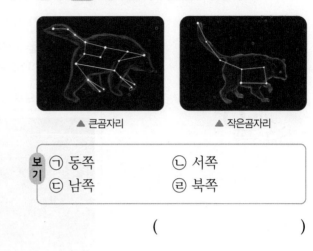

▲ 큰곰자리 　　　　　 ▲ 작은곰자리

보기	㉠ 동쪽	㉡ 서쪽
	㉢ 남쪽	㉣ 북쪽

( )

5 북두칠성과 카시오페이아자리의 모양을 찾아 선으로 연결해 봅시다.

(1) 북두칠성 ・ ・㉠ 더블유(W)자나 엠(M)자 모양

(2) 카시오페이아 자리 ・ ・㉡ 국자 모양

6 큰곰자리에 대한 설명으로 옳은 것을 보기 에서 모두 골라 기호를 써 봅시다.

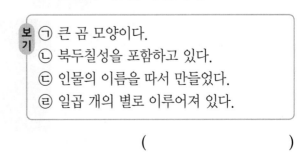

보기
㉠ 큰 곰 모양이다.
㉡ 북두칠성을 포함하고 있다.
㉢ 인물의 이름을 따서 만들었다.
㉣ 일곱 개의 별로 이루어져 있다.

( )

7 밤하늘에서 북극성 찾기

탐구로 시작하기

❶ 북쪽 밤하늘의 별자리를 이용해 북극성 찾아보기

탐구 과정 및 결과

❶ 북두칠성을 이용해 북극성을 찾는 방법을 알아봅시다.

❷ 카시오페이아자리를 이용해 북극성을 찾는 방법을 알아봅시다.

북두칠성으로 북극성을 찾는 방법	카시오페이아자리로 북극성을 찾는 방법
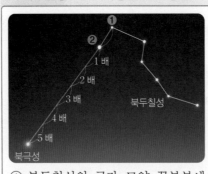	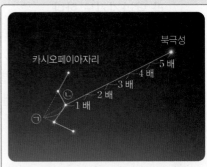
① 북두칠성의 국자 모양 끝부분에 있는 두 별 ❶과 ❷를 찾습니다. ② 별 ❶에서 별 ❷의 방향으로 ❶과 ❷를 연결한 거리의 다섯 배만큼 떨어진 곳에 있는 별이 북극성입니다.	① 카시오페이아자리에서 바깥쪽 두 별을 이은 선을 연장해 만나는 점 ㉠을 찾습니다. ② 점 ㉠에서 별 ㉡ 방향으로 ㉠과 ㉡을 연결한 거리의 다섯 배만큼 떨어진 곳에 있는 별이 북극성입니다.

말풍선: 북쪽 밤하늘의 별자리 중 북두칠성과 카시오페이아자리로 북극성을 찾을 수 있어요.

❷ 우드록에서 북극성 찾기

탐구 과정

❶ 북두칠성이나 카시오페이아자리의 그림을 우드록에 고정시켜 별의 위치를 연필로 표시한 뒤 각 위치에 별 붙임딱지를 붙입니다.

 →

❷ 북두칠성과 카시오페이아자리를 이용해 북극성을 찾고, 북극성의 위치에 별 붙임딱지를 붙입니다.

탐구 결과

▲ 북두칠성으로 북극성 찾기

▲ 카시오페이아자리로 북극성 찾기

실험 동영상

개념 이해하기

1. 북쪽 밤하늘의 별자리를 이용해 북극성을 찾는 방법

① **북극성**: 북쪽 하늘에서 일 년 내내 거의 같은 자리에 있는 별입니다. ^{개념1}

② 북쪽 밤하늘에 있는 별자리인 북두칠성과 카시오페이아자리를 이용해 북극성을 찾을 수 있습니다.
> └ 북두칠성과 카시오페이아자리는 비교적 밝아 쉽게 찾을 수 있습니다.

카시오페이아자리 이용하기	북두칠성 이용하기
❶ 카시오페이아자리에서 바깥쪽 두 선을 연장해 만나는 점 ㉠을 찾습니다.	❶ 북두칠성의 국자 모양 끝부분에서 ①과 ②를 찾습니다.
❷ ㉠과 ㉡을 연결하고, 그 거리의 다섯 배만큼 떨어진 곳에 있는 별을 찾습니다.	❷ ①과 ②를 연결하고, 그 거리의 다섯 배만큼 떨어진 곳에 있는 별을 찾습니다.

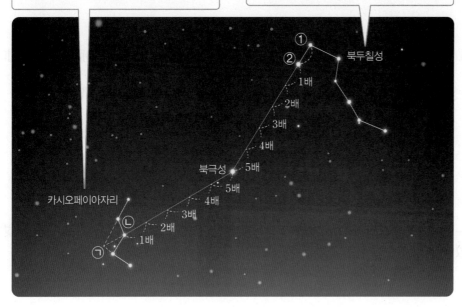

2. 밤하늘에서 북극성이 중요한 까닭

① 항상 북쪽 하늘에 있으므로 북극성을 찾으면 ❶방위를 알 수 있기 때문입니다. ➡ 나침반이 없던 옛날에 방위를 알려주는 길잡이 역할을 하였습니다. ^{개념2}
> └ 옛날 사람들은 낮에는 태양을 보고, 밤에는 별을 보고 방위를 찾았습니다.

② **북극성을 이용하여 방위를 찾는 방법**

> 북두칠성이나 카시오페이아자리를 이용해 북극성을 찾습니다.

↓

> 북극성을 바라보고 서면 바라본 쪽이 북쪽, 오른쪽이 동쪽, 왼쪽이 서쪽, 뒤쪽이 남쪽입니다.

2 단원

개념1 북극성의 밝기
밤하늘에서 북극성이 중요하기 때문에 가장 밝은 별을 북극성이라고 생각할 수 있습니다. 북극성의 밝기는 밝은 편에 속하지만 가장 밝은 별은 아닙니다. 실제로 밤하늘에서 가장 밝은 별은 겨울철 남쪽 하늘에서 볼 수 있는 시리우스입니다

개념2 오늘날 방위를 찾는 방법
• 나침반으로 찾을 수 있습니다.
• 지도나 ❷내비게이션으로 찾을 수 있습니다.
• 스마트 기기의 나침반 애플리케이션을 이용해 찾을 수 있습니다.

용어 돋보기

❶ **방위(方 방향, 位 자리)**
방향의 위치로, 동서남북이 있고 방위표로 나타냅니다.

❷ **내비게이션(navigation)**
지도를 보이거나 지름길을 찾아 주어 자동차 운전을 도와주는 장치나 프로그램

핵심 개념 되짚어 보기

북두칠성이나 카시오페이아자리를 이용하면 북극성을 찾을 수 있습니다.

기본 문제로 익히기

정답과 해설 • 17쪽

핵심 체크

- ⓵ ⬜⬜⬜ : 북쪽 하늘에서 일 년 내내 거의 같은 자리에 있는 별입니다.
- 북극성을 찾는 데 이용하는 별자리: ⓶ ⬜⬜⬜⬜과 ⓷ ⬜⬜⬜⬜⬜⬜ 자리를 이용하여 북극성을 찾을 수 있습니다.
- 밤하늘에서 북극성이 중요한 까닭: 항상 북쪽 하늘에 있으므로 북극성을 찾으면 ⓸ ⬜⬜를 알 수 있기 때문입니다.
- 북극성을 이용하여 방위 찾아보기: 북극성을 바라보고 서면 바라본 쪽이 ⓹ ⬜⬜, 오른쪽이 동쪽, 왼쪽이 서쪽, 뒤쪽이 남쪽입니다.

Step 1

( ) 안에 알맞은 말을 써넣어 설명을 완성하거나 설명이 옳으면 ○, 틀리면 ×에 ○표 해 봅시다.

1 북극성은 일 년 내내 ( )쪽 하늘에서 거의 같은 자리에 있는 별입니다.

2 북쪽 밤하늘의 별자리인 북두칠성과 카시오페이아자리를 이용해 ( )을/를 찾을 수 있습니다.

3 밤하늘에서 북극성은 계속해서 위치가 변하기 때문에 중요합니다. (○ , ×)

4 나침반이 없던 옛날에 북극성은 방위를 알려주는 길잡이 역할을 했습니다. (○ , ×)

5 북극성을 바라보고 서면 바라본 쪽이 남쪽이고, 뒤쪽은 북쪽입니다. (○ , ×)

94 오투 초등 과학 5-1

1 다음에서 설명하는 것은 어느 것입니까?
( )

> 북쪽 하늘에서 일 년 내내 거의 같은 자리에 있는 별로, 나침반이 없던 옛날에 방위를 알려주는 길잡이 역할을 했다.

① 금성 ② 화성
③ 태양 ④ 북극성
⑤ 천왕성

2 밤하늘에서 북극성이 중요한 까닭으로 가장 옳은 것은 어느 것입니까? ( )

① 항상 남쪽에 있기 때문이다.
② 밤하늘에서 가장 밝은 별이기 때문이다.
③ 한 달에 한 번만 보이는 별이기 때문이다.
④ 계속해서 위치가 변하는 별이기 때문이다.
⑤ 항상 북쪽 하늘에 있어서 북극성을 찾으면 방위를 알 수 있기 때문이다.

3 북극성을 찾는 데 이용할 수 있는 것을 보기 에서 모두 골라 기호를 써 봅시다.

> 보기
> ㉠ 달   ㉡ 금성
> ㉢ 북두칠성   ㉣ 카시오페이아자리

( )

[4~5] 다음은 밤하늘의 별과 별자리의 모습을 나타낸 것입니다.

4 다음은 위 북두칠성을 이용해 북극성을 찾는 방법입니다. ( ) 안에 들어갈 알맞은 말을 써 봅시다.

> 북두칠성의 국자 모양 끝부분에서 ❶과 ❷를 연결하고, 그 거리의 ( ) 배만큼 떨어진 곳에 있는 별을 찾는다.

( )

5 위 카시오페이아자리를 이용해 북극성을 찾는 방법에 대해 잘못 말한 친구의 이름을 써 봅시다.

> • 해린: 먼저 카시오페이아자리에서 바깥쪽 두 선을 연장해 만나는 점 (가)를 찾아야 해.
> • 하니: 그 다음에 점 (가)와 별 (나)를 연결하고, 그 거리의 여섯 배만큼 떨어진 곳에 있는 별을 찾으면 돼.

( )

6 오른쪽은 밤하늘에서 북극성을 바라보고 섰을 때 방위를 나타낸 것입니다. ㉠~㉣에 알맞은 방위를 각각 써 봅시다.

㉠: ( ) ㉡: ( )
㉢: ( ) ㉣: ( )

⑤ 별과 행성의 차이점

1 밤하늘에 보이는 별과 행성에 대한 설명으로 옳지 <u>않은</u> 것을 보기 에서 골라 기호를 써 봅시다.

> 보기
> ㉠ 행성은 별보다 지구에 가까이 있다.
> ㉡ 별은 모든 행성보다 더 밝고 또렷하게 보인다.
> ㉢ 행성은 태양 빛을 반사하여 밤하늘에서 밝게 보인다.

(   )

2 밤하늘의 별이 다음과 같이 보이는 까닭으로 옳은 것은 어느 것입니까? (   )

> 밝게 빛나는 작은 점으로 보이며, 항상 같은 위치에서 움직이지 않는 것처럼 보인다.

① 별은 스스로 빛을 내기 때문이다.
② 별은 지구의 주위를 돌기 때문이다.
③ 별은 지구에서 매우 먼 거리에 있기 때문이다.
④ 많은 종류의 별들이 한 곳에 모여 있기 때문이다.
⑤ 실제로 별은 크기가 작고 한 곳에서 움직이지 않기 때문이다.

3 오른쪽에서 ㉠은 여러 날 동안 관측한 밤하늘에서 위치가 변한 천체이고, ㉡은 위치가 변하지 않은 천체입니다. ㉠과 ㉡ 중 태양 빛을 반사하여 밝게 보이는 천체를 찾아 기호를 써 봅시다.

(   )

4 별과 별자리에 대한 설명으로 옳은 것은 어느 것입니까? ( )

① 밤하늘에 보이는 천체는 모두 별이다.
② 별자리의 이름은 지역에 관계없이 같다.
③ 밤하늘에서 볼 수 없는 태양은 별이 아니다.
④ 북쪽 밤하늘에서는 별자리를 관측할 수 없다.
⑤ 별자리는 밤하늘의 별과 별을 연결해 이름을 붙인 것이다.

5 다음에서 설명하는 별자리는 무엇인지 보기 에서 골라 기호를 써 봅시다.

- 북쪽 밤하늘에서 관측할 수 있다.
- 큰곰자리의 꼬리 부분에 위치한다.
- 밝게 빛나는 일곱 개의 별을 연결하면 보이는 국자 모양의 별자리이다.

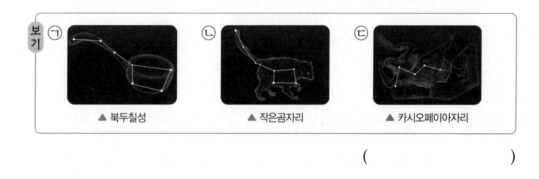

보기
㉠ ▲ 북두칠성   ㉡ ▲ 작은곰자리   ㉢ ▲ 카시오페이아자리

( )

6 다음은 북쪽 밤하늘의 별자리를 관측하는 방법을 순서 없이 나열한 것입니다. 순서대로 기호를 써 봅시다.

(가) 별자리를 관측할 시각과 장소를 정한다.
(나) 북쪽 밤하늘의 별자리를 관측한 뒤, 별자리의 위치와 모양을 기록한다.
(다) 주변 건물이나 나무 등의 위치를 표현한다.
(라) 정해진 시각에 정해진 장소에서 나침반을 이용해 북쪽을 확인한다.

( ) → ( ) → ( ) → ( )

[7~8] 다음은 밤하늘의 별과 별자리의 모습을 나타낸 것입니다.

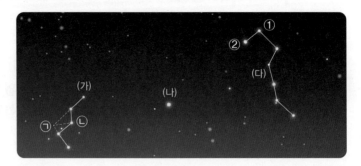

⑦ 밤하늘에서
북극성 찾기

7 위 그림에서 별자리 (가)와 (다), 별 (나)의 이름을 각각 써 봅시다.

(가): (   ) (나): (   ) (다): (   )

8 위 그림에 대한 설명으로 옳은 것은 어느 것입니까?   (   )

① (나)의 위치는 계절마다 변한다.
② (나)는 방위를 알려주는 길잡이 역할을 한다.
③ (나)를 바라보고 서면 바라본 방향이 남쪽이다.
④ (가)의 ㉠과 ㉡을 연결한 거리의 세 배만큼 떨어진 곳에 (나)가 있다.
⑤ (다)의 ①과 ②를 연결한 거리의 일곱 배만큼 떨어진 곳에 (나)가 있다.

9 다음은 북극성을 이용해 방위를 찾는 방법에 대해 친구들이 나눈 대화입니다. 옳게 설명한 친구의 이름을 써 봅시다.

- 진리: 북극성은 항상 남쪽에 있고 그 위치가 변
하지 않아.
- 현배: 북쪽 밤하늘의 별자리를 이용해 북극성을
찾을 수 있어.
- 보미: 북극성을 바라보고 섰을 때 바라본 방향이
남쪽이고, 뒤쪽이 북쪽이야.

(   )

서술형 길잡이

❶ ☐☐은 태양의 주위를 돌고, 별보다 지구에 ☐☐☐ 있기 때문에 밤하늘에서 위치가 변하는 것처럼 보입니다.

10 오른쪽은 여러 날 동안 밤하늘을 관측해 나타낸 그림 위에 투명 필름을 덮고 모든 천체의 위치를 표시한 뒤 투명 필름을 겹쳐서 위치가 변한 천체에 ○표 한 것입니다.

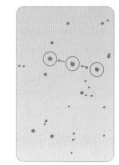

(1) 위치가 변한 천체가 무엇인지 써 봅시다.

(   )

(2) 위 (1)번 답의 천체가 위치가 변한 까닭을 써 봅시다.

_____

_____

❶ 카시오페이아자리, 작은곰자리, 큰곰자리, ☐☐☐☐은 우리나라의 대표적인 ☐쪽 밤하늘의 별자리입니다.

11 다음 별자리의 공통점을 한 가지 써 봅시다.

▲ 카시오페이아자리   ▲ 작은곰자리   ▲ 북두칠성

_____

_____

❶ 북극성은 항상 ☐☐ 하늘에 있습니다.

❷ 북극성의 위치를 알면 ☐☐를 알 수 있습니다.

12 오른쪽과 같이 옛날 사람들은 바다 한가운데를 항해하다가 길을 잃으면 북극성을 찾았습니다. 밤하늘에서 북극성을 찾는 것이 중요한 까닭을 써 봅시다.

_____

_____

❶ 태양계를 구성하는 태양과 행성

- 우리는 살아가는 데 필요한 대부분의 에너지를 ❶[   ]에서 얻습니다.
  ➡ 지구의 중요한 에너지원은 태양입니다.
- ❷[   ]: 태양과 태양의 영향을 받는 천체들과 그 공간
- **태양계의 구성원**: 태양, 행성 등

태양	• 태양계에서 유일하게 스스로 빛을 내는 천체 • 태양계의 중심에 있습니다. • 행성에 비해 크기가 매우 크고 뜨겁습니다.
❸[ ]	태양의 주위를 도는 둥근 천체 예 수성, 금성, 지구, 화성, 목성, 토성, 천왕성, 해왕성

- **표면의 상태에 따른 분류**

표면이 암석으로 되어 있는 행성	표면이 기체로 되어 있는 행성
수성, 금성, 지구, 화성	목성, 토성, 천왕성, 해왕성

❷ 태양계 행성의 상대적인 크기와 거리

- **태양계 행성의 상대적인 크기**: 목성>토성>천왕성>해왕성>지구>금성>화성>수성
- **크기에 따른 태양계 행성의 분류**
  ➡ 태양계 행성 중 크기가 가장 큰 행성: 목성
  ➡ 태양계 행성 중 크기가 가장 작은 행성: 수성
  ➡ 지구와 크기가 가장 비슷한 행성: ❹[   ]

상대적으로 크기가 작은 행성	상대적으로 크기가 큰 행성
수성, 금성, 지구, 화성	목성, 토성, 천왕성, 해왕성

- **태양에서 행성까지의 상대적인 거리**: 수성-금성-지구-❺[   ]-목성-토성-천왕성-해왕성
  ➡ 태양에서 가장 가까이 있는 행성: 수성
  ➡ 태양에서 가장 멀리 있는 행성: 해왕성

태양에서 상대적으로 가까이 있는 행성	태양에서 상대적으로 멀리 있는 행성
수성, 금성, 지구, 화성	목성, 토성, 천왕성, 해왕성

❸ 별과 행성의 차이점, 북쪽 밤하늘의 별자리

- ❻[   ]: 태양처럼 스스로 빛을 내는 천체
- **별과 행성의 차이점**: 여러 날 동안 밤하늘을 관측하면 별은 거의 움직이지 않는 것처럼 보이고, ❼[   ]은 위치가 변합니다.
- ❽[   ]: 밤하늘에 무리 지어 있는 별들을 연결하여 이름을 붙인 것입니다.
- **우리나라의 북쪽 밤하늘의 별자리**

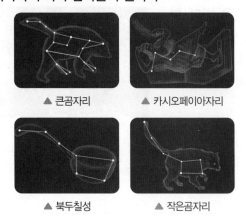

▲ 큰곰자리　　▲ 카시오페이아자리

▲ 북두칠성　　▲ 작은곰자리

❹ 밤하늘에서 북극성을 찾는 방법

- ❾[   ]: 북쪽 하늘에서 일 년 내내 거의 같은 자리에 있는 별 ➡ 항상 북쪽 하늘에 있으므로 ❿[   ]를 알 수 있습니다.
- **북쪽 밤하늘의 별자리를 이용해 북극성을 찾는 방법**: 북두칠성과 카시오페이아자리를 이용하여 찾을 수 있습니다.

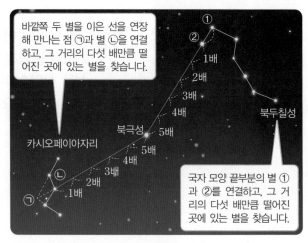

바깥쪽 두 별을 이은 선을 연장해 만나는 점 ⊙과 별 ⓒ을 연결하고, 그 거리의 다섯 배만큼 떨어진 곳에 있는 별을 찾습니다.

카시오페이아자리

국자 모양 끝부분의 별 ①과 ②를 연결하고, 그 거리의 다섯 배만큼 떨어진 곳에 있는 별을 찾습니다.

북두칠성

북극성

중요

1 우리가 살아가는 데 필요한 대부분의 에너지를 얻고 있는 천체는 어느 것입니까? (   )

① 달   ② 별   ③ 목성
④ 태양   ⑤ 혜성

2 다음은 태양이 우리 생활에 미치는 영향을 나타낸 그림과 설명입니다. (   ) 안에 들어갈 알맞은 말을 각각 써 봅시다.

(1)  태양 빛을 이용하여 (   )을/를 만든다.

(2)  태양 빛으로 바닷물이 증발해 (   )이/가 만들어진다.

3 태양계와 태양계의 구성원에 대한 설명으로 옳은 것은 어느 것입니까? (   )

① 목성은 지구의 주위를 돈다.
② 지구는 태양계의 중심에 있다.
③ 달은 스스로 빛을 내는 천체이다.
④ 태양계에는 여덟 개의 행성이 있다.
⑤ 태양계는 태양과 행성만을 나타내는 말이다.

4 다음 (   ) 안에 들어갈 알맞은 말을 각각 써 봅시다.

태양계에서 유일하게 스스로 빛을 내는 천체는 (㉠)이고, 지구처럼 태양의 주위를 도는 둥근 천체는 (㉡)(이)라고 한다.

㉠: (   )   ㉡: (   )

중요

5 다음에서 설명하는 태양계 행성은 어느 것입니까? (   )

• 표면이 암석으로 되어 있다.
• 지구에서 가장 밝게 보인다.
• 표면이 두꺼운 대기로 둘러싸여 있다.

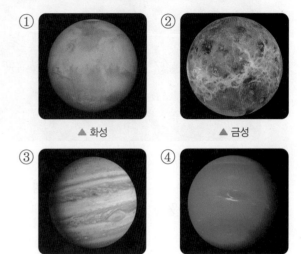

① ▲ 화성   ② ▲ 금성
③ ▲ 목성   ④ ▲ 해왕성

서술형

6 태양계 행성을 표면의 상태에 따라 두 무리로 분류하여 써 봅시다.

_____

_____

7 태양계 행성을 고리의 유무에 따라 분류할 때, 지구와 같은 무리로 분류할 수 있는 행성을 두 가지 골라 써 봅시다. (,   )

① 화성   ② 목성   ③ 토성
④ 수성   ⑤ 천왕성

8 다음은 지구의 반지름을 1로 보았을 때 태양계 행성의 상대적인 크기를 비교하여 나타낸 것입니다. 지구보다 크기가 작은 행성끼리 옳게 짝지은 것은 어느 것입니까? (　　　)

토성 9.4　　목성 11.2
해왕성 3.9　　천왕성 4.0
수성 0.4　　지구 1.0
화성 0.5　금성 0.9

① 수성, 금성　　② 수성, 목성
③ 금성, 토성　　④ 화성, 해왕성
⑤ 천왕성, 해왕성

9 태양과 지구의 크기를 비교할 때 지구가 작은 점처럼 보이는 까닭을 옳게 말한 친구의 이름을 써 봅시다.

> • 한아: 태양이 지구의 주위를 돌기 때문이야.
> • 대호: 태양이 지구보다 매우 크기 때문이야.
> • 재연: 태양이 지구에서 매우 멀리 있기 때문이야.

(　　　　　)

[10~11] 다음은 태양에서 지구까지의 거리를 1로 보았을 때 태양에서 행성까지의 상대적인 거리를 나타낸 표입니다.

행성	상대적인 거리	행성	상대적인 거리
수성	0.4	목성	5.2
금성	0.7	토성	9.6
지구	1.0	천왕성	19.1
화성	1.5	해왕성	30.0

10 앞의 표를 보고, 태양계 행성 중 태양에서 가장 가까이 있는 행성을 써 봅시다.

(　　　　　)

11 앞의 표를 보고, 태양계 행성을 태양에서 지구보다 가까이 있는 행성과 멀리 있는 행성으로 분류하여 써 봅시다.

_____

_____

12 태양계 행성의 크기와 거리에 대한 설명으로 옳은 것은 어느 것입니까? (　　　)

① 목성은 화성보다 태양에서 가까이 있다.
② 토성은 금성보다 태양에서 가까이 있다.
③ 태양에서 가장 멀리 있는 행성은 천왕성이다.
④ 상대적으로 크기가 큰 행성들은 크기가 작은 행성들보다 태양에서 멀리 있다.
⑤ 표면이 암석으로 되어 있는 행성들은 표면이 기체로 되어 있는 행성들보다 태양에서 멀리 있다.

13 별과 행성을 비교한 것으로 옳지 <u>않은</u> 것은 어느 것입니까? (　　　)

① 별과 행성은 모두 스스로 빛을 낸다.
② 별과 행성은 모두 밤하늘에서 밝게 빛난다.
③ 별은 행성에 비해 지구에서 매우 먼 거리에 있다.
④ 별은 밤하늘에서 위치가 변하지 않는 것처럼 보인다.
⑤ 금성, 화성, 목성, 토성과 같은 행성은 별보다 밝고 또렷하게 보인다.

[14~15] 다음은 여러 날 동안 관측한 밤하늘의 모습입니다.

▲ 첫째 날 초저녁   ▲ 7일 뒤 초저녁   ▲ 15일 뒤 초저녁

14 위 그림에서 위치가 변한 천체 (가)와 위치가 변하지 않은 천체 (나)는 무엇인지 옳게 짝 지은 것은 어느 것입니까? ( )

	(가)	(나)		(가)	(나)
①	별	달	②	별	행성
③	태양	달	④	위성	행성
⑤	행성	별			

15 위 14번 답과 같이 생각한 까닭이 다음과 같을 때, ( ) 안에 들어갈 알맞은 말을 써 봅시다.

천체 (가)는 태양의 주위를 돌고, 천체 (나)보다 지구에 ( ) 있기 때문에 위치가 변한다.

( )

서술형

16 별자리란 무엇인지 써 봅시다.

_____

_____

17 오른쪽 별자리를 볼 수 있는 곳은 어느 쪽 밤하늘인지 써 봅시다.

( )

18 다음에서 설명하는 것은 어느 것입니까?

( )

• 북쪽 하늘에서 거의 같은 자리에 항상 있는 별이다.
• 이 별을 찾으면 방위를 알 수 있어 옛날부터 나침반의 역할을 해 왔다.

① 태양　　　　　② 화성
③ 북극성　　　　④ 작은곰자리
⑤ 카시오페이아자리

[19~20] 다음은 북쪽 밤하늘을 나타낸 그림입니다.

19 위 그림에서 별자리 (가)에 대한 설명으로 옳지 않은 것은 어느 것입니까? ( )

① 북두칠성이다.
② 국자 모양이다.
③ 북극성을 포함하고 있다.
④ 일곱 개의 별로 이루어져 있다.
⑤ 큰곰자리의 꼬리 부분에 위치한다.

서술형

20 위 그림에서 별자리 (나)의 ㉠과 ㉡을 이용해 북극성을 찾는 방법을 써 봅시다.

_____

_____

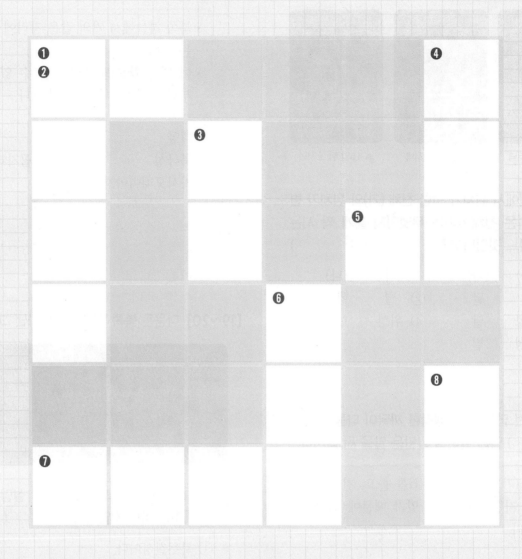

❶❷ ❸ ❹ ❺ ❻ ❽ ❼

○ 정답과 해설 ● 19쪽

가로 퀴즈

❶ 북극성은 ○○ 하늘에서 일 년 내내 거의 같은 자리에 있기 때문에 북극성을 찾으면 방위를 찾을 수 있습니다.

❺ 태양계 행성 중 크기가 가장 작습니다.

❼ 북쪽 밤하늘에서 볼 수 있는 별자리로, 북두칠성을 포함하고 있습니다.

세로 퀴즈

❷ 북쪽 하늘에서 볼 수 있는 별자리입니다. 일곱 개의 별로 이루어졌으며, 국자 모양입니다.

❸ 태양계에서 유일하게 스스로 빛을 내는 천체로, 태양계의 중심에 있습니다.

❹ 태양계 행성 중 태양에서 가장 멀리 있습니다.

❻ 밤하늘에 무리 지어 있는 별들을 연결하여 신화의 인물이나 동물, 물건의 이름을 붙인 것입니다.

❽ 여러 날 동안 밤하늘의 별과 행성을 관측하면 별은 거의 위치가 변하지 않고, ○○은 위치가 변합니다.

용해와 용액

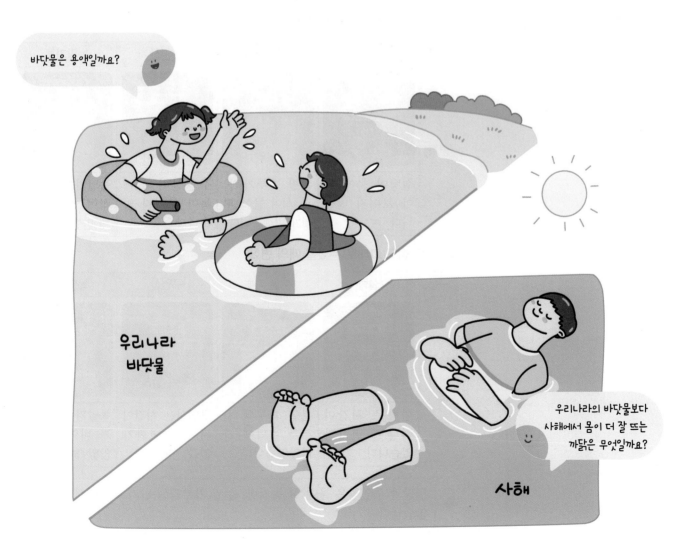

바닷물은 용액일까요?

우리나라
바닷물

우리나라의 바닷물보다
사해에서 몸이 더 잘 뜨는
까닭은 무엇일까요?

사해

1 여러 가지 물질을 물에 넣을 때의 변화

실험 동영상

한 숟가락에 담긴
가루 물질의 양은
비슷해야 해요.

➕ 또 다른 방법!

다양한 가루 형태의 물질을 물
이 담긴 유리병에 넣고 흔들었
을 때 나타나는 현상을 관찰할
수도 있습니다.

탐구로 시작하기

○ 다양한 물질의 용해 현상 관찰하기

탐구 과정

❶ 비커 네 개에 같은 온도의 물을 150 mL씩 넣습니다.

❷ 각 비커에 설탕, 분필 가루, 구연산, 녹말가루를 한 숟가락씩 넣습니다.

❸ 비커에 든 물을 유리 막대로 각각 저었을 때의 변화를 관찰합니다.

❹ 각 비커를 10분 정도 그대로 두었을 때의 변화를 관찰합니다.

비커의 뒷면에 검은색 종이를 대면
더 쉽게 관찰할 수 있습니다.

탐구 결과

① 유리 막대로 저었을 때의 변화

구분	설탕	분필 가루	구연산	녹말가루
변화	설탕이 물에 녹아 보이지 않습니다.	분필 가루가 물과 섞여 물이 뿌옇게 변했습니다.	구연산이 물에 녹아 보이지 않습니다.	녹말가루가 물과 섞여 물이 뿌옇게 변했습니다.

② 10분 정도 그대로 두었을 때의 변화

구분	설탕	분필 가루	구연산	녹말가루
변화	설탕은 시간이 지나도 변화가 없습니다.	분필 가루의 일부가 바닥에 가라앉았습니다.	구연산은 시간이 지나도 변화가 없습니다.	녹말가루의 일부가 바닥에 가라앉았습니다.

➜ 설탕과 구연산은 물에 잘 녹지만, 분필 가루와 녹말가루는 물에 잘 녹지
않습니다.

개념 이해하기

1. 여러 가지 물질을 물에 넣었을 때의 변화

① 여러 가지 고체 물질을 물에 넣으면 잘 녹는 것도 있고, 잘 녹지 않는 것도 있습니다. ^{+개념1}

② 온도와 양이 같은 물에 여러 가지 고체 물질을 넣었을 때의 변화를 통해 물에 잘 녹는 물질과 물에 잘 녹지 않는 물질로 분류할 수 있습니다.

예 여러 가지 고체 물질을 물에 넣었을 때의 변화

구분	물에 잘 녹는 물질	물에 잘 녹지 않는 물질
물질	설탕, 구연산, 소금	분필 가루, 녹말가루, 밀가루, 탄산 칼슘
물에 넣고 저어 주었을 때	물에 잘 녹습니다.	물이 뿌옇게 됩니다.
10분 동안 가만히 두었을 때	• 투명합니다. • 물에 뜨거나 가라앉는 것이 없습니다.	• 가루 물질이 물에 섞여 있습니다. • 가루 물질의 일부가 바닥에 가라앉습니다.

2. 용해와 용액

① 용해, 용액, 용질, 용매

용해 ^{+개념2}	어떤 물질이 다른 물질에 녹아 골고루 섞이는 현상 예 설탕이 물에 녹는 현상, 소금이 물에 녹는 현상
용액	녹는 물질과 녹이는 물질이 골고루 섞여 있는 물질 예 설탕물, 소금물
용질	녹는 물질 예 설탕, 소금
용매	다른 물질을 녹이는 물질 예 물

예 설탕의 용해

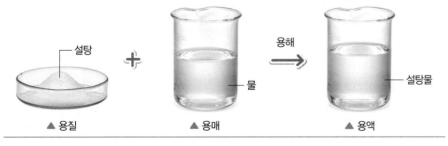

▲ 용질   ▲ 용매   ▲ 용액

② 용액의 특징

• 오래 두어도 뜨거나 가라앉는 것이 없습니다. ^{+개념3}
• 거름 장치로 걸러도 ^❶거름종이에 남는 것이 없습니다.
• 어느 부분에서나 색깔, 맛이 일정합니다.
  └ 용액의 어느 부분에서나 용매와 용질이 섞인 정도가 같기 때문입니다.

③ 일상생활에서 볼 수 있는 용액의 예: 탄산음료, 손 세정제, 구강 청정제, 바닷물, 이온 음료 등이 있습니다.

+개념1 물에 잘 녹는 물질과 물에 잘 녹지 않는 물질

물에 잘 녹는 물질
설탕, 구연산, 소금, 식용 색소, 분말주스

물에 잘 녹지 않는 물질
분필 가루, 녹말가루, 밀가루, 탄산 칼슘, 화단 흙, 모래, 미숫가루

+개념2 일상생활에서 볼 수 있는 용해의 예
• 소금을 물에 녹여 짠맛을 냅니다.
• 분말주스를 물에 녹여 주스를 만들어 마십니다.

+개념3 용액이 아닌 것
• 미숫가루를 탄 물은 용액이 아닙니다. ➡ 시간이 지나면 바닥에 가라앉는 물질이 있으며, 거름 장치로 걸렀을 때 거름종이에 남는 물질이 있기 때문입니다.
• 과일을 생으로 갈아 만든 주스는 용액이 아닙니다. ➡ 가만히 두었을 때 과육이 가라앉기 때문입니다.

용어 돋보기

❶ 거름종이
액체 속에 들어 있는 불순물을 걸러내는 종이

핵심 개념 되짚어 보기

용질인 설탕이 용매인 물에 용해되어 용액인 설탕물이 됩니다.

기본 문제로 익히기

● 정답과 해설 ● 20쪽

핵심 체크

● 여러 가지 물질을 물에 넣었을 때의 변화

설탕, 구연산, 소금	물에 잘 ❶□□□□.
분필 가루, 녹말가루, 밀가루, 탄산 칼슘	물에 잘 ❷□□□□□□.

● 용해, 용액, 용질, 용매
  - ❸□□ : 어떤 물질이 다른 물질에 녹아 골고루 섞이는 현상
  - ❹□□ : 녹는 물질과 녹이는 물질이 골고루 섞여 있는 물질
  - ❺□□ : 녹는 물질   · ❻□□ : 다른 물질을 녹이는 물질

● 용액의 특징
  - 오래 두어도 뜨거나 가라앉는 것이 없습니다.
  - 거름 장치로 걸러도 거름종이에 남는 것이 없습니다.
  - 어느 부분에서나 색깔, 맛이 일정합니다.

Step 1 ( ) 안에 알맞은 말을 써넣어 설명을 완성하거나 설명이 옳으면 ○, 틀리면 ×에 ○표 해 봅시다.

1 여러 가지 가루 물질을 물에 넣으면 모두 물에 잘 녹습니다. (○ , ×)

2 온도가 같은 물이 150 mL씩 담긴 비커 세 개에 소금, 구연산, 밀가루를 각각 한 숟가락씩 넣고 유리 막대로 저으면 ( )을/를 넣은 물은 뿌옇게 변합니다.

3 어떤 물질이 다른 물질에 녹아 골고루 섞이는 현상을 ( )(이)라고 합니다.

4 설탕물을 만들 때 설탕과 같이 녹는 물질을 ( ), 물과 같이 다른 물질을 녹이는 물질을 ( )(이)라고 합니다.

5 탄산 칼슘을 물에 넣고 유리 막대로 저으면 용액이 됩니다. (○ , ×)

6 용액은 오래 두어도 뜨거나 바닥에 가라앉는 것이 없습니다. (○ , ×)

[1~2] 다음과 같이 온도가 같은 물이 150 mL씩 담긴 비커 네 개에 설탕, 분필 가루, 구연산, 녹말가루를 각각 한 숟가락씩 넣고 유리 막대로 저어 보았습니다.

▲ 설탕   ▲ 분필 가루   ▲ 구연산   ▲ 녹말가루

1 위 실험에서 물에 잘 녹는 물질을 모두 골라 기호를 써 봅시다.

(   )

2 위 실험에서 각 비커를 10분 동안 가만히 두었을 때의 변화로 옳은 것을 보기 에서 모두 골라 기호를 써 봅시다.

> 보기
> ㉠ (가)는 투명하다.
> ㉡ (나)는 분필 가루가 바닥에 가라앉는다.
> ㉢ (다)는 뿌옇게 흐려진다.
> ㉣ (라)는 바닥에 가라앉는 것이 없다.

(   )

3 물에 잘 녹는 물질은 어느 것입니까?(   )

① 소금   ② 모래   ③ 밀가루
④ 화단 흙   ⑤ 탄산 칼슘

4 설탕을 물에 녹여 설탕물을 만들 때 용질, 용매, 용액은 각각 무엇인지 선으로 연결해 봅시다.

(1) 설탕 ·   ·㉠ 용액

(2) 물 ·   ·㉡ 용질

(3) 설탕물 ·   ·㉢ 용매

5 용액의 특징으로 옳은 것을 보기 에서 모두 골라 기호를 써 봅시다.

> 보기
> ㉠ 오래 두어도 물 위에 뜨는 것이 없다.
> ㉡ 오래 두면 바닥에 가라앉는 것이 있다.
> ㉢ 어느 부분에서나 색깔과 맛이 일정하다.
> ㉣ 거름 장치로 걸렀을 때 거름종이에 남는 것이 있다.

(   )

6 일상생활에서 볼 수 있는 용액끼리 옳게 짝 지은 것은 어느 것입니까? (   )

① 손 세정제, 구강 청정제
② 손 세정제, 미숫가루를 탄 물
③ 미숫가루를 탄 물, 이온 음료
④ 바닷물, 과일을 생으로 갈아 만든 주스
⑤ 과일을 생으로 갈아 만든 주스, 분말주스를 물에 녹여 만든 주스

2 물에 용해된 용질의 변화

탐구로 시작하기

○ 용해 전과 후의 무게 비교하기

탐구 과정

❶ 각설탕이 물에 용해되기 전과 용해된 후에 무게 변화가 있을지 예상해 봅시다.

☐ 무게 변화가 있을 것 같습니다.　　　☐ 무게 변화가 없을 것 같습니다.

❷ 비커에 물을 반 정도 넣고, 페트리 접시에 각설탕을 한 개 올려놓습니다.

❸ 물을 담은 비커, 각설탕을 담은 페트리 접시, 유리 막대를 전자저울에 함께 올려놓고 무게를 측정합니다.

➕개념1

❹ 전자저울에 올려놓은 실험 기구를 모두 바닥에 내려놓은 뒤 각설탕을 물에 넣어 용해합니다.

❺ 설탕물이 담긴 비커, 빈 페트리 접시, 유리 막대를 전자저울에 함께 올려놓고 무게를 측정합니다.

> 각설탕이 물에
> 용해되기 전과 용해된
> 후의 무게를 비교해
> 볼까요?

➕개념1 물체의 무게를 측정할 때 전자저울 사용법

① 전자저울을 평평한 곳에 놓고, 저울의 수평을 맞추는 공기 방울이 빨간색 원 안의 한가운데에 오도록 합니다.
② 전원 단추를 눌러 전자저울을 작동합니다.
③ 영점 단추를 눌러 영점을 맞춥니다.
④ 전자저울에 물체를 올려놓고 무게를 측정합니다.

탐구 결과

각설탕이 물에 용해되기 전의 무게	각설탕이 물에 용해된 후의 무게
각설탕 / 물	설탕물
° 245.2 g	° 245.2 g

➡ 각설탕이 물에 용해되기 전과 용해된 후의 무게는 같습니다.

 이해하기

1. 용질을 물에 넣었을 때의 변화

예 각설탕을 물에 넣었을 때의 변화 +개념2

| 각설탕을 물에 넣었을 때 | 시간이 흐른 뒤 | 시간이 더 많이 흐른 뒤 |

각설탕을 물에 넣으면 부스러지면서 크기가 작아집니다.

작아진 설탕은 더 작은 크기의 설탕으로 나뉘어 물에 골고루 섞이고, 완전히 용해되어 눈에 보이지 않게 됩니다.

➕개념2 황색 각설탕이 물에 용해되는 모습

물에 넣은 황색 각설탕이 작은 크기의 설탕으로 변하여 ❶아지랑이처럼 녹아내립니다.

2. 용질이 물에 용해되기 전과 용해된 후의 무게 변화

① 각설탕을 물에 넣었을 때 시간에 따른 무게 변화

| 각설탕을 물에 넣었을 때 | 시간이 흐른 뒤 | 시간이 더 많이 흐른 뒤 |

`290.0g` → `290.0g` → `290.0g`

↓

각설탕이 물에 용해될 때 무게는 변화가 없습니다.

각설탕이 물에 용해되기 전의 무게 = 각설탕이 물에 용해된 후의 무게

② **각설탕이 물에 용해되기 전과 용해된 후에 무게가 같은 까닭:** 물에 완전히 용해된 각설탕은 없어진 것이 아니라 크기가 매우 작게 변하여 물과 골고루 섞여 있기 때문입니다.

3. 용질이 물에 용해될 때의 변화

① 설탕이 물에 용해되면 눈에 보이지는 않지만 설탕이 물속에 들어 있습니다.
② 용질이 물에 용해되면 용질은 없어지는 것이 아니라 물과 골고루 섞여 용액이 됩니다.

용어돋보기

❶ 아지랑이

햇빛이 강하게 쬘 때 공기가 공중에서 아른아른 움직이는 현상

핵심 개념 되짚어 보기

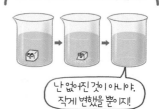

난 없어진 것이 아니야, 작게 변했을 뿐이지!

설탕이 물에 용해되면 없어지는 것이 아니라 매우 작게 변하여 물속에 골고루 섞여 설탕물이 됩니다.

○ 정답과 해설 ● 20쪽

핵심 체크

● 용질을 물에 넣었을 때의 변화 ⑩ 각설탕

각설탕을 물에 넣으면 부스러지면서 크기가 ❶ ☐☐ 집니다.

→

작아진 설탕은 더 작은 크기로 나뉘어 물에 골고루 섞이고, 완전히 ❷ ☐☐ 되어 눈에 보이지 않게 됩니다.

● 용질이 물에 용해되기 전과 용해된 후의 무게 변화 ⑩ 각설탕

구분	각설탕이 물에 용해되기 전	각설탕이 물에 용해된 후
	물이 담긴 비커+각설탕 +페트리 접시+유리 막대	설탕물이 담긴 비커 +페트리 접시+유리 막대
무게(g)	245.2	❸ ☐☐☐.☐
무게 변화 비교 (>, =, <)	각설탕이 물에 용해되기 전의 무게 ❹ ☐ 각설탕이 물에 용해된 후의 무게	
까닭	물에 완전히 용해된 각설탕은 없어진 것이 아니라 크기가 매우 작게 변하여 물과 골고루 섞여 있기 때문입니다.	

● 용질이 물에 용해될 때의 변화: 용질이 물에 용해되면 용질은 없어지는 것이 아니라 물과 골고루 섞여 ❺ ☐☐ 이 됩니다.

Step 1 ( ) 안에 알맞은 말을 써넣어 설명을 완성하거나 설명이 옳으면 ○, 틀리면 ×에 ○표 해 봅시다.

1 각설탕을 물에 넣으면 부스러지면서 물과 골고루 섞이지만 크기는 변하지 않습니다.

(○ , ×)

2 물에 완전히 용해된 각설탕은 눈에 보이지 않으므로 각설탕은 없어진 것입니다.

(○ , ×)

3 각설탕이 물에 용해되기 전과 용해된 후의 무게는 ( ).

4 용질이 물에 용해되면 물과 골고루 섞여 용액이 됩니다. (○ , ×)

1 오른쪽과 같이 물이 들어 있는 비커에 각설탕을 넣었을 때 시간에 따른 변화로 옳지 <u>않은</u> 것은 어느 것입니까?

( )

각설탕
물

① 각설탕이 부스러진다.
② 각설탕의 크기가 점점 작아진다.
③ 작아진 설탕이 물과 골고루 섞인다.
④ 작아진 설탕이 더 작은 크기의 설탕으로 나뉜다.
⑤ 설탕이 용해되면 없어져서 눈에 보이지 않게 된다.

2 다음과 같이 각설탕이 물에 용해되기 전과 용해된 후의 무게를 측정하였습니다. 각설탕이 물에 용해되기 전과 용해된 후의 무게를 비교하여 ○ 안에 >, =, <를 써 봅시다.

각설탕   물

○

설탕물

▲ 각설탕이 물에 용해되기 전   ▲ 각설탕이 물에 용해된 후

[3~5] 다음은 각설탕이 물에 용해되기 전과 용해된 후의 무게를 측정한 결과입니다.

용해되기 전의 무게(g)		용해된 후의 무게(g)
각설탕	물	설탕물
10	40	50
( )	50	55

3 위 ( ) 안에 알맞은 숫자를 써 봅시다.

( )

4 앞의 실험 결과로 알 수 있는 사실을 보기 에서 골라 기호를 써 봅시다.

보기
㉠ 각설탕이 물에 용해되면 용해되기 전과 무게가 같다.
㉡ 각설탕이 물에 용해되면 용해되기 전보다 무게가 가벼워진다.
㉢ 각설탕이 물에 용해되면 용해되기 전보다 무게가 무거워진다.

( )

5 앞의 표와 같은 실험 결과가 나타난 까닭으로 옳은 것은 어느 것입니까? ( )

① 각설탕은 물과 섞이지 않기 때문이다.
② 각설탕이 물과 섞이면 크기가 커지기 때문이다.
③ 각설탕이 물에 용해되면 물의 양이 줄어들기 때문이다.
④ 각설탕이 물에 용해되면 설탕의 양이 늘어나기 때문이다.
⑤ 각설탕이 물에 용해되면 크기가 매우 작게 변하여 물과 골고루 섞여 있기 때문이다.

6 다음 ( ) 안에 알맞은 말을 써 봅시다.

설탕이 물에 용해되는 것과 같이 용질이 물에 용해되면 물과 골고루 섞여 ( )이/가 된다.

( )

3 용질마다 물에 용해되는 양 비교

탐구로 시작하기

○ 여러 가지 용질이 물에 용해되는 양 비교하기

실험 동영상

약숟가락과 유리 막대는 물질에 따라 각각 사용하고, 한 숟가락에 담긴 가루 물질의 양은 비슷해야 해요.

⊕개념1 이 실험에서 용해에 영향을 주는 요인
용질의 종류입니다.
➔ 물의 온도와 양은 같고 용질의 종류만 다르게 했을 때 용질의 종류에 따라 물에 용해되는 양이 다르기 때문입니다.

탐구 과정

❶ 온도와 양이 같은 물에 설탕, 소금, 제빵 소다가 용해되는 양은 어떠할지 예상해 봅시다.

☐ 물질에 따라 용해되는 양이 다를 것 같습니다.

☐ 물질의 종류에 관계없이 용해되는 양이 동일할 것 같습니다.

❷ 온도가 같은 물이 50 mL씩 담긴 비커 세 개에 설탕, 소금, 제빵 소다를 한 숟가락씩 넣고 유리 막대로 저으면서 변화를 관찰합니다. **⊕개념1**

❸ 과정 ❷에서 설탕, 소금, 제빵 소다가 완전히 용해되면 각 용질을 한 숟가락씩 더 넣고 유리 막대로 저으면서 변화를 관찰합니다.

▲ 설탕   ▲ 소금   ▲ 제빵 소다

❹ 과정 ❸을 여러 번 반복하면서 설탕, 소금, 제빵 소다가 용해되는 양을 관찰합니다.
└ 검은색 종이를 비커 뒤나 밑에 두면 용질이 완전히 용해되었는지 쉽게 확인할 수 있습니다.

탐구 결과

구분	설탕	소금	제빵 소다
한 숟가락 넣었을 때	모두 용해됩니다.	모두 용해됩니다.	모두 용해됩니다.
두 숟가락 넣었을 때	모두 용해됩니다.	모두 용해됩니다.	일부가 바닥에 남습니다.
여덟 숟가락 넣었을 때	모두 용해됩니다.	일부가 바닥에 남습니다.	더 이상 용해되지 않기 때문에 더 넣지 않았습니다.

[○: 다 용해된 경우, △: 다 용해되지 않고 바닥에 남은 경우]

용질	약숟가락으로 넣은 횟수(회)							
	1	2	3	4	5	6	7	8
설탕	○	○	○	○	○	○	○	○
소금	○	○	○	○	○	○	○	△
제빵 소다	○	△	더 넣지 않았습니다.					

→ 온도와 양이 같은 물에 용해되는 양: 설탕＞소금＞제빵 소다

개념 이해하기

1. 용질의 종류에 따라 물에 용해되는 양

① 온도와 양이 같은 물에 여러 가지 물질을 각각 넣으면 어떤 물질은 모두 용해되지만, 어떤 물질은 일부가 용해되지 않고 남습니다.

② 물의 온도와 양이 같을 때 물에 용해되는 용질의 양은 용질의 종류에 따라 다릅니다.

2. 온도와 양이 같은 물에 용해되는 물질의 양 비교하기

① 설탕과 소금이 물에 용해되는 양 비교하기

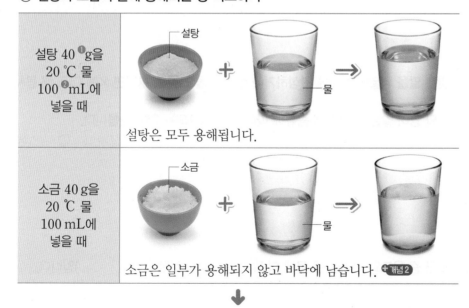

설탕 40 ❶g을 20 ℃ 물 100 ❷mL에 넣을 때	설탕은 모두 용해됩니다.
소금 40 g을 20 ℃ 물 100 mL에 넣을 때	소금은 일부가 용해되지 않고 바닥에 남습니다. ╋개념2

↓

20 ℃ 물 100 mL에 용해되는 양: 설탕＞소금

용해되는 양이 다른 까닭은 용질의 종류가 다르기 때문입니다.

② **알 수 있는 것:** 온도와 양이 같은 물에 용해되는 용질의 양을 비교하면 어느 용질이 물에 더 많이 용해되는지 알 수 있습니다.

╋개념2 **소금물에서 소금의 일부가 녹지 않고 가라앉아 있을 때 소금을 모두 녹이는 방법**
물의 양이 많을수록 용질이 용해되는 양이 많으므로 소금물에 물을 더 넣어 줍니다.

용어 돋보기

❶ g(그램)
질량의 단위로, 1 g은 1 kg의 $\frac{1}{1000}$입니다.

❷ mL(밀리리터)
부피의 단위로, 1 mL는 1 L의 $\frac{1}{1000}$입니다.

핵심 개념 되짚어 보기

물의 온도와 양이 같아도 용질마다 물에 용해되는 양은 서로 다릅니다.

○ 정답과 해설 ● 21쪽

핵심 체크

● 용질의 종류에 따라 물에 용해되는 양: 온도와 양이 같은 물에 용해되는 용질의 양은 용질의 ❶[ ][ ]에 따라 다릅니다.

● 여러 가지 용질이 물에 용해되는 양 비교하기

구분	온도가 같은 물 50 mL에 용해되는 양 비교		
	설탕	소금	제빵 소다
두 숟가락 넣었을 때	모두 용해됩니다.	모두 용해됩니다.	일부가 바닥에 남습니다.
여덟 숟가락 넣었을 때	모두 용해됩니다.	일부가 바닥에 남습니다.	

➜ 설탕, 소금, 제빵 소다 중 온도와 양이 같은 물에 용해되는 용질의 양은 ❷[ ][ ]이 가장 많고, ❸[ ][ ][ ][ ]가 가장 적습니다.

Step 1

( ) 안에 알맞은 말을 써넣어 설명을 완성하거나 설명이 옳으면 ○, 틀리면 ×에 ○표 해 봅시다.

1 물의 온도와 양이 같을 때 용질의 종류에 따라 물에 용해되는 양이 다릅니다.

(○ , ×)

2 설탕과 소금 중 온도와 양이 같은 물에 더 많이 용해되는 것은 ( )입니다.

3 온도와 양이 서로 다른 물에 용해되는 여러 가지 용질의 양을 비교하면 어느 용질이 물에 더 많이 용해되는지 알 수 있습니다. (○ , ×)

[1~4] 다음은 온도가 같은 물이 50 mL씩 담긴 비커 세 개에 설탕, 소금, 제빵 소다를 각각 한 숟가락씩 더 넣으면서 유리 막대로 잘 저어 용해되는 양을 비교한 결과입니다.

용질	약숟가락으로 넣은 횟수(회)							
	1	2	3	4	5	6	7	8
(가)	○	○	○	○	○	○	○	△
(나)	○	○	○	○	○	○	○	○
(다)	○	△	더 넣지 않는다.					

(○: 다 용해된 경우, △: 다 용해되지 않고 바닥에 남은 경우)

1 위 실험에서 다르게 해 주어야 할 조건을 보기에서 골라 기호를 써 봅시다.

보기
㉠ 물의 양
㉡ 물의 온도
㉢ 용질의 종류
㉣ 용질 한 숟가락의 양

( )

2 (가)~(다) 중 가장 먼저 바닥에 가라앉는 물질의 기호를 써 봅시다.

( )

3 설탕, 소금, 제빵 소다 중 위 표의 (가)~(다)에 해당하는 용질을 각각 써 봅시다.

(가): ( )
(나): ( )
(다): ( )

4 앞의 실험을 통해 알 수 있는 사실로 옳은 것을 두 가지 골라 써 봅시다. (,)

① 설탕은 물에 끝없이 용해된다.
② 제빵 소다는 물에 용해되지 않는다.
③ 소금은 일정한 양 이상을 물에 넣으면 용해되지 않는다.
④ 물의 온도와 양이 같으면 용질이 용해되는 양이 모두 같다.
⑤ 물의 온도와 양이 같아도 용질마다 용해되는 양이 서로 다르다.

5 다음은 온도와 양이 같은 물에 용질 ㉠과 ㉡을 각각 같은 양씩 넣었을 때의 결과를 나타낸 것입니다. 이 실험을 통해 알 수 있는 사실을 옳게 말한 사람의 이름을 써 봅시다.

㉠ ▲ 바닥에 용질의 일부가 남는다.   ㉡ ▲ 용질이 모두 용해된다.

• 재범: ㉠은 물에 녹지 않는 물질이야.
• 준호: 온도와 양이 같은 물에 ㉡이 ㉠보다 더 많이 용해돼.
• 택연: 10분 정도 기다리면 ㉠도 ㉡과 같이 모두 용해될 거야.

( )

❶ 여러 가지 물질을
  물에 넣을 때의
  변화

1 다음은 온도와 양이 같은 물에 설탕, 분필 가루, 구연산, 녹말가루를 각각 한 숟가락 씩 넣고 유리 막대로 저은 뒤 10분 동안 그대로 둔 모습입니다. 용액에 해당하는 것을 모두 골라 기호를 써 봅시다.

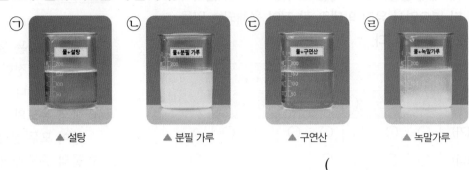

⊙   ⊙   ⊙   ⊙

▲ 설탕   ▲ 분필 가루   ▲ 구연산   ▲ 녹말가루

(   )

2 다음 (   ) 안에 알맞은 말을 차례대로 옳게 짝 지은 것은 어느 것입니까?(   )

> 분말주스를 물에 넣었더니 용질인 분말주스가 물에 (   )되어 뜨거나 가라 앉는 물질이 없는 분말주스 (   )이 되었다.

① 용매, 용질   ② 용매, 용액   ③ 용해, 용질
④ 용해, 용액   ⑤ 용액, 용질

3 다음은 몇 가지 물질을 물과 섞었을 때의 변화에 대한 설명입니다. 밑줄 친 물질이 용액인 것을 두 가지 골라 써 봅시다.   (,   )

① 밀가루를 섞은 물은 뿌옇게 변한다.
② 흙탕물을 그대로 두면 가라앉는 것이 생긴다.
③ 소금물은 오래 두어도 물 위에 뜨는 것이 없다.
④ 식용 색소를 탄 물은 어느 부분에서나 색깔이 일정하다.
⑤ 미숫가루를 탄 물을 거름 장치로 거르면 거름종이에 남는 것이 있다.

❷ 물에 용해된
용질의 변화

4 다음은 각설탕을 물에 넣었을 때 시간에 따른 변화를 순서에 관계없이 나타낸 것입니다. 순서대로 기호를 나열해 봅시다.

(   ) → (   ) → (   )

5 다음은 세 모둠에서 소금이 물에 용해되기 전과 용해된 후의 무게를 측정한 결과입니다. 이에 대해 옳게 설명한 사람의 이름을 모두 써 봅시다.

모둠	용해되기 전의 무게(g)		용해된 후의 무게(g)
	소금이 담긴 페트리 접시	물이 담긴 비커	빈 페트리 접시+ 소금물이 담긴 비커
1	62	80	142
2	(㉠)	105	155
3	75	90	(㉡)

- 민호: ㉠에 들어갈 숫자는 55야.
- 기범: ㉡에 들어갈 숫자는 165야.
- 태연: 이 실험을 통해 소금이 물에 용해되기 전의 무게와 용해된 후의 무게는 같다는 것을 알 수 있어.

(   )

6 물 100 g에 설탕 20 g이 완전히 용해되었을 때 설탕물의 무게가 120 g이었습니다. 이를 통해 알 수 있는 사실로 옳은 것은 어느 것입니까? (   )

① 설탕과 물의 무게는 같다.
② 설탕이 물에 용해되면 없어진다.
③ 설탕이 물에 용해되면 가벼워진다.
④ 설탕이 물에 용해되면 단맛이 없어진다.
⑤ 설탕이 물에 용해되면 물과 골고루 섞여 있다.

7 다음은 온도가 같은 물 50 mL에 설탕, 소금, 제빵 소다를 각각 열 숟가락씩 넣고 유리 막대로 충분히 저었을 때의 결과입니다. 온도와 양이 같은 물에 각 용질이 용해되는 양을 비교하여 ( ) 안에 >, =, <로 나타내 봅시다.

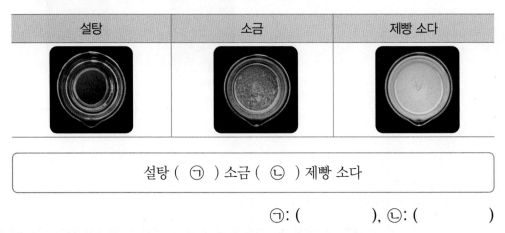

설탕	소금	제빵 소다

설탕 (㉠) 소금 (㉡) 제빵 소다

㉠: (   ), ㉡: (   )

8 다음은 온도와 양이 같은 물에 소금과 분말주스를 같은 양씩 넣고 유리 막대로 저었을 때의 결과입니다. 이에 대해 옳게 해석한 사람을 모두 고른 것은 어느 것입니까?

(   )

구분	소금	분말주스
결과	일부가 바닥에 남는다.	모두 용해된다.

• 은정: 물의 온도와 양에 관계없이 용질이 용해되는 양은 일정해.
• 혜민: 물의 온도와 양이 같을 때 용질마다 용해되는 양이 서로 달라.
• 재범: 물의 온도와 양이 같을 때 소금이 분말주스보다 더 많이 용해돼.

① 혜민   ② 은정, 혜민   ③ 은정, 재범
④ 혜민, 재범   ⑤ 은정, 혜민, 재범

9 온도가 같은 물 50 mL와 100 mL에 소금이 용해되는 양을 비교할 때, 소금이 더 많이 용해되는 물은 몇 mL의 물인지 써 봅시다.

(   )

3
단원

10 설탕을 물에 녹여 설탕물을 만들었습니다. 이 과정을 다음 용어를 모두 사용하여 써 봅시다.

> 용해   용액   용매   용질

_____

_____

11 다음은 각설탕이 물에 용해되기 전과 용해된 후의 무게를 측정한 결과입니다.

▲ 각설탕이 물에 용해되기 전

▲ 각설탕이 물에 용해된 후

(1) 위 실험 결과를 통해 알 수 있는 사실을 써 봅시다.

_____

_____

(2) (1)과 같이 답한 까닭을 써 봅시다.

_____

_____

12 오른쪽은 온도와 양이 같은 물에 같은 양의 설탕과 소금을 각각 넣고 유리 막대로 충분히 저었을 때의 결과입니다. 설탕과 소금 중 물에 더 많이 용해된 물질은 무엇인지 쓰고, 실험 결과를 통해 알 수 있는 사실을 써 봅시다.

▲ 설탕

▲ 소금

(1) 물에 더 많이 용해된 물질: (   )

(2) 알 수 있는 사실: _____

_____

4 물의 온도에 따라 용질이 용해되는 양의 변화

탐구로 시작하기

● 물의 온도에 따라 백반이 용해되는 양 비교하기

탐구 과정

❶ 물의 온도에 따라 백반이 용해되는 양은 어떠할지 예상해 봅시다.

☐ 물의 온도에 따라 백반이 용해 되는 양이 다를 것 같습니다.

☐ 물의 온도가 달라도 백반이 용 해되는 양은 같을 것 같습니다.

> 물의 온도 이외의 모든 조건을 같게 해야 해요.

❷ 물의 온도에 따라 백반이 용해되는 양을 비교하는 실험에서 다르게 해야 할 조건과 같게 해야 할 조건을 정합니다. → 알고 싶은 것 이외의 다른 조건을 모두 같게 합니다.

다르게 해야 할 조건	같게 해야 할 조건
물의 온도	물의 양, 백반의 양 등

❸ 눈금실린더로 따뜻한 물 50 mL와 차가운 물 50 mL를 측정하여 두 비커에 각각 담 습니다.

❹ 백반을 두 숟가락씩 각 비커에 넣고 유리 막대로 저은 뒤 백반이 용해되는 양을 비교 합니다. → 같은 약숟가락을 사용하고, 한 숟가락에 담긴 백반의 양을 같게 합니다.

▲ 따뜻한 물　　▲ 차가운 물　　→　　▲ 따뜻한 물　　▲ 차가운 물

＋개념1 바닥에 남은 백반 을 녹일 수 있는 방법
• 물을 더 넣습니다.
• 물의 온도를 높입니다.

탐구 결과

① 물의 온도에 따라 백반이 용해되는 양 비교

구분	따뜻한 물	차가운 물
백반이 용해되는 양	백반이 모두 용해됩니다.	백반은 일부가 용해되지 않고 바닥에 남습니다. **＋개념1**

→ 　물의 양이 같을 때 백반이 용해되는 양: 따뜻한 물＞차가운 물

② 알 수 있는 것
• 물의 온도에 따라 백반이 용해되는 양이 다릅니다.
• 물의 온도가 높을수록 백반이 많이 용해됩니다.

1. 물의 온도에 따라 용질이 용해되는 양

① 물의 양이 같을 때 물의 온도에 따라 용질이 용해되는 양이 다릅니다.
② 일반적으로 물의 온도가 높을수록 용질이 더 많이 용해됩니다.

2. 물의 온도에 따라 용질이 용해되는 양 비교하기

① 따뜻한 물과 차가운 물에 붕산이 용해되는 양 비교하기

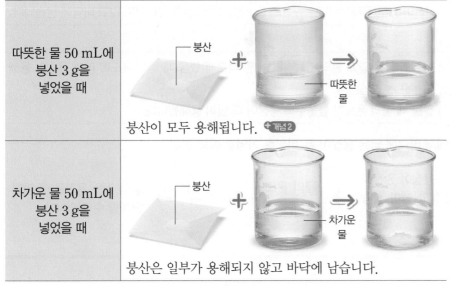

따뜻한 물 50 mL에 붕산 3 g을 넣었을 때	붕산이 모두 용해됩니다. ➕개념2
차가운 물 50 mL에 붕산 3 g을 넣었을 때	붕산은 일부가 용해되지 않고 바닥에 남습니다.

↓

> 물 50 mL에 붕산이 용해되는 양: 따뜻한 물＞차가운 물

> 용해되는 양이 다른 까닭은 물의 온도가 다르기 때문입니다.

② 알 수 있는 것
- 물의 양과 용질의 양은 같고 물의 온도만 다르게 했을 때 물의 온도에 따라 용질이 용해되는 양을 비교할 수 있습니다.
- 물의 양이 같을 때 물의 온도가 높을수록 붕산이 더 많이 용해됩니다.

3. 차가운 물에서 바닥에 남은 용질이 든 비커를 가열할 때의 변화

① 바닥에 남은 용질이 든 비커를 가열하면 용질이 더 많이 용해됩니다.
② 물에 넣은 용질이 완전히 용해되지 않고 남아 있을 때 물의 온도를 높이면 남아 있는 용질을 더 많이 용해할 수 있습니다.

▲ 가열하기 전 → ▲ 가열한 후

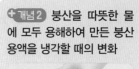

➕개념2 붕산을 따뜻한 물에 모두 용해하여 만든 붕산 용액을 냉각할 때의 변화

붕산 알갱이가 생깁니다. ➡ 물의 온도가 낮아지면 용해되는 붕산의 양이 줄어들기 때문입니다.

핵심 개념 되짚어 보기

일반적으로 물의 온도가 높을수록 고체 용질이 더 많이 용해됩니다.

기본 문제로 익히기

○ 정답과 해설 ● 22쪽

핵심 체크

● **물의 온도에 따라 용질이 용해되는 양**

• 물의 양이 같을 때 물의 온도에 따라 용질이 용해되는 양이 다릅니다.

• 일반적으로 물의 온도가 **❶**☐☐을수록 용질이 더 많이 용해됩니다.

● **물의 온도에 따라 용질이 용해되는 양 비교하기 ⓔ 붕산**

따뜻한 물 50 mL에 붕산 3 g을 넣었을 때	차가운 물 50 mL에 붕산 3 g을 넣었을 때
붕산이 모두 용해됩니다.	붕산은 일부가 용해되지 않고 바닥에 남습니다.

↓

• 물의 양과 용질의 양은 같고 물의 **❷**☐☐만 다르게 했을 때 물의 온도에 따라 용질이 용해되는 양을 비교할 수 있습니다.

• 물의 양이 같을 때 물의 온도가 높을수록 붕산이 더 많이 용해됩니다.

● **차가운 물에서 바닥에 남은 용질이 든 비커를 가열할 때의 변화**

| 물에 넣은 용질이 완전히 용해되지 않고 남아 있습니다. | → | 물의 온도를 **❸**☐☐ 줍니다. | → | 남아 있는 용질을 더 많이 용해할 수 있습니다. |

Step 1

( ) 안에 알맞은 말을 써넣어 설명을 완성하거나 설명이 옳으면 ○, 틀리면 ×에 ○표 해 봅시다.

1 물의 양이 같으면 물의 온도에 관계없이 용질이 용해되는 양은 항상 같습니다.

(○ , ×)

2 물의 온도에 따라 백반이 용해되는 양을 비교하는 실험에서 다르게 해야 하는 조건은 물의 ( )입니다.

3 따뜻한 물과 차가운 물 중 백반을 더 많이 용해할 수 있는 것은 ( ) 물입니다.

4 붕산 가루가 물에 모두 용해되지 않고 비커 바닥에 가라앉았을 때 물의 온도를 높이면 남아 있는 붕산 가루를 더 많이 용해할 수 있습니다. (○ , ×)

[1~4] 다음은 물의 온도에 따라 백반이 용해되는 양을 비교하는 실험입니다.

> (가) 따뜻한 물과 차가운 물을 각각 준비한다.
> (나) ( )(으)로 따뜻한 물과 차가운 물을 50 mL씩 측정해 두 비커에 각각 담는다.
> (다) 백반을 두 숟가락씩 각 비커에 넣고 유리 막대로 저은 뒤 각 비커에 넣은 백반이 용해되는 양을 비교한다.

1 위 실험 과정 (나)에서 ( ) 안에 알맞은 준비물은 어느 것입니까? ( )

① 시험관　　　　② 약숟가락
③ 가열 장치　　　④ 눈금실린더
⑤ 페트리 접시

2 위 실험에서 다르게 한 조건을 보기 에서 골라 기호를 써 봅시다.

> 보기 ⊙ 물의 양　　　ⓒ 물의 온도
> ⓒ 백반의 양

( )

3 위 실험의 온도가 다른 물에서 나타나는 결과를 서로 관계있는 것끼리 선으로 옳게 연결해 봅시다.

(1) 따뜻한 물 ・

(2) 차가운 물 ・

・⊙

・ⓒ

4 앞의 **3**번 실험 결과를 통해 알 수 있는 사실로 옳은 것은 어느 것입니까? ( )

① 물의 양이 많으면 백반이 더 많이 용해된다.
② 물의 양이 적으면 백반이 더 적게 용해된다.
③ 물의 온도가 높으면 백반이 더 많이 용해된다.
④ 물의 온도가 낮으면 백반이 더 많이 용해된다.
⑤ 물의 온도와 관계없이 백반이 용해되는 양은 항상 같다.

5 물의 온도에 따라 용질이 용해되는 양에 대한 설명으로 옳은 것을 보기 에서 골라 기호를 써 봅시다.

> 보기 ⊙ 붕산은 따뜻한 물보다 차가운 물에 더 많이 용해된다.
> ⓒ 일반적으로 물의 온도가 높을수록 용질이 더 많이 용해된다.
> ⓒ 용질의 종류가 같으면 물의 온도와 관계없이 항상 같은 양이 용해된다.

( )

6 오른쪽은 붕산을 물에 넣고 충분히 저은 후의 모습입니다. 물의 양을 변화시키지 않고 바닥에 남아 있는 붕산을 모두 용해하는 방법으로 옳은 것은 어느 것입니까? ( )

붕산

① 붕산을 더 넣는다.
② 붕산 용액을 더 빠르게 젓는다.
③ 붕산 용액이 든 비커를 가열한다.
④ 붕산 용액을 더 큰 비커로 옮겨 담는다.
⑤ 붕산 용액이 든 비커를 냉장고에 넣어 둔다.

5 용액의 진하기를 비교하는 방법

탐구로 시작하기

❶ 진하기가 다른 두 황설탕 용액의 진하기 비교하기

탐구 과정

❶ 눈금실린더로 물을 80 mL씩 측정하여 두 비커에 각각 담습니다.

❷ 한 비커에는 황색 각설탕 한 개를, 다른 비커에는 황색 각설탕 열 개를 넣고 유리 막대로 저어 용해합니다.

❸ 용액이 든 비커 뒤에 흰 종이를 대고 용액의 색깔을 비교합니다.

❹ 용액의 진하기를 비교할 수 있는 다른 방법을 생각해 봅니다.

황색 각설탕

물

탐구 결과

① 색깔을 확인하여 용액의 진하기를 비교합니다.

흰 종이

묽은 용액　진한 용액

→ • 각설탕을 열 개 녹인 용액의 색깔이 더 진합니다.
• 용액이 진할수록 색깔이 진합니다.

② **용액의 진하기를 비교할 수 있는 다른 방법**
• 맛 비교: 용액이 진할수록 단맛이 강합니다. ── ・종류를 알 수 없는 용액은 함부로 맛을 보면 안됩니다.
• 무게 비교: 용액이 진할수록 무게가 무겁습니다.
• 설탕물의 높이 비교: 용액이 진할수록 높이가 높습니다.

❷ 물체가 뜨는 정도로 두 용액의 진하기 비교하기

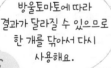
방울토마토에 따라 결과가 달라질 수 있으므로 한 개를 닦아서 다시 사용해요.

탐구 과정

❶ 200 mL의 물이 담긴 비커 두 개에 각설탕을 용해하는 개수를 다르게 하여 진하기가 다른 두 용액을 만듭니다.

❷ 각설탕 한 개를 용해한 비커에 방울토마토를 넣고 용액에서 뜨는 정도를 관찰합니다.

❸ 나무젓가락으로 방울토마토를 꺼내 화장지로 잘 닦아 냅니다.

❹ 각설탕 열 개를 용해한 비커에 방울토마토를 넣고 용액에서 뜨는 정도를 관찰합니다.

탐구 결과

각설탕 한 개 / 각설탕 열 개

• 각설탕 한 개를 용해한 용액보다 각설탕 열 개를 용해한 용액에서 방울토마토가 더 높이 떠오릅니다.
• 용액이 진할수록 방울토마토가 높이 떠오릅니다. ^{+개념1}

개념 이해하기

1. 용액의 진하기

① 용액의 진하기: 같은 양의 용매에 용해된 용질의 양이 많고 적은 정도
② 같은 양의 용매에 녹아 있는 용질의 양이 많을수록 진한 용액이고, 녹아 있는 용질의 양이 적을수록 묽은 용액입니다. ^{+개념2}

2. 용액의 진하기를 비교하는 방법

색깔 비교	색깔이 있는 용액은 색깔이 진할수록 더 진한 용액입니다.
맛, 냄새 비교	맛을 볼 수 있거나 냄새를 맡을 수 있는 용액은 맛이나 냄새가 강할수록 더 진한 용액입니다.
물체가 뜨는 정도 비교 → 방울토마토나 메추리알처럼 가볍거나 무겁지 않고 적당한 무게를 가진 물체여야 합니다.	용액에 물체를 넣었을 때 물체가 높이 떠오를수록 더 진한 용액입니다. ^{+개념3} 예 소금물의 진하기를 >, =, <로 비교하기 → 소금물이 진할수록 메추리알이 높이 뜹니다.

3. 용액의 진하기를 비교할 수 있는 도구 만들기

① 고려해야 할 점: 일정한 눈금 간격, 적당한 무게, 균형 등
② 빨대와 고무찰흙을 이용하여 도구 만들기

❶ 적당한 모양으로 빨대를 자릅니다.
❷ 용액의 진하기를 쉽게 비교하기 위해 빨대에 일정한 간격으로 눈금을 표시합니다.
❸ 빨대 끝에 고무찰흙을 붙여 용액이 진할수록 높이 떠오르게 무게를 맞춥니다.
❹ 고무찰흙의 위치를 바꾸며 균형을 잡아 도구를 완성합니다.

빨대 / 고무찰흙

▲ 완성된 도구

+개념1 설탕물에 들어 있는 방울토마토를 뜨거나 가라앉게 하는 방법
• 바닥에 가라앉은 방울토마토를 뜨게 하는 방법: 설탕을 더 넣어 용액을 진하게 만듭니다.
• 위쪽에 떠 있는 방울토마토를 가라앉게 하는 방법: 물을 더 넣어 설탕물을 묽게 만듭니다.

+개념2 우리나라의 바닷물에서와 달리 사해에서는 사람이 가만히 있어도 물에 뜨는 까닭
사해의 물은 우리나라의 바닷물에 비해 소금이 많이 포함되어 있어 사해의 물이 더 진하기 때문입니다.

+개념3 일상생활에서 물체가 뜨는 정도로 용액의 진하기를 확인하는 예
❶장을 담글 때 적당한 소금물의 진하기를 맞추기 위해 달걀을 넣어 떠오르는 정도를 확인합니다.

용어 돋보기
❶ 장(醬 장)
간장, 된장, 고추장 등을 통틀어 이르는 말입니다.

핵심 개념 되짚어 보기

진한 용액은 나야.

각설탕이 더 많이 용해되어 있는 진한 용액일수록 방울토마토가 더 높이 떠오릅니다.

기본 문제로 익히기

○ 정답과 해설 ● 23쪽

핵심 체크

● 용액의 진하기

• 같은 양의 용매에 용해된 **❶**[ ][ ]의 양이 많고 적은 정도입니다.

• 같은 양의 용매에 녹아 있는 용질의 양이 **❷**[ ]을수록 진한 용액입니다.

● 용액의 진하기 비교하기

용액	(가) 물 100 mL가 든 비커에 황색 각설탕 한 개를 용해한 용액 (나) 물 100 mL가 든 비커에 황색 각설탕 열 개를 용해한 용액

↓

색깔 비교	(가)와 (나) 중 **❸**[ ]의 색깔이 더 진합니다. ➡ 색깔이 진할수록 진한 용액입니다.
맛 비교	(가)와 (나) 중 **❹**[ ]의 단맛이 더 강합니다. ➡ 맛이 강할수록 진한 용액입니다.
방울토마토가 뜨는 정도 비교	**❺**[ ]에서보다 **❻**[ ]에서 방울토마토가 높이 떠오릅니다. ➡ 물체가 높이 떠오를수록 진한 용액입니다.

Step 1 ( ) 안에 알맞은 말을 써넣어 설명을 완성하거나 설명이 옳으면 ○, 틀리면 ×에 ○표 해 봅시다.

1 같은 양의 용매에 용해된 용질의 많고 적은 정도를 용액의 ( )(이)라고 합니다.

2 같은 양의 용매에 용해된 황색 각설탕의 양이 많을수록 ( ) 용액입니다.

3 황설탕 용액은 색깔과 맛으로 용액의 진하기를 비교할 수 있습니다. (○ , ×)

4 색깔이 없고 투명한 용액은 진하기를 비교할 수 없습니다. (○ , ×)

[1~2] 다음과 같이 80 mL의 물이 담긴 비커 두 개를 준비하여 한 비커에는 황색 각설탕 한 개를, 다른 비커에는 황색 각설탕 열 개를 용해하여 진하기가 다른 두 용액을 만들었습니다.

1 위 ㉠과 ㉡ 중 더 진한 용액을 골라 기호를 써 봅시다.

(   )

2 위 1번과 같이 답한 까닭을 옳게 설명한 사람의 이름을 써 봅시다.

> • 영남: ㉠의 맛이 더 달기 때문이야.
> • 지원: ㉡의 색깔이 더 진하기 때문이지.
> • 희주: 무게를 측정했더니 ㉠이 더 무거웠기 때문이야.

(   )

3 다음은 200 mL의 물이 담긴 비커 두 개를 준비하여 한 비커에는 각설탕 한 개를, 다른 비커에는 각설탕 열 개를 용해하여 만든 진하기가 다른 두 용액에 방울토마토를 넣었을 때의 모습입니다. 각설탕 열 개를 용해한 용액을 골라 기호를 써 봅시다.

(   )

4 용액의 진하기에 대한 설명으로 옳은 것은 어느 것입니까? (   )

① 용액의 진하기는 같은 양의 용질에 용해된 용매의 양이 많고 적은 정도이다.
② 황색 설탕물이 진할수록 색깔이 연해진다.
③ 용액이 진할수록 방울토마토를 넣으면 높이 뜬다.
④ 설탕물의 맛은 용액의 진하기와 관계없이 항상 같다.
⑤ 용액을 만들 때 같은 양의 물을 사용하면 항상 진하기가 같다.

5 다음은 같은 양의 물에 종류를 알 수 없는 용질을 각각 양을 다르게 넣어 만든 투명한 용액입니다. 이 두 용액의 진하기를 비교할 수 있는 방법으로 옳은 것은 어느 것입니까? (   )

① 맛을 비교한다.
② 색깔을 비교한다.
③ 냄새를 비교한다.
④ 소리를 비교한다.
⑤ 메추리알을 넣어 뜨는 정도를 비교한다.

6 다음 (   ) 안에 알맞은 말을 써 봅시다.

> 오른쪽과 같이 용액의 진하기를 비교할 수 있는 도구를 만들 때는 일정한 (   ) 간격, 적당한 무게, 균형 등을 고려해야 한다.
>
>
> ▲ 완성된 도구
> — 빨대
> — 고무찰흙

(   )

④ 물의 온도에 따라
용질이 용해되는
양의 변화

[1~2] 오른쪽과 같이 비커 두 개에 따뜻한 물과 차가운 물을 각각 50 mL씩 담고, 백반을 두 숟가락씩 넣은 뒤 저으면서 백반이 용해되는 양을 알아보려고 합니다.

1 다음은 위 실험의 결과를 나타낸 표입니다. ㉠과 ㉡ 중 온도가 더 높은 물이 담긴 비커를 골라 기호를 써 봅시다.

구분	㉠	㉡
실험 결과	백반이 모두 용해되었다.	용해되지 않은 백반이 바닥에 남아 있다.

(   )

2 위 1번의 실험 결과를 참고하여 물의 온도와 용질이 용해되는 양 사이의 관계를 옳게 설명한 사람의 이름을 써 봅시다.

> • 승현: 물의 온도에 따라 용질이 물에 용해되는 양이 달라져.
> • 주성: 물의 온도에 관계없이 용질이 물에 용해되는 양은 일정해.
> • 이한: 용질이 다 용해되지 않고 남아 있을 때 물의 온도를 낮추면 용질을 더 많이 용해할 수 있어.

(   )

3 양이 모두 같고 온도가 다른 다음의 물 중 백반을 가장 많이 용해할 수 있는 것은 어느 것입니까? (단, 물의 온도 이외의 조건은 모두 같게 합니다.) (   )

① 5 ℃ 물   ② 15 ℃ 물   ③ 35 ℃ 물
④ 50 ℃ 물   ⑤ 65 ℃ 물

4 가루 물질이 물에 용해되는 양에 영향을 주는 요인으로 옳은 것을 <u>두 가지</u> 골라 써
봅시다.   (,   )

① 물의 양   ② 물의 온도   ③ 비커의 크기
④ 가루 물질의 색깔   ⑤ 유리 막대의 길이

❺ 용액의 진하기를
비교하는 방법

5 온도와 양이 같은 물에 황색 각설탕의 개수를 각각 다르게 넣어 용해하여 만든 두 황
설탕 용액의 진하기를 비교하려고 합니다. 용액의 진하기가 더 진한 황설탕 용액에
대한 설명으로 옳지 <u>않은</u> 것은 어느 것입니까?   (   )

① 용액의 높이가 더 높다.
② 맛을 보았을 때 더 달다.
③ 용액의 무게가 더 무겁다.
④ 방울토마토를 넣었을 때 방울토마토가 높이 떠오른다.
⑤ 비커 뒤에 흰 종이를 대어 보았을 때 색깔이 더 연하다.

6 다음과 같이 온도와 양이 같은 물에 황색 각설탕의 개수를 각각 다르게 넣어 용해하
였습니다. 세 용액에 대한 설명으로 옳은 것은 어느 것입니까?   (   )

ㄱ   ㄴ   ㄷ

① ㄱ 용액의 맛이 가장 달다.
② ㄴ 용액의 높이가 가장 높다.
③ ㄴ 용액의 무게가 가장 무겁다.
④ ㄷ 용액의 색깔이 가장 진하다.
⑤ ㄱ~ㄷ 용액의 진하기는 모두 같다.

[7~8] 다음은 진하기가 다른 설탕물이 담긴 세 개의 비커에 같은 메추리알을 넣었을 때의 모습입니다.

ⓒ ⓛ ⓒ

7 위 ⊙~ⓒ 중 단맛이 가장 강한 설탕물을 골라 기호를 써 봅시다.

(   )

8 위 실험에 대한 설명으로 옳은 것을 **두 가지** 골라 써 봅시다.   (,   )

① 메추리알 대신 스타이로폼을 사용해도 결과는 같다.

② 설탕물의 진하기를 비교하면 ⊙ > ⓒ > ⓛ 순으로 진하다.

③ ⓛ에 물을 더 넣으면 메추리알을 위로 떠오르게 만들 수 있다.

④ ⊙에 설탕을 더 넣으면 메추리알을 바닥에 가라앉게 만들 수 있다.

⑤ 위 실험의 원리는 장을 담글 때 소금물의 진하기를 맞추는 과정에 이용할 수 있다.

9 오른쪽은 빨대와 고무찰흙을 이용하여 용액의 진하기를 비교할 수 있는 도구를 만든 것입니다. 이 도구를 보기 의 용액에 넣었을 때 도구가 떠 있는 높이가 가장 높은 것과 가장 낮은 것의 기호를 써 봅시다.

빨대

고무찰흙

 ⊙ 물 200 mL에 소금 5 g을 용해한 용액

ⓛ 물 200 mL에 소금 15 g을 용해한 용액

ⓒ 물 200 mL에 소금 25 g을 용해한 용액

ⓔ 물 200 mL에 소금 45 g을 용해한 용액

(1) 도구가 떠 있는 높이가 가장 높은 것: (   )

(2) 도구가 떠 있는 높이가 가장 낮은 것: (   )

10 같은 양의 따뜻한 물과 차가운 물에 붕산을 각각 넣어 용해되는 양을 비교했습니다. 따뜻한 물과 차가운 물 중 붕산이 더 많이 용해되는 것을 쓰고, 그 까닭을 용해에 영향을 주는 요인과 관련지어 써 봅시다.

(1) 붕산이 더 많이 용해되는 것: (   )

(2) 까닭:

_____

_____

11 우리나라의 바다에서와 달리 오른쪽과 같이 사해에서는 사람이 수영을 하지 않고 가만히 있어도 물에 뜹니다. 그 까닭을 용액의 진하기와 관련지어 써 봅시다.

_____

_____

12 오른쪽은 온도와 양이 같은 물에 각각 각설탕 한 개와 열 개를 넣어 용해한 뒤에 같은 방울토마토를 넣었을 때의 모습입니다.

(1) ㉠과 ㉡ 중 용액의 진하기가 더 진한 용액을 골라 기호를 써 봅시다.

(   )

(2) ㉡과 같이 바닥에 가라앉아 있는 방울토마토를 ㉠과 같이 높이 띄우는 방법을 <u>한 가지</u> 써 봅시다.

_____

_____

❶ 용해와 용액

• 용해, 용액, 용질, 용매

❶ □	어떤 물질이 다른 물질에 녹아 골고루 섞이는 현상 예 설탕이 물에 녹는 현상
❷ □	녹는 물질과 녹이는 물질이 골고루 섞여 있는 물질 예 설탕물
용질	녹는 물질 예 설탕
용매	다른 물질을 녹이는 물질 예 물

• 각설탕이 물에 용해되기 전과 후의 무게 비교

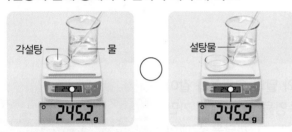

각설탕 ─ 물 | 설탕물
245.2 g | 245.2 g

• 각설탕이 물에 용해되기 전과 용해된 후에 무게가 같은 **까닭**: 물에 완전히 용해된 각설탕은 없어진 것이 아니라 크기가 매우 작게 변하여 물과 골고루 섞여 있기 때문입니다.

❷ 용질마다 물에 용해되는 양 비교

• 여러 가지 용질이 물에 용해되는 양: 온도와 양이 같은 물에 용해되는 여러 가지 용질의 양은 용질의 **❸** □ 에 따라 다릅니다.

• 여러 가지 용질이 물에 용해되는 양 비교하기

구분	온도와 양이 같은 물에 용해되는 양		
	설탕	소금	제빵 소다
한 숟가락 넣었을 때	모두 용해	모두 용해	모두 용해
두 숟가락 넣었을 때	모두 용해	모두 용해	일부 남는다.
여덟 숟가락 넣었을 때	모두 용해	일부 남는다.	

❸ 물의 온도에 따라 용질이 용해되는 양의 변화

• 물의 온도에 따라 용질이 용해되는 양: 물의 양이 같을 때 같은 종류의 용질이라도 물의 **❹** □ 에 따라 용해되는 양이 다릅니다.

• 물의 온도와 용질이 용해되는 양 사이의 관계: 일반적으로 물의 온도가 **❺** □ 수록 용질이 많이 용해됩니다.

예 물의 온도에 따라 백반이 용해되는 양

따뜻한 물	차가운 물
모두 용해된다.	일부 남는다.

• **차가운 물에 용해되지 않고 남아 있는 용질을 더 많이 용해하는 방법**: 물을 가열하여 온도를 높입니다.

❹ 용액의 진하기를 비교하는 방법

• 용액의 **❻** □ : 같은 양의 용매에 용해된 용질의 양이 많고 적은 정도 ➔ 용매의 양이 같을 때 용해된 용질의 양이 많을수록 진한 용액입니다.

• 용액의 진하기를 비교하는 방법

색깔	색깔이 있는 용액은 색깔이 진할수록 **❼** □ 용액입니다.
맛, 냄새	맛을 보거나 냄새를 맡을 수 있는 용액은 맛이나 냄새가 강할수록 진한 용액입니다.
물체가 뜨는 정도	용액에 물체를 넣었을 때 물체가 높이 뜰수록 **❽** □ 용액입니다.

묽은 용액 진한 용액 ─ 흰 종이

▲ 황설탕 용액의 색깔 비교

묽은 용액 | 진한 용액

▲ 물체가 뜨는 정도 비교하기

1 다음 보기의 가루 물질을 온도와 양이 같은 물에 두 숟가락씩 넣고 유리 막대로 저은 뒤 10분 동안 그대로 두었을 때 물질이 바닥에 가라앉는 것을 모두 골라 기호를 써 봅시다.

보기
㉠ 소금   ㉡ 설탕
㉢ 밀가루   ㉣ 탄산 칼슘

(   )

2 용해의 예가 <u>아닌</u> 것은 어느 것입니까?

(   )

① 물에 식용 색소를 녹였다.
② 냉장고에서 꺼내 놓은 얼음이 녹았다.
③ 짠맛을 내기 위해 물에 소금을 녹였다.
④ 분말주스를 물에 녹여 주스를 만들었다.
⑤ 각설탕을 물에 넣었더니 크기가 점점 작아졌다.

3 다음은 설탕을 물에 녹여 설탕물을 만드는 과정을 나타낸 것입니다. 용액, 용질, 용매에 해당하는 물질을 각각 골라 써 봅시다.

▲ 설탕   ▲ 물   ▲ 설탕물

(1) 용액: (   )
(2) 용질: (   )
(3) 용매: (   )

4 용액인 것을 <u>두 가지</u> 골라 써 봅시다.

(,   )

① 바닷물   ② 흙탕물
③ 손 세정제   ④ 미숫가루를 탄 물
⑤ 과일을 생으로 갈아 만든 주스

5 오른쪽과 같이 각설탕을 물에 넣었을 때의 변화로 옳은 것을 <u>두 가지</u> 골라 써 봅시다.

(,   )

각설탕

물

① 각설탕이 부풀어 크기가 커진다.
② 각설탕을 물에 넣자마자 사라진다.
③ 각설탕이 작은 설탕 가루로 부스러진다.
④ 작은 설탕 가루가 녹아 보이지 않게 된다.
⑤ 각설탕이 두 조각으로 나뉘어 물 위에 뜬다.

[6~7] 다음은 세 모둠에서 설탕이 물에 용해되기 전과 용해된 후의 무게를 측정한 결과입니다.

용해되기 전의 무게(g)		용해된 후의 무게(g)
설탕이 담긴 페트리 접시	물이 담긴 비커	설탕물이 담긴 비커＋빈 페트리 접시
10	105	115
12	(㉠)	110
(㉡)	100	125

6 위 (   ) 안에 알맞은 숫자를 각각 써 봅시다.

㉠: (   )
㉡: (   )

서술형
7 위 6번의 답과 같은 결과가 나타난 까닭을 써 봅시다.

_____

_____

[8~10] 다음은 온도가 같은 물 50 mL가 담긴 세 개의 비커에 설탕, 소금, 제빵 소다를 각각 한 숟가락씩 더 넣으면서 유리 막대로 저었을 때의 결과입니다.

용질	약숟가락으로 넣은 횟수		
	한 숟가락	두 숟가락	여덟 숟가락
설탕	다 녹는다.	다 녹는다.	다 녹는다.
소금	다 녹는다.	다 녹는다.	바닥에 남는다.
제빵 소다	다 녹는다.	바닥에 남는다.	더 넣지 않는다.

8 위 결과를 보고 세 가지 용질이 용해되는 양을 옳게 비교한 것은 어느 것입니까? ( )

① 소금＞설탕＞제빵 소다
② 소금＞제빵 소다＞설탕
③ 제빵 소다＞소금＞설탕
④ 설탕＞소금＞제빵 소다
⑤ 설탕＞제빵 소다＞소금

9 위 결과로 보아 다음 ( ) 안에 알맞은 말을 옳게 짝 지은 것은 어느 것입니까? ( )

물의 온도와 양이 같아도 (㉠)마다 물에 (㉡)되는 양이 서로 다르다.

	㉠	㉡		㉠	㉡
①	용질	용해	②	용질	용매
③	용매	용해	④	용매	용질
⑤	용해	용매			

10 위 실험에서 세 가지 용질을 같은 온도의 물 100 mL에 각각 넣으면 물 50 mL일 때보다 용해되는 양이 어떻게 변하는지 옳게 설명한 것을 보기 에서 골라 기호를 써 봅시다.

보기
㉠ 용해되는 양이 줄어든다.
㉡ 용해되는 양이 늘어난다.
㉢ 용해되는 양이 변하지 않는다.

( )

11 온도와 양이 일정한 물에 소금을 계속 넣고 유리 막대로 저을 때의 변화로 옳은 것은 어느 것입니까? ( )

① 소금이 계속 용해된다.
② 소금물의 양이 줄어든다.
③ 소금이 물로 바뀌어 보이지 않는다.
④ 소금이 어느 정도 용해되면 바닥에 가라앉는다.
⑤ 소금이 처음에는 용해되지 않다가 서서히 용해된다.

[12~14] 다음과 같이 따뜻한 물과 차가운 물이 50 mL씩 담긴 비커에 각각 백반을 두 숟가락씩 넣고 유리 막대로 저었습니다.

㉠  따뜻한 물

㉡  차가운 물

12 위 실험에서 백반이 모두 용해되는 것을 골라 기호를 써 봅시다.

( )

13 위 실험을 통해 알 수 있는 백반이 용해되는 양에 영향을 주는 요인은 어느 것입니까?

( )

① 물의 양 ② 물의 온도
③ 백반의 양 ④ 비커의 크기
⑤ 유리 막대로 젓는 빠르기

중요 서술형
14 위 실험을 통해 알 수 있는 물의 온도와 백반이 용해되는 양의 관계는 어떠한지 써 봅시다.

_____

_____

15 오른쪽과 같이 따뜻한 물에 백반을 모두 용해하여 만든 백반 용액이 든 비커를 얼음물에 넣었을 때의 변화로 옳은 것은 어느 것입니까? (   )

백반 용액
얼음물

① 변화가 없다.
② 백반 용액의 양이 늘어난다.
③ 백반 용액의 색깔이 진해진다.
④ 백반 용액이 얼어 얼음 알갱이가 생긴다.
⑤ 백반 알갱이가 다시 생겨 바닥에 가라앉는다.

[16~17] 다음과 같이 온도와 양이 같은 물에 황색 각설탕의 개수를 다르게 넣어 용해하였습니다.

㉠

▲ 황색 각설탕 한 개

㉡

▲ 황색 각설탕 세 개

㉢

▲ 황색 각설탕 다섯 개

㉣

▲ 황색 각설탕 열 개

16 위 ㉠~㉣ 중 색깔이 가장 진한 황설탕 용액을 골라 기호를 써 봅시다.

(   )

서술형

17 색깔 외에 위 ㉠~㉣의 황설탕 용액의 진하기를 비교할 수 있는 방법을 <u>한 가지</u> 써 봅시다.

_____

_____

18 다음은 같은 양의 물에 각설탕의 개수를 다르게 넣고 용해하여 만든 두 설탕물에 같은 방울토마토를 넣은 모습입니다. 두 용액의 진하기를 비교한 것으로 옳은 것은 어느 것입니까?

(   )

㉠   ㉡

① ㉠ 용액이 ㉡ 용액보다 무겁다.
② ㉠ 용액이 ㉡ 용액보다 더 달다.
③ ㉠ 용액이 ㉡ 용액보다 연한 용액이다.
④ ㉡ 용액이 ㉠ 용액보다 색깔이 진하다.
⑤ ㉡이 ㉠보다 비커에 담긴 용액의 높이가 낮다.

19 용액의 진하기를 비교하는 도구를 만들 때 고려해야 할 점이 <u>아닌</u> 것을 보기 에서 골라 기호를 써 봅시다.

보기
㉠ 물에 가라앉을 수 있도록 크고 무거운 물체가 좋다.
㉡ 용액 안에서 기울어지지 않도록 균형을 잡아야 한다.
㉢ 뜨는 정도를 쉽게 비교할 수 있게 일정한 간격으로 눈금을 표시한다.

(   )

20 장을 담글 때 소금물에 달걀을 띄워 떠오르는 정도를 확인하는 까닭은 무엇입니까? (   )

① 소금물의 양을 맞추기 위해서이다.
② 소금물의 무게를 맞추기 위해서이다.
③ 소금물의 온도를 맞추기 위해서이다.
④ 소금물의 높이를 맞추기 위해서이다.
⑤ 소금물의 진하기를 맞추기 위해서이다.

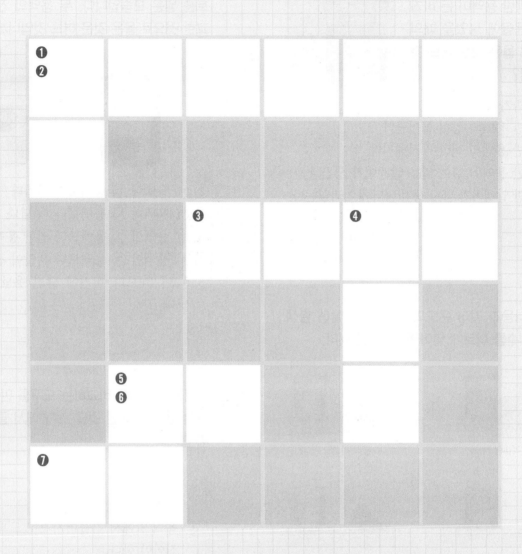

◉ 정답과 해설 ● 25쪽

가로 퀴즈

❶ 같은 양의 용매에 용해된 용질의 양이 많고 적은 정도

❸ 온도와 양이 같은 물에 소금, 설탕, 제빵 소다를 각각 넣었을 때 가장 적게 용해되는 물질

❺ 녹는 물질과 녹이는 물질이 골고루 섞여 있는 물질

❼ 우리나라의 바닷물보다 ○○에는 소금이 더 많이 포함되어 있어 사람이 물에 잘 뜹니다.

세로 퀴즈

❷ 녹는 물질

❹ 소금물과 흙탕물 중 용액인 것은 ○○○입니다.

❻ 어떤 물질이 다른 물질에 녹아 골고루 섞이는 현상

4

다양한 생물과
우리 생활

동물이나 식물 이외에
어떤 생물이 있을까요?

다양한 생물은 우리 생활에
어떤 영향을 미칠까요?

1 버섯과 곰팡이의 특징

실험 동영상

➕ 또 다른 방법!
버섯을 손으로 찢거나 만져 촉감을 관찰할 수도 있습니다.
➡ 부드럽고 손으로 쉽게 찢어지며, 약간 축축합니다.

➕ 개념1 곰팡이를 관찰할 때 유의점
• 냄새를 맡거나 맨손으로 만지지 않습니다.
• 마스크와 실험용 장갑을 착용합니다.
• 관찰한 후에는 손을 깨끗이 씻어야 합니다.

➕ 개념2 버섯과 곰팡이의 공통점
• 생김새와 생활 방식이 식물이나 동물과 다릅니다.
• 몸이 균사로 이루어져 있습니다.
• 모두 포자를 이용하여 번식합니다.

용어 돋보기
❶ 균사
균류의 몸을 이루는 실 모양의 세포
❷ 포자
균류 등이 번식하기 위해 형성하는 생식 세포

탐구로 시작하기

⭕ 버섯과 곰팡이 관찰하기

탐구 과정
❶ 버섯과 곰팡이를 맨눈과 돋보기로 관찰해 봅시다. ➕개념1
❷ 버섯을 가로 또는 세로로 자른 다음, 실체 현미경으로 버섯을 관찰해 봅시다.
❸ 곰팡이를 실체 현미경으로 관찰해 봅시다.

탐구 결과

① 버섯을 관찰한 결과

맨눈과 돋보기	실체 현미경

▲ 표고버섯　　▲ 돋보기로 본 표고버섯	▲ 현미경으로 확대한 표고버섯(40배)
맨눈 윗부분은 둥글고 납작하여 우산처럼 생겼고, 아랫부분은 길쭉하여 막대나 기둥처럼 생겼습니다. 윗부분은 갈색이고, 아랫부분은 하얀색입니다. **돋보기** 윗부분의 안쪽에 주름이 많습니다.	• 윗부분의 안쪽에 주름이 많고 깊게 파여 있습니다. • 윗부분 겉면은 가죽처럼 주름이 있습니다. • 가로로 잘랐을 때와 세로로 잘랐을 때의 모습이 다릅니다.

② 곰팡이를 관찰한 결과

맨눈과 돋보기	실체 현미경
	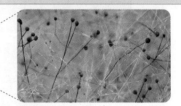
▲ 빵에 자란 곰팡이　　▲ 돋보기로 본 곰팡이	▲ 현미경으로 확대한 곰팡이(40배)
맨눈 푸른색, 검은색, 하얀색 등의 곰팡이가 보이지만, 정확한 모습은 관찰하기 어렵습니다. **돋보기** 가는 털이 위로 솟아 있고, 털의 끝부분에 검은 점이 보입니다.	• 가는 실 같은 것이 서로 엉켜 있습니다. • 가는 실 모양의 끝에는 작고 둥근 알갱이가 있습니다.

③ 버섯과 곰팡이의 구조 ➕개념2

버섯	곰팡이
갓의 아래쪽에 주름이 많고, 몸 전체가 ❶균사로 이루어져 있습니다. ─갓 ─대 주름─ ─포자 균사─	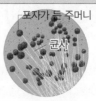 포자가 든 주머니 균사 ┃ 가늘고 긴 균사로 이루어져 있고, 그 끝에 ❷포자가 든 주머니가 달려 있습니다.

개념 이해하기

1. 실체 현미경 → 실체 현미경은 관찰 대상의 표면을 입체적으로 관찰할 수 있습니다.

① **현미경**: 맨눈이나 돋보기로 볼 수 없는 모습을 확대하여 관찰할 수 있는 도구
② **실체 현미경의 구조**

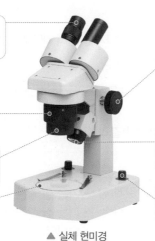

접안렌즈 눈으로 들여다보는 렌즈이며, 물체의 ❸상을 확대합니다.

초점 조절 나사 상의 초점을 정확히 맞출 때 사용합니다.

회전판 대물렌즈의 ❹배율을 조절합니다.

대물렌즈 물체와 마주 보는 렌즈이며, 물체의 상을 확대합니다.

조명 관찰 대상에 빛을 비춥니다.

조명 조절 나사 조명을 켜고 끄며 밝기를 조절합니다.

재물대 관찰 대상을 올려놓는 곳입니다.

▲ 실체 현미경

③ **실체 현미경 사용법** ➕개념3

❶ 회전판을 돌려 대물렌즈의 배율을 가장 낮게 합니다.
❷ 관찰 대상을 재물대에 올려놓은 다음, 전원을 켜고 조명 조절 나사로 빛의 양을 조절합니다.
❸ 옆에서 보면서 초점 조절 나사를 돌려 대물렌즈를 관찰 대상에 최대한 가깝게 내립니다.
❹ 접안렌즈로 보면서 초점 조절 나사로 대물렌즈를 천천히 올려 초점을 맞춥니다.
  └→ 더 자세히 보려면 대물렌즈의 배율을 높이고, 초점 조절 나사로 초점을 맞추어 관찰합니다.

2. 균류

① **균류**: 버섯, 곰팡이와 같은 생물 → 빵을 만들 때 쓰는 효모도 균류입니다.
② **구조**: 몸 전체가 가는 실 모양의 균사로 이루어져 있습니다.
③ **번식 방법**: 포자로 번식합니다. → 포자는 매우 작아 쉽게 날아다닙니다.
④ **양분을 얻는 방법**: 스스로 양분을 만들지 못하고 대부분 죽은 생물이나 다른 생물에서 양분을 얻고, 음식에서 양분을 얻기도 합니다.
⑤ **사는 환경**: 따뜻하고 축축한 환경에서 잘 자랍니다. ➕개념4

▲ 죽은 나무에서 자란 버섯   ▲ 죽은 곤충에서 자란 버섯   ▲ 과일에서 자란 곰팡이   ▲ 벽면에서 자란 곰팡이

➕개념3 **현미경 사용 시 유의점**
• 대물렌즈가 관찰 대상에 닿지 않게 합니다.
• 현미경 렌즈를 손으로 만지지 않습니다.

➕개념4 **우리 주변에서 곰팡이가 잘 자라지 못하게 하는 방법**
• 햇빛이 잘 들어오게 합니다.
• 창문을 열어 바람이 잘 통하게 합니다.
• 축축하고 그늘진 곳에는 습기 제거제를 둡니다.

용어 돋보기
❸ **상**
렌즈나 거울을 통해 표면에 맺힌 물체의 모습
❹ **배율**
현미경으로 물체의 모습을 확대하는 정도

핵심 개념 되짚어 보기

우리는 균류야.

버섯과 곰팡이 같은 균류는 몸이 균사로 이루어져 있고 포자로 번식하며, 따뜻하고 축축한 곳에서 잘 자랍니다.

핵심 체크

● 실체 현미경 사용법

❶ 회전판을 돌려 대물렌즈의 배율을 가장 낮게 합니다.

❷ 관찰 대상을 ❶□□□에 올려놓은 다음, 전원을 켜고 조명 조절 나사로 빛의 양을 조절합니다.

❸ 옆에서 보면서 ❷□□□□ 나사를 돌려 대물렌즈를 관찰 대상에 최대한 가깝게 내립니다.

❹ 접안렌즈로 보면서 초점 조절 나사로 대물렌즈를 천천히 올려 ❸□□을 맞춥니다.

● 실체 현미경으로 버섯과 곰팡이를 관찰한 결과

버섯	곰팡이
• 윗부분의 안쪽에 ❹□□이 많고 깊게 파여 있습니다. • 윗부분 겉면은 가죽처럼 주름이 있습니다.	• 가는 실 같은 것이 서로 엉켜 있습니다. • 가는 실 모양의 끝에는 작고 둥근 알갱이가 있습니다.

● ❺□□ : 버섯, 곰팡이와 같은 생물

구조	가는 실 모양의 ❻□□로 이루어져 있습니다.
번식 방법	포자로 번식합니다.
양분을 얻는 방법	죽은 생물이나 다른 생물, 음식에서 양분을 얻습니다.
사는 환경	따뜻하고 축축한 환경에서 잘 자랍니다.

Step 1 ( ) 안에 알맞은 말을 써넣어 설명을 완성하거나 설명이 옳으면 ○, 틀리면 ×에 ○표 해 봅시다.

1 실체 현미경에서 상의 초점을 정확하게 맞출 때 사용하는 나사는 (　　　　　) 나사입니다.

2 곰팡이와 버섯은 균사로 이루어져 있고 씨로 번식합니다. (○ , ×)

3 곰팡이와 버섯은 대부분 죽은 생물이나 다른 생물에서 양분을 얻습니다. (○ , ×)

1 다음 실체 현미경의 각 부분 중 접안렌즈를 골라 기호를 써 봅시다.

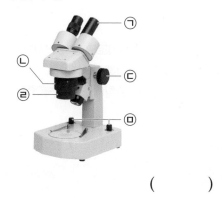

( )

2 실체 현미경 각 부분이 하는 일에 대한 설명으로 옳은 것을 보기 에서 모두 골라 기호를 써 봅시다.

> 보기
> ㉠ 대물렌즈는 물체의 상을 확대한다.
> ㉡ 재물대는 관찰 대상을 올려놓는 곳이다.
> ㉢ 초점 조절 나사는 조명을 켜고 끄며 밝기를 조절한다.

( )

3 버섯을 관찰한 결과로 옳지 <u>않은</u> 것은 어느 것입니까? ( )

① 윗부분은 갈색이다.
② 아랫부분은 하얀색이다.
③ 윗부분은 우산처럼 생겼다.
④ 줄기, 잎과 같은 모양을 볼 수 있다.
⑤ 윗부분의 안쪽에는 주름이 많고 깊게 파여 있다.

4 빵에 자란 곰팡이를 관찰한 결과로 옳지 <u>않은</u> 것은 어느 것입니까? ( )

① 가는 실 같은 것이 서로 엉켜 있다.
② 가는 실 모양의 끝에 둥근 알갱이가 있다.
③ 크기가 작고 둥근 알갱이가 여러 개 보인다.
④ 푸른색, 검은색, 하얀색 등의 곰팡이가 보인다.
⑤ 맨눈으로도 곰팡이의 정확한 모습을 관찰할 수 있다.

5 오른쪽 곰팡이의 구조를 설명한 다음 글에서 ( ) 안에 알맞은 말을 각각 써 봅시다.

> 현미경으로 관찰하면 곰팡이는 가늘고 긴 (㉠)(으)로 이루어져 있고, 그 끝에 (㉡)이/가 든 주머니가 달린 것을 볼 수 있다.

㉠: ( ) ㉡: ( )

6 버섯과 곰팡이에 대한 설명으로 옳지 <u>않은</u> 것은 어느 것입니까? ( )

① 균류이다.
② 생물이 아니다.
③ 균사로 이루어져 있다.
④ 스스로 양분을 만들지 못한다.
⑤ 따뜻하고 축축한 환경에서 잘 자란다.

2 짚신벌레와 해캄의 특징

실험 동영상

짚신벌레가 붉은색으로 보이는 까닭은 표본을 염색했기 때문이에요.

탐구로 시작하기

○ 짚신벌레와 해캄 관찰하기

탐구 과정

1. 짚신벌레 ❶영구 표본과 해캄을 맨눈과 돋보기로 관찰해 봅시다.
2. 짚신벌레 영구 표본을 광학 현미경으로 관찰해 봅시다.
3. 해캄으로 표본을 만들어 광학 현미경으로 관찰해 봅시다. ➕개념1

탐구 결과

① 짚신벌레를 관찰한 결과

맨눈과 돋보기	광학 현미경
▲ 짚신벌레 영구 표본　▲ 돋보기로 본 짚신벌레	▲ 현미경으로 확대한 짚신벌레(400배)
맨눈 점 모양으로 보입니다. **돋보기** 작은 점이 여러 개 보이는데, 어떤 모습인지 관찰하기 어렵습니다.	• 짚신처럼 끝이 둥글고 길쭉한 모양입니다. • 바깥쪽에 가는 털이 있습니다. • 안쪽에 여러 가지 모양이 보입니다.

② 해캄을 관찰한 결과

맨눈과 돋보기	광학 현미경
▲ 해캄　▲ 돋보기로 본 해캄	▲ 현미경으로 확대한 해캄(385배)
맨눈 초록색이고, 머리카락처럼 가늘고 깁니다. **돋보기** 머리카락처럼 가늘고 긴 실 모양이 여러 가닥 뭉쳐 있습니다.	• 여러 개의 마디로 이루어져 있습니다. • 여러 개의 가는 선이 보이고, 선 안에는 크기가 작고 둥근 초록색 알갱이가 있습니다.

③ 짚신벌레와 해캄의 공통점과 차이점

구분	짚신벌레	해캄
공통점	• 생김새가 식물이나 동물보다 단순하고 크기가 작습니다. • 동물, 식물과 생김새가 다릅니다. ┌ 해캄은 식물에서 볼 수 있는 뿌리, 줄기, 잎 같은 부분이 없고, 짚신벌레는 동물과 다른 모습을 하고 있습니다. • 논, 연못 등 물이 고인 곳이나 하천 등 물살이 느린 곳에서 삽니다.	
차이점	• 짚신처럼 길쭉한 모양입니다. • 몸 바깥쪽에 난 가는 털을 사용하여 움직이며, 다른 생물을 먹습니다.	• 긴 머리카락 모양입니다. • 해캄 안에 있는 둥근 초록색 알갱이 때문에 초록색으로 보입니다. • 움직이지 못하며, 스스로 양분을 만들 수 있습니다.

➕개념1 해캄 표본 만들기

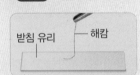

받침 유리　해캄

❶ 해캄이 겹치지 않게 잘 펴서 받침 유리 위에 올려놓고 물을 한 방울 떨어뜨립니다.

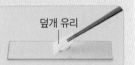

덮개 유리

❷ 덮개 유리를 비스듬히 기울여 공기 방울이 생기지 않도록 천천히 덮습니다.

용어 돋보기

❶ 영구 표본
생물의 몸 전체나 일부를 오랫동안 보존하여 관찰할 수 있게 만든 것

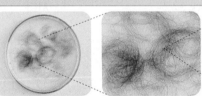

개념 이해하기

1. 광학 현미경

→ 광학 현미경은 일반적으로 실체 현미경보다 높은 배율의 렌즈를 사용하고,
관찰 대상의 미세한 구조를 관찰합니다.

① 광학 현미경의 구조

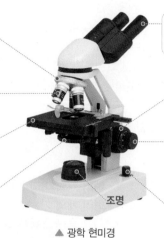

회전판 대물렌즈의 배율을 조절합니다.

대물렌즈 물체와 마주 보는 렌즈이며, 물체의 상을 확대합니다.

재물대 관찰 대상을 올려놓는 곳입니다.

조리개 빛의 양을 조절합니다.

접안렌즈 눈으로 들여다보는 렌즈이며, 물체의 상을 확대합니다.

조동 나사 재물대를 위아래로 크게 움직여 상을 찾고 상의 초점을 대략 맞출 때 사용합니다.

미동 나사 재물대를 위아래로 미세하게 움직여 상의 초점을 정확히 맞출 때 사용합니다.

조명

조명 조절 나사 조명을 켜고 끄며 밝기를 조절합니다.

▲ 광학 현미경

② 광학 현미경 사용법 +개념2 +개념3

❶ 회전판을 돌려 배율이 가장 낮은 대물렌즈가 가운데에 오도록 합니다.
❷ 표본을 재물대의 가운데에 고정한 뒤, 전원을 켜고 조리개로 빛의 양을 조절합니다. → 천재교과서에서는 전원을 켜고 조리개로 빛의 양을 조절한 후 표본을 재물대에 고정합니다.
❸ 옆에서 보면서 조동 나사로 재물대를 올려 대물렌즈와 표본을 최대한 가깝게 합니다.
❹ 접안렌즈로 보면서 조동 나사로 재물대를 내려 관찰 대상을 찾고, 미동 나사로 관찰 대상이 뚜렷하게 보이도록 초점을 맞춥니다.
→ 더 자세히 보려면 대물렌즈의 배율을 높이고, 미동 나사로 초점을 맞추어 관찰합니다.

2. 원생생물

① **원생생물**: 짚신벌레, 해캄과 같이 동물이나 식물, 균류로 분류되지 않는 생물
② **크기**: 해캄처럼 맨눈으로 쉽게 관찰할 수 있는 것도 있지만, 짚신벌레처럼 현미경을 이용해야 관찰할 수 있는 것도 있습니다.
③ **움직임**: 해캄처럼 움직이지 못하는 것도 있지만, 짚신벌레처럼 움직이는 것도 있습니다.
④ **사는 곳**: 주로 논, 연못과 같이 물이 고인 곳이나 하천, 도랑과 같이 물살이 느린 곳에서 삽니다. 다시마, 미역, 김, 파래처럼 바다에 사는 것도 있습니다.
⑤ **여러 가지 원생생물**: 해캄, 짚신벌레, 아메바, 종벌레, 유글레나, 다시마, 미역

해캄

짚신벌레

아메바

종벌레

유글레나

+개념2 현미경의 배율
현미경의 배율은 접안렌즈 배율 × 대물렌즈 배율입니다. 접안렌즈의 배율이 10배, 대물렌즈의 배율이 4배라면, 물체를 40배로 확대해서 관찰할 수 있습니다.

+개념3 광학 현미경과 실체 현미경의 공통점과 차이점
[공통점]
관찰 대상을 확대하여 자세히 관찰할 수 있도록 합니다.
[차이점]
• 광학 현미경은 표본이 필요하며, 관찰 대상의 안쪽 구조까지 자세히 관찰할 수 있습니다.
• 실체 현미경은 관찰 대상의 표면을 입체적으로 관찰할 수 있습니다.

핵심 개념 되짚어 보기

짚신벌레
해캄

짚신벌레와 해캄 같은 원생생물은 주로 물이 고인 곳이나 물살이 느린 곳에서 삽니다.

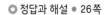

핵심 체크

● **광학 현미경 사용법**

❶ 회전판을 돌려 배율이 가장 낮은 대물렌즈가 가운데에 오도록 합니다.

❷ 표본을 재물대의 가운데에 고정한 뒤, 전원을 켜고 조리개로 ❶ ☐☐☐을 조절합니다.

❸ 옆에서 보면서 조동 나사로 재물대를 올려 대물렌즈와 표본을 최대한 가깝게 합니다.

❹ 접안렌즈로 보면서 ❷ ☐☐☐☐로 재물대를 내려 관찰 대상을 찾고, ❸ ☐☐
☐☐로 관찰 대상이 뚜렷하게 보이도록 초점을 맞춥니다.

● **광학 현미경으로 짚신벌레와 해캄을 관찰한 결과**

❹ ☐☐☐☐	❺ ☐☐
• 짚신처럼 끝이 둥글고 길쭉한 모양입니다. • 바깥쪽에 가는 털이 있습니다. • 안쪽에 여러 가지 모양이 보입니다.	• 여러 개의 마디로 이루어져 있습니다. • 여러 개의 가는 선이 보이고, 선 안에는 크기가 작고 둥근 초록색 알갱이가 있습니다.

● **원생생물**: 짚신벌레, 해캄과 같이 동물이나 식물, 균류로 분류되지 않는 생물

크기	맨눈으로 쉽게 관찰할 수 있는 것도 있고, ❻ ☐☐☐을 이용해야 관찰할 수 있는 것도 있습니다.
움직임	움직이지 못하는 것도 있고, 움직이는 것도 있습니다.
사는 곳	주로 논, 연못과 같이 물이 고인 곳이나 하천, 도랑과 같이 물살이 느린 곳에서 살며, 바다에서 사는 것도 있습니다.
생물 예	해캄, 짚신벌레, 아메바, 종벌레, 유글레나, 다시마, 미역, 김, 파래

Step 1 ( ) 안에 알맞은 말을 써넣어 설명을 완성하거나 설명이 옳으면 ○, 틀리면 ×에 ○표 해 봅시다.

1 광학 현미경에서 ( )은/는 재물대를 위아래로 크게 움직여 상을 찾을 때 사용하는 장치입니다.

2 짚신벌레와 같이 맨눈으로 볼 수 없는 아주 작은 생물은 광학 현미경으로 자세히 볼 수 있습니다. (○ , ×)

3 짚신벌레, 해캄과 같이 동물이나 식물, 균류로 분류되지 않는 생물을 ( )(이)라고 합니다.

[1~2] 다음은 광학 현미경입니다.

1 광학 현미경에서 각 부분의 이름을 옳게 짝 지은 것은 어느 것입니까? ( )

① ㉠-회전판
② ㉡-조명
③ ㉢-대물렌즈
④ ㉣-미동 나사
⑤ ㉤-재물대

2 위 ㉠~㉤ 중 재물대를 미세하게 움직여 상의 초점을 정확히 맞출 때 사용하는 부분을 골라 기호를 써 봅시다.

( )

3 광학 현미경으로 짚신벌레 영구 표본을 관찰할 때 가장 먼저 해야 할 과정은 어느 것입니까?

( )

① 영구 표본을 재물대에 고정하고, 조리개로 빛의 양을 조절한다.
② 대물렌즈의 배율을 높이고 미동 나사로 초점을 맞추어 관찰한다.
③ 조동 나사로 재물대를 올려 대물렌즈와 영구 표본을 가깝게 한다.
④ 회전판을 돌려 배율이 가장 낮은 대물렌즈가 가운데에 오도록 한다.
⑤ 조동 나사로 짚신벌레를 찾고 미동 나사로 짚신벌레가 뚜렷하게 보이도록 조절한다.

4 다음은 어떤 생물을 관찰한 결과입니다. 이 생물의 이름을 써 봅시다.

• 짚신처럼 둥글고 길쭉한 모양이다.
• 바깥쪽에 가는 털이 있다.

( )

5 오른쪽은 어떤 생물을 관찰한 결과입니다. 이 생물에 대한 설명으로 옳지 않은 것은 어느 것입니까? ( )

① 해캄이다.
② 검은색이고 가늘고 길다.
③ 긴 머리카락 같은 모양이다.
④ 여러 가닥이 서로 뭉쳐 있다.
⑤ 물이 고인 곳이나 물살이 느린 곳에서 산다.

6 우리 주변에 살고 있는 원생생물이 아닌 것은 어느 것입니까? ( )

①  아메바
② 종벌레
③  유글레나
④  버섯

① 버섯과 곰팡이의
특징

1 오른쪽 실체 현미경에서 대물렌즈의 배율을 조절하는 부분의
기호와 이름을 옳게 짝 지은 것은 어느 것입니까? (   )

① ㉠, 접안렌즈
② ㉡, 회전판
③ ㉢, 재물대
④ ㉣, 초점 조절 나사
⑤ ㉤, 조명 조절 나사

2 다음은 실체 현미경으로 빵에 자란 곰팡이를 관찰하는 과정을 순서와 관계없이 나열
한 것입니다. 순서대로 기호를 써 봅시다.

(가) 회전판을 돌려 대물렌즈의 배율을 가장 낮게 한다.
(나) 초점 조절 나사로 대물렌즈를 곰팡이에 최대한 가깝게 내린다.
(다) 접안렌즈로 곰팡이를 보면서 대물렌즈를 천천히 올려 초점을 맞추어 관찰
한다.
(라) 곰팡이를 재물대에 올려놓은 뒤에 전원을 켜고 조명 조절 나사로 빛의 양
을 조절한다.

(   ) → (   ) → (   ) → (   )

3 오른쪽 빵에 자란 곰팡이를 관찰할 때 주의할 점을 <u>잘못</u> 말한
친구의 이름을 써 봅시다.

• 인수: 맨손으로 관찰해야 해.
• 현숙: 마스크를 착용하고 관찰해야 해.
• 민아: 관찰한 후에는 반드시 손을 깨끗이 씻어야 해.

(   )

4 버섯과 곰팡이의 공통점이 <u>아닌</u> 것은 어느 것입니까? ( )

① 포자로 번식한다.
② 몸 전체가 균사로 이루어져 있다.
③ 맨눈이나 돋보기로 관찰할 수 없다.
④ 생김새와 생활 방식이 식물과 다르다.
⑤ 죽은 생물이나 다른 생물에게서 양분을 얻는다.

5 버섯과 곰팡이가 사는 환경에 대한 설명으로 옳은 것을 보기 에서 골라 기호를 써 봅시다.

> 보기
> ㉠ 춥고 건조한 곳에서 잘 자란다.
> ㉡ 따뜻하고 축축한 환경에서 잘 자란다.
> ㉢ 햇빛과 바람이 잘 통하는 곳에서 잘 자란다.

( )

❷ 짚신벌레와
  해캄의 특징

6 다음은 해캄 표본을 만드는 과정입니다. ( ) 안에 들어갈 말을 각각 써 봅시다.

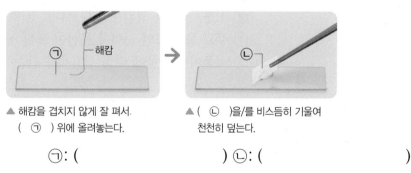

▲ 해캄을 겹치지 않게 잘 펴서.
(㉠) 위에 올려놓는다.

▲ (㉡)을/를 비스듬히 기울여
천천히 덮는다.

㉠: ( ) ㉡: ( )

7 광학 현미경의 접안렌즈 배율을 10배, 대물렌즈 배율을 4배로 하여 물체를 관찰할 때, 물체는 몇 배로 확대해서 관찰할 수 있습니까? ( )

① 10배   ② 14배   ③ 40배
④ 100배   ⑤ 400배

8 다음 짚신벌레와 해캄을 광학 현미경으로 관찰한 결과를 보기 에서 모두 골라 각각 기호를 써 봅시다.

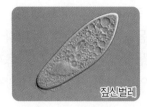
짚신벌레

해캄

보기
ㄱ 안쪽에 여러 가지 모양이 보인다.
ㄴ 여러 개의 마디로 이루어져 있다.
ㄷ 둥글고 길쭉한 모양이고, 바깥쪽에 가는 털이 있다.
ㄹ 여러 개의 가는 선이 보이며, 선 안에 둥근 초록색 알갱이가 있다.

(1) 짚신벌레: (   )
(2) 해캄: (   )

9 짚신벌레와 해캄의 공통점으로 옳지 <u>않은</u> 것은 어느 것입니까?　　　　(　　　)

① 원생생물이다.
② 스스로 양분을 만들 수 없다.
③ 식물, 동물과 생김새가 다르다.
④ 주로 물이 고인 곳이나 물살이 느린 곳에서 산다.
⑤ 식물이나 동물에 비해 생김새가 단순하고 크기가 작다.

10 원생생물의 종류와 그 특징을 옳게 짝 지은 것은 어느 것입니까?　　　　(　　　)

① 해캄 – 짚신 모양이다.
② 짚신벌레 – 움직이지 못한다.
③ 다시마 – 주로 논이나 연못에서 산다.
④ 미역 – 크기가 작아서 현미경으로만 볼 수 있다.
⑤ 해캄 – 해캄 안에 있는 초록색 알갱이 때문에 초록색으로 보인다.

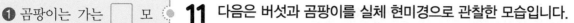

서술형 길잡이

❶ 곰팡이는 가는 □ 모 양 끝에 둥근 알갱이가 있고, 버섯은 윗부분의 안쪽에 □□이 많습 니다.

11 다음은 버섯과 곰팡이를 실체 현미경으로 관찰한 모습입니다.

ㄱ 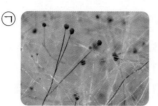   ㄴ

(1) 위 ㉠과 ㉡은 각각 무엇을 관찰한 것인지 써 봅시다.

㉠: (   ) ㉡: (   )

(2) 위 ㉡을 실체 현미경으로 관찰한 결과를 써 봅시다.

_____

_____

❶ 광학 현미경의 □□ □□는 상을 찾을 때 사용하고, □□ □□는 상의 초점을 정확히 맞출 때 사용합 니다.

12 다음은 광학 현미경으로 해캄 표본을 관찰하는 과정 중 일부입니다. <u>잘못된</u> 과정을 골라 기호를 쓰고, 옳게 고쳐 써 봅시다.

(가) 표본을 재물대의 가운데에 고정한 뒤에 전원을 켜고 조리개로 빛 의 양을 조절한다.
(나) 옆에서 보면서 조동 나사로 재물대를 올려 대물렌즈와 표본을 최 대한 가깝게 한다.
(다) 접안렌즈로 보면서 미동 나사로 재물대를 내려 해캄을 찾고, 조동 나사로 해캄이 뚜렷하게 보이도록 초점을 맞춘다.
(라) 대물렌즈의 배율을 높이고, 미동 나사로 초점을 맞추어 관찰한다.

_____

_____

❶ 짚신벌레와 해캄은 주 로 물이 고인 곳이나 물 살이 □□ 곳에서 삽니다.

13 다음과 같은 생물을 무엇이라고 하는지 쓰고, 이 생물들이 주로 사는 곳은 어디인지 예와 함께 써 봅시다.

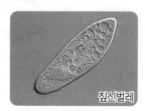 짚신벌레    해캄

_____

_____

3 세균의 특징

탐구로 시작하기

○ 세균의 특징 조사하기

탐구 과정

❶ 세균의 종류를 조사해 봅시다.
❷ 모둠별로 세균을 한 가지 이상 골라 생김새와 사는 곳을 조사해 봅시다.
❸ 조사한 내용을 그림과 글로 정리해 봅시다.

탐구 결과

① **세균의 종류**: 대장균, 젖산균, 포도상 구균, 충치균, 헬리코박터균 등 종류가 매우 많습니다.

② **세균의 생김새와 사는 곳**

세균(이름)	생김새	사는 곳
대장균	막대 모양입니다.	사람이나 동물의 대장, 배출물 같은 오염된 환경 등
포도상 구균	• 공 모양입니다. • 여러 개가 뭉쳐 있습니다.	공기, 음식물, 피부 등
충치균 ➕개념1	┌→ 둥글고 길쭉한 공 모양 이라고도 합니다. • <u>공 모양</u>입니다. • 여러 개가 연결되어 있습니다.	사람의 입속, 장 속
헬리코박터균 ➕개념2	• ❶나선 모양입니다. • 꼬리가 있습니다.	사람의 위

┕ 미래엔 교과서에서는 충치균을 스트렙토코쿠스 무탄스, 헬리코박터균을 헬리코박터 파일로리라고 합니다.
지학사 교과서에서는 충치균을 충치를 일으키는 세균이라고 합니다.

③ **다양한 세균의 공통점**
• 균류나 원생생물보다 크기가 작고 생김새가 단순합니다.
• 크기가 작아 보이지 않지만, 우리 주변 곳곳에 살고 있습니다.
• 살기에 알맞은 조건이 되면 짧은 시간 안에 많은 수로 늘어날 수 있습니다.

➕개념1 충치가 생기는 까닭
충치가 생기는 까닭은 충치균이 우리 입속 치아에 살면서 치아 표면을 썩게 하기 때문입니다.

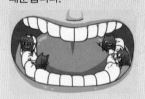

➕개념2 헬리코박터균의 생김새
헬리코박터균은 나선 모양이면서 꼬리가 있습니다.

용어돋보기
❶ **나선**
물체의 겉모양이 소라 껍데기처럼 빙빙 비틀린 것

개념 이해하기

1. 세균

① **세균**: 젖산균, 대장균과 같이 균류나 원생생물보다 크기가 더 작고 생김새가 단순한 생물

② **크기**: 세균은 매우 작아서 맨눈이나 돋보기로 볼 수 없고, 배율이 높은 현미경을 사용해야 관찰할 수 있습니다.

③ **종류**: 세균은 종류가 매우 많습니다.

④ **사는 곳**: 땅이나 물, 공기, 생물의 몸, 우리가 사용하는 물건 등 우리 주변 어느 곳에나 살고 있습니다. ➕개념3

⑤ **생김새**
- 공 모양, 막대 모양, 나선 모양 등 생김새가 다양합니다.
- 꼬리가 달린 것도 있습니다.
- 하나씩 떨어져 있는 것도 있고, 여러 개가 서로 붙어 있는 것도 있습니다.

⑥ **움직임**: 움직일 수 있는 것도 있고, 움직일 수 없는 것도 있습니다.

2. 세균의 다양한 생김새

집에 들어오면 밖에서 묻은 세균을 씻어 내기 위해 손을 씻어요.

➕개념3 우리 주변에서 세균이 많이 살 만한 곳
- 세균은 사람들이 손으로 자주 만지는 곳에 많이 삽니다.
  - 예 문손잡이, 스마트폰, 엘리베이터 버튼, 키보드, 마우스 등
- 세균은 오염되고 습한 곳에 많이 삽니다.
  - 예 칫솔, 하수구, 수세미 등

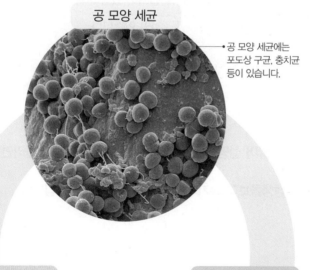

공 모양 세균

공 모양 세균에는 포도상 구균, 충치균 등이 있습니다.

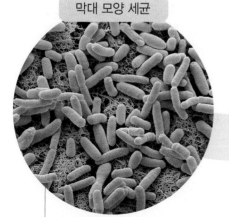

막대 모양 세균

막대 모양 세균에는 젖산균, 대장균 등이 있습니다.

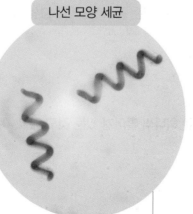

나선 모양 세균

나선 모양 세균에는 헬리코박터균 등이 있습니다.

핵심 개념 되짚어 보기

세균은 크기가 매우 작고 생김새가 단순한 생물로 땅이나 물, 생물의 몸, 물건 등 다양한 곳에서 삽니다.

정답과 해설 ● 28쪽

핵심 체크

● 세균: 균류나 원생생물보다 크기가 더 작고 생김새가 단순한 생물

크기	매우 작습니다. ➡ 배율이 높은 현미경을 사용해야 관찰할 수 있습니다.
사는 곳	땅이나 물, 공기, 생물의 몸, 우리가 사용하는 물건 등 우리 주변 어느 곳에나 살고 있습니다.
생김새	• 공 모양, ❶ ☐☐ 모양, 나선 모양 등 다양합니다. • 꼬리가 달린 것도 있습니다. • 하나씩 떨어져 있는 것도 있고, 여러 개가 서로 붙어 있는 것도 있습니다.
움직임	움직일 수 있는 것도 있고, 움직일 수 없는 것도 있습니다.
번식	살기에 알맞은 조건이 되면 ❷ ☐☐ 시간 안에 ❸ ☐☐ 수로 늘어날 수 있습니다.

● 여러 가지 세균의 생김새와 사는 곳

세균	생김새	사는 곳
대장균	❹ ☐☐ 모양입니다.	대장, 배출물
포도상 구균	❺ ☐ 모양이며, 여러 개가 뭉쳐 있습니다.	공기, 음식물, 피부
충치균	공 모양이며, 여러 개가 연결되어 있습니다.	입속, 장 속
헬리코박터균	나선 모양이며, ❻ ☐☐ 가 있습니다.	위

Step 1

( ) 안에 알맞은 말을 써넣어 설명을 완성하거나 설명이 옳으면 ○, 틀리면 ×에 ○표 해 봅시다.

1 세균은 균류나 원생생물보다 크기가 더 (   ) 생물입니다.

2 세균의 생김새는 공 모양, 막대 모양, 나선 모양 등 다양하며, 꼬리가 있는 세균도 있습니다.

(○ , ×)

3 세균은 하나씩 떨어져 있는 것도 있고, 여러 개가 서로 붙어 있는 것도 있습니다.

(○ , ×)

4 세균은 생물의 몸에서는 살지 않습니다. (○ , ×)

1 다음은 세균에 대한 설명입니다. (   ) 안에 들어갈 알맞은 말을 써 봅시다.

> 세균은 매우 작아서 맨눈으로 볼 수 없고, 배율이 높은 (   )을/를 사용해야 관찰할 수 있다.

(   )

2 세균에 대한 설명으로 옳지 <u>않은</u> 것은 어느 것입니까? (   )

① 크기가 매우 작다.
② 모양과 크기는 모두 같다.
③ 생김새가 단순한 생물이다.
④ 움직일 수 있는 것도 있고, 없는 것도 있다.
⑤ 하나씩 따로 떨어져 있거나 여러 개가 서로 붙어 있기도 한다.

3 세균이 사는 곳을 보기 에서 모두 고른 것은 어느 것입니까? (   )

> 보기
> ㉠ 생물의 몸
> ㉡ 땅이나 물, 공기
> ㉢ 우리가 사용하는 물건

① ㉠   ② ㉡
③ ㉠, ㉢   ④ ㉡, ㉢
⑤ ㉠, ㉡, ㉢

[4~5] 다음은 여러 가지 세균입니다.

㉠ 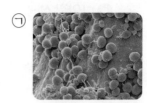   ㉡

㉢    ㉣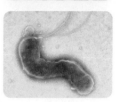

4 위 ㉠~㉣ 중 막대 모양의 세균을 골라 기호를 써 봅시다.

(   )

5 위 ㉠~㉣ 중 다음 설명에 해당하는 세균의 모습을 골라 기호를 써 봅시다.

> 포도상 구균은 공 모양이고 여러 개가 뭉쳐 있다.

(   )

6 다음은 다양한 세균의 공통점입니다. 밑줄 친 부분에 들어갈 내용으로 가장 적절한 것은 어느 것입니까? (   )

> 세균은 살기에 알맞은 조건이 되면 _____
> _____

① 꼬리가 생긴다.
② 둥근 모양으로 변한다.
③ 여러 개가 서로 뭉친다.
④ 짧은 시간 안에 많은 수로 늘어난다.
⑤ 크기가 커져 맨눈으로 볼 수 있게 된다.

다양한 생물이 우리 생활에 미치는 영향

탐구로 시작하기

● 다양한 생물이 우리 생활에 미치는 영향 조사하기

탐구 과정

❶ 균류, 원생생물, 세균이 우리 생활에 미치는 영향을 조사하여 붙임쪽지에 써 봅시다.
❷ 붙임쪽지를 모아서 우리 생활에 미치는 이로운 영향과 해로운 영향으로 분류해 봅시다.

탐구 결과

① 다양한 생물이 우리 생활에 미치는 영향

구분	이로운 영향(긍정적인 영향)	해로운 영향(부정적인 영향)
균류	• 곰팡이를 이용하여 된장, 간장을 만듭니다. • 버섯은 식품으로 이용됩니다. • 곰팡이, 버섯은 죽은 생물을 분해하여 다른 생물이 이용할 수 있게 합니다. • 버섯의 균사를 이용하여 쉽게 분해되는 포장재를 만듭니다.	• 곰팡이는 식물에 병을 일으킵니다. • 곰팡이는 음식이나 물을 상하게 합니다. 곰팡이가 핀 빵을 먹으면 건강을 해칠 수 있습니다. • 일부 균류는 옷이나 가구를 상하게 합니다. • 독버섯을 먹으면 생명이 위험할 수 있습니다.
원생생물	• 다른 생물의 먹이가 되기도 합니다. • 일부 원생생물은 생물이 사는 데 필요한 산소를 만듭니다. • 김, 미역 등은 식품으로 이용됩니다.	• 물속에 원생생물이 너무 많아지면 ❶적조를 일으켜 물고기가 죽습니다. • 원생생물 가운데 우리 몸에 질병을 일으키는 것이 있습니다.
세균	┌ 유산균이라고도 합니다. • ❷젖산균을 이용하여 요구르트나 김치를 만듭니다. • 고초균을 이용하여 청국장을 만듭니다. • 죽은 생물을 분해합니다.	• 생물에 질병을 일으킵니다. • 어떤 세균은 충치를 일으킵니다. • 대장균에 오염된 음식을 먹으면 배탈이 납니다. • 음식이나 주변의 물건을 상하게 합니다.

➡ 균류, 원생생물, 세균은 우리 생활에 이로운 영향을 미치기도 하고 해로운 영향을 미치기도 합니다.

② 다양한 생물이 우리 생활에 미치는 이로운 영향을 늘리고 해로운 영향을 줄이는 방법

이로운 영향을 늘리는 방법	해로운 영향을 줄이는 방법
• 곰팡이를 이용하여 만든 된장이나 간장 등으로 음식을 해서 먹습니다. • 젖산균이 들어 있는 김치나 요구르트 같은 음식을 먹습니다.	• 외출한 뒤 돌아오면 손을 깨끗이 씻어 세균으로 인한 질병을 예방합니다. • 곰팡이가 생긴 음식을 먹지 않도록 유통 기한을 확인하고, 음식은 시원하고 건조한 곳에 보관합니다.

> 젖산균은 우리 몸속에서 배변 활동을 돕습니다. 젖산균을 이용하여 만든 요구르트는 우리 몸을 건강하게 해 줍니다.

용어 돋보기

❶ 적조
바다에 사는 일부 원생생물의 수가 갑자기 늘어나 바닷물의 색깔이 붉은색으로 변하는 현상

❷ 젖산균
당류를 분해해 젖산을 만드는 세균으로, 김치, 요구르트, 치즈 등의 식품 제조에 이용합니다.

개념 이해하기

1. 다양한 생물이 우리 생활에 미치는 이로운 영향 ➕개념1

음식을 만드는 데 이용
균류나 세균은 된장, 김치, 치즈, 요구르트 등의 음식을 만드는 데 이용됩니다.

▲ 메주와 된장을 만드는 데 이용되는 균류　　▲ 요구르트나 김치를 만드는 데 이용되는 세균

먹이나 산소 제공	지구의 환경 유지	건강 유지
원생생물은 다른 생물의 먹이가 되거나 생물에게 필요한 산소를 만듭니다.	균류나 세균은 죽은 생물을 분해하여 지구 환경을 유지하는 역할을 합니다.	일부 균류(영지버섯)는 우리 몸에 이로운 성분이 있어 한약재로 쓰입니다.

▲ 산소를 만드는 원생생물	▲ 죽은 나무를 분해하는 균류	▲ 한약재로 이용되는 균류

2. 다양한 생물이 우리 생활에 미치는 해로운 영향 ➕개념2

질병의 원인
균류나 세균은 다른 생물에게 질병을 일으키기도 합니다.

▲ 식물에게 병을 일으키는 균류　　▲ 충치를 일으키는 세균　　▲ 배탈이 나게 하는 세균

음식과 물건에 피해	적조	독성
균류나 세균은 음식이나 물건을 상하게 합니다.	일부 원생생물은 강이나 바다에서 빠르게 번식하여 다른 생물이 살기 어려운 환경을 만들기도 합니다.	일부 균류(독버섯)는 먹으면 생명이 위험할 수 있습니다.

▲ 음식을 상하게 하는 균류	▲ 적조를 일으키는 원생생물	▲ 독성이 있는 버섯

➕개념1 **균류, 원생생물, 세균 중 일부의 수가 갑자기 줄어들 때 일어나는 일**
- 버섯과 같은 균류와 김, 미역과 같은 원생생물이 갑자기 줄어들면 식량이 부족해질 수 있습니다.
- 세균이 갑자기 줄어들면 발효 음식을 만들기 어려울 것입니다.

➕개념2 **균류, 원생생물, 세균 중 일부의 수가 갑자기 많아질 때 일어나는 일**
- 곰팡이가 갑자기 많아지면 음식에 곰팡이가 빨리 피어서 음식을 먹을 수 없습니다.
- 원생생물이 갑자기 많아지면 적조가 쉽게 일어나 물고기가 죽게 됩니다.
- 세균이 갑자기 많아지면 동물이나 식물이 병에 쉽게 걸릴 수 있습니다.

핵심 개념 되짚어 보기

다양한 생물은 우리 생활에 이로운 영향과 해로운 영향을 모두 줍니다.

○ 정답과 해설 ● 28쪽

핵심 체크

● 다양한 생물이 우리 생활에 미치는 이로운 영향

음식을 만드는 데 이용	균류나 세균은 된장, 김치, 치즈, ❶ □□□□ 등의 음식을 만드는 데 이용됩니다.
다른 생물에게 먹이나 산소 제공	원생생물은 다른 생물의 ❷ □□가 되거나 생물에 필요한 ❸ □□를 만듭니다.
지구의 환경 유지	균류나 세균은 죽은 생물을 분해하여 지구 환경을 유지하는 역할을 합니다.
건강 유지	영지버섯 같은 균류는 한약재로 쓰입니다.

● 다양한 생물이 우리 생활에 미치는 해로운 영향

질병의 원인	균류나 세균은 다른 생물에게 ❹ □□을 일으키기도 합니다.
음식과 물건에 피해	균류나 세균은 ❺ □□이나 물건을 상하게 합니다.
적조	일부 원생생물은 강이나 바다에서 빠르게 번식하여 ❻ □□를 일으켜 다른 생물이 살기 어려운 환경을 만들기도 합니다.
독성	독버섯 같은 균류는 먹으면 생명이 위험할 수 있습니다.

Step 1

(   ) 안에 알맞은 말을 써넣어 설명을 완성하거나 설명이 옳으면 ○, 틀리면 ×에 ○표 해 봅시다.

1 균류나 세균은 된장, 김치, 치즈, 요구르트 등의 (   )을/를 만드는 데 이용됩니다.

2 균류나 세균은 죽은 생물을 (   )하여 지구 환경을 유지하는 역할을 합니다.

3 다른 생물에게 질병을 일으키는 균류와 세균이 있습니다. (○ , ×   )

4 균류와 세균, 원생생물은 우리 생활에 해로운 영향만 줍니다. (○ , ×   )

1 균류나 세균을 이용하여 만든 음식이 <u>아닌</u> 것은 어느 것입니까? ( )

① ▲ 된장

② ▲ 김치

③ ▲ 요구르트

④ ▲ 두부

2 오른쪽 원생생물이 우리 생활에 미치는 이로운 영향으로 옳은 것은 어느 것입니까? ( )

① 산소를 만든다.
② 적조를 일으킨다.
③ 해로운 세균을 물리친다.
④ 청국장을 만드는 데 이용된다.
⑤ 죽은 생물이나 배설물을 분해한다.

3 우리 생활에 이로운 영향을 미치는 생물을 보기 에서 모두 골라 기호를 써 봅시다.

보기
㉠ 충치를 일으키는 세균
㉡ 죽은 나무를 분해하는 균류
㉢ 치즈를 만드는 데 이용되는 세균

( )

4 다양한 생물이 우리 생활에 미치는 이로운 영향과 관련이 있는 것은 어느 것입니까?
( )

① ▲ 적조를 일으킨다.

② ▲ 배탈이 나게 한다.

③ ▲ 식물에게 병을 일으킨다.

④ ▲ 메주를 만드는 데 이용된다.

5 다양한 생물이 우리 생활에 미치는 해로운 영향이 <u>아닌</u> 것은 어느 것입니까? ( )

① 세균이 질병을 일으킨다.
② 일부 원생생물이 적조를 일으킨다.
③ 곰팡이가 주변의 물건을 상하게 한다.
④ 일부 균류는 먹으면 생명이 위험할 수 있다.
⑤ 일부 균류는 우리 몸에 이로운 성분이 있어 한약재로 쓰인다.

6 버섯에 대한 다음 설명에서 ( ) 안에 알맞은 말을 써 봅시다.

버섯은 우리 생활에서 식재료로 사용되지만, 일부 버섯은 ( )이/가 있어 먹으면 생명이 위험할 수 있다.

( )

5 첨단 생명 과학이 우리 생활에 활용되는 예

탐구로 시작하기

첨단 생명 과학이 우리 생활에 활용되는 예 조사하기

+개념1 조사 계획 세우기
1. 조사할 내용을 정합니다.
2. 조사할 방법을 정합니다.
   예 참고 도서 활용, 스마트 기기 활용 등
3. 조사 과정에서 각자 맡을 역할을 정합니다.

탐구 과정

❶ 균류, 원생생물, 세균과 관련된 첨단 생명 과학이 우리 생활에서 어떻게 활용되고 있는지 조사해 봅시다. +개념1

❷ 조사한 사례로 카드를 만들어 봅시다.

탐구 결과

첨단 생명 과학이 우리 생활에 활용되는 예

질병을 치료하는 약 생산

세균을 자라지 못하게 하는 곰팡이의 특성을 이용하여 질병을 치료하는 약을 만듭니다.

생물 연료 생산

해캄 등의 원생생물을 이용하여 자동차 연료를 만듭니다.

생물 농약 생산

해충만 없애는 세균과 곰팡이의 특성을 이용하여 친환경 생물 농약을 만듭니다.

하수 처리

오염 물질을 분해하는 특성이 있는 세균, 곰팡이, 원생생물을 이용하여 오염된 물을 깨끗하게 만듭니다.

인공 눈 생산

물을 쉽게 얼리는 특성이 있는 세균을 이용하여 눈이 오지 않을 때에도 인공 눈을 만들 수 있습니다.

플라스틱 쓰레기 처리

플라스틱을 분해하는 특성이 있는 세균을 이용하여 플라스틱 쓰레기의 양을 줄일 수 있습니다.

친환경 플라스틱 제품 생산

플라스틱 원료를 가진 세균을 이용하여 쉽게 분해되는 플라스틱 제품을 만듭니다.

건강식품 생산

영양소가 풍부한 원생생물을 이용하여 건강식품을 만듭니다.
└→ 클로렐라

화장품 생산

피부에 좋은 성분이 들어 있는 균류를 이용하여 화장품을 만듭니다.

개념 이해하기

1. 첨단 생명 과학

① **첨단 생명 과학**: 일상생활에서 일어나는 다양한 문제를 해결할 수 있는 최신의 생명 과학 기술이나 연구 결과

② **첨단 생명 과학의 활용**: 균류, 원생생물, 세균을 이용한 첨단 생명 과학은 우리 생활에 다양하게 활용되고 있습니다.

2. 첨단 생명 과학이 우리 생활에 활용되는 예 [개념2]

질병을 치료하는 약 생산	생물 연료 생산
• 세균을 자라지 못하게 하는 곰팡이의 특성을 이용하여 질병을 치료하는 약을 만듭니다. →푸른곰팡이 • 빠르게 번식하는 세균의 특징을 이용하여 짧은 시간 동안 많은 양의 약품을 생산합니다.	• 해캄 등의 원생생물이 양분을 만드는 특성을 이용하여 친환경 생물 연료를 만듭니다. • 기름 성분이 많은 원생생물의 특징을 이용하여 친환경 생물 연료를 만듭니다.
 ▲ 곰팡이를 이용한 질병 치료 약	 ▲ 원생생물을 이용한 생물 연료
생물 농약 생산	**하수 처리**
해충에게만 질병을 일으키거나 해충만 없애는 세균과 곰팡이의 특성을 이용하여 친환경 생물 농약을 만듭니다.	물질을 분해하는 특성이 있는 세균, 곰팡이, 원생생물을 이용하여 하수 처리를 합니다.
 ▲ 세균과 곰팡이를 이용한 생물 농약	 ▲ 다양한 생물을 이용한 하수 처리장
인공 눈 생산	**플라스틱 쓰레기 처리**
물을 쉽게 얼리는 특성이 있는 세균을 이용하여 인공 눈을 만듭니다.	플라스틱을 분해하는 세균을 이용하여 플라스틱 쓰레기 문제를 해결합니다.
 ▲ 세균을 이용한 인공 눈	 ▲ 세균을 이용한 플라스틱 쓰레기 처리

[개념2] 생물의 특징을 활용하여 우리 주변의 문제를 해결할 수 있는 방법

• 해충을 없애는 균류의 특징을 활용하여 친환경 모기약을 만들 수 있습니다.

• 영양분이 풍부한 원생생물의 특징을 활용하여 식량 부족 문제를 해결할 수 있습니다.

• 기름 성분이 많은 원생생물의 특징을 활용하여 친환경 연료를 만들어 사용하면 환경 오염 문제를 해결할 수 있습니다.

핵심 개념 되짚어 보기

첨단 생명 과학을 활용하여 질병을 치료하는 약을 만들고, 생물 연료나 생물 농약을 만듭니다.

○ 정답과 해설 ● 29쪽

핵심 체크

● **첨단 생명 과학**: 일상생활에서 일어나는 다양한 문제를 해결할 수 있는 최신의 생명 과학 기술이나 연구 결과

● **첨단 생명 과학이 우리 생활에 활용되는 예**

이용되는 생물의 특징		우리 생활에 활용되는 예
세균을 자라지 못하게 하는 곰팡이	➡	❶ ☐☐ 을 치료하는 약 생산
빠르게 번식하는 세균	➡	짧은 시간 동안 많은 양의 약품 생산
양분을 만드는 원생생물, 기름 성분이 많은 원생생물	➡	생물 연료 생산
해충에게만 질병을 일으키거나 해충만 없애는 세균과 곰팡이	➡	❷ ☐☐☐☐ 생산
물질을 분해하는 세균, 곰팡이, 원생생물	➡	❸ ☐☐☐
물을 쉽게 얼리는 세균	➡	❹ ☐☐☐ 생산
플라스틱을 ❺ ☐☐ 하는 세균	➡	플라스틱 쓰레기 처리
플라스틱 ❻ ☐☐ 를 가진 세균	➡	쉽게 분해되는 플라스틱 제품 생산
영양소가 풍부한 원생생물	➡	건강식품 생산
피부에 좋은 성분이 들어 있는 균류	➡	화장품 생산

Step 1 ( ) 안에 알맞은 말을 써넣어 설명을 완성하거나 설명이 옳으면 ○, 틀리면 ×에 ○표 해 봅시다.

1 세균을 자라지 못하게 하는 곰팡이의 특성을 이용하여 질병을 치료하는 약을 만듭니다.

(○ , ×)

2 기름 성분이 많은 원생생물의 특징을 이용하여 친환경 ( )을/를 만듭니다.

3 생물 농약에 이용되는 세균은 사람에게도 질병을 일으킵니다. (○ , ×)

4 물질을 ( )하는 특성이 있는 세균, 곰팡이, 원생생물을 이용하여 하수 처리를 합니다.

1 다음에서 설명하는 것은 무엇인지 써 봅시다.

일상생활에서 일어나는 다양한 문제를 해결할 수 있는 최신의 생명 과학 기술이나 연구 결과를 말한다.

( )

2 첨단 생명 과학이 우리 생활에 활용되는 예를 조사하기 위한 계획을 세울 때 필요한 과정이 아닌 것을 보기 에서 골라 기호를 써 봅시다.

보기
ㄱ 조사할 내용을 정한다.
ㄴ 조사할 방법을 정한다.
ㄷ 조사한 결과를 자세히 기록한다.
ㄹ 조사 과정에서 각자 맡을 역할을 정한다.

( )

3 첨단 생명 과학이 우리 생활에 활용되는 예가 아닌 것은 어느 것입니까? ( )

① 버섯을 이용하여 음식을 만든다.
② 균류를 이용하여 화장품을 만든다.
③ 원생생물을 이용하여 건강식품을 만든다.
④ 원생생물을 이용하여 생물 연료를 만든다.
⑤ 세균을 이용하여 플라스틱 제품을 만든다.

4 오른쪽 생물의 특성이 첨단 생명 과학에서 활용되는 경우는 어느 것입니까? ( )

▲ 세균을 자라지 못하게 하는 균류

① 하수 처리를 한다.
② 생물 연료를 만든다.
③ 기름을 만드는 데 활용한다.
④ 질병을 치료하는 약을 만든다.
⑤ 플라스틱 쓰레기를 처리하는 데 활용한다.

5 물을 쉽게 얼리는 특성이 있는 세균이 활용되는 예를 골라 기호를 써 봅시다.

▲ 생물 농약을 만든다.

▲ 인공 눈을 만든다.

( )

6 오른쪽과 같은 하수 처리를 하는 데 활용되는 생물을 보기 에서 골라 기호를 써 봅시다.

보기
ㄱ 물질을 분해하는 세균
ㄴ 영양소가 풍부한 원생생물
ㄷ 해충에게만 질병을 일으키는 세균

( )

③ 세균의 특징

1 세균에 대한 설명으로 옳지 <u>않은</u> 것은 어느 것입니까? ( )

① 생김새가 단순하다.
② 꼬리가 있는 것도 있다.
③ 세균의 종류는 매우 많다.
④ 세균은 종류가 달라도 모양은 모두 같다.
⑤ 세균은 균류나 원생생물보다 크기가 작다.

2 세균이 사는 곳에 대한 설명으로 옳은 것은 어느 것입니까? ( )

① 물에서는 살 수 없다.
② 생물의 몸에서는 살 수 없다.
③ 연필과 같은 물건에서는 살 수 없다.
④ 따뜻하고 축축한 환경에서만 살 수 있다.
⑤ 교실, 거실, 방, 화장실 등 어디에서나 살 수 있다.

3 오른쪽 헬리코박터균에 대한 설명으로 옳지 <u>않은</u> 것을 보기 에서 골라 기호를 써 봅시다.

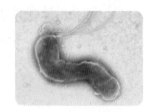

보기	㉠ 꼬리가 있다.	㉡ 막대 모양의 세균이다.
	㉢ 나선 모양의 세균이다.	㉣ 사람의 위에서 산다.

( )

4 다양한 세균의 공통점에 대해 잘못 설명한 친구의 이름을 써 봅시다.

• 수진: 세균은 공 모양, 막대 모양, 나선 모양 등 생김새가 다양해.
• 민영: 세균은 크기가 매우 작아서 돋보기를 사용해야 관찰할 수 있어.
• 지훈: 세균은 살기에 알맞은 조건이 되면 짧은 시간 안에 많은 수로 늘어나.

( )

④ 다양한 생물이
　우리 생활에
　미치는 영향

5 다양한 생물이 우리 생활에 미치는 이로운 영향이 <u>아닌</u> 것은 어느 것입니까?
(　　)

① 죽은 생물을 분해하는 세균이 있다.
② 다른 생물의 먹이가 되는 원생생물이 있다.
③ 음식을 만드는 데 도움을 주는 곰팡이가 있다.
④ 음식과 주변의 물건을 상하게 하는 세균이 있다.
⑤ 쉽게 분해되는 포장재를 만드는 데 이용되는 버섯이 있다.

6 우리 생활에 해로운 영향을 미치는 생물을 모두 골라 기호를 써 봅시다.

⊙

▲ 음식에 자란 곰팡이

⊙

▲ 김치를 만들 때 이용되는 세균

⊙

▲ 독성이 있는 버섯

(　　　　)

7 다음은 어떤 생물이 우리 생활에 미치는 영향을 나타낸 것입니다. 이와 같은 현상을 일으키는 생물은 어느 것입니까? (　　)

▲ 산소를 만든다.

▲ 적조를 일으킨다.

① 동물 　　　　 ② 식물 　　　　 ③ 세균
④ 균류 　　　　 ⑤ 원생생물

8 곰팡이나 세균의 수가 갑자기 줄어들었을 때 일어나는 우리 생활의 변화를 옳게 예상한 친구의 이름을 써 봅시다.

- 연우: 동물이나 식물이 쉽게 병에 걸릴 수 있어.
- 도아: 김치, 요구르트, 된장 등의 음식을 만들기 어려울 거야.
- 이솜: 곰팡이나 세균은 해로운 영향만을 주기 때문에 수가 갑자기 줄어도 우리 생활은 크게 달라지지 않아.

(　　　　)

9 첨단 생명 과학에 대한 설명으로 옳은 것을 보기 에서 모두 골라 기호를 써 봅시다.

보기
㉠ 생명 현상의 연구 결과를 우리 생활에 활용한다.
㉡ 일상생활에서 일어나는 다양한 문제를 해결하는 데 도움을 준다.
㉢ 균류, 세균, 원생생물은 제외하고 동물과 식물의 특징만 연구한다.

(   )

10 오른쪽 생물의 특성이 첨단 생명 과학에서 활용되는 예는 어느 것입니까? (   )

▲ 해충을 없애는 곰팡이

① 화장품을 만든다.
② 생물 농약을 만든다.
③ 음식을 만드는 데 활용한다.
④ 오염된 물을 깨끗하게 만든다.
⑤ 쉽게 분해되는 플라스틱 제품을 만든다.

11 첨단 생명 과학을 통해 생물 연료를 만드는 데 이용하는 생물을 골라 기호를 써 봅시다.

㉠

▲ 세균을 자라지 못하게 하는 균류

㉡
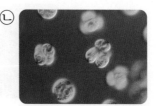
▲ 기름 성분이 많은 원생생물

㉢

▲ 플라스틱을 분해하는 세균

(   )

12 첨단 생명 과학이 우리 생활에 활용되는 예와 해당하는 생물을 옳게 짝 지은 것을 보기 에서 모두 골라 기호를 써 봅시다.

보기
㉠ 건강식품 생산 – 영양소가 풍부한 원생생물
㉡ 인공 눈 생산 – 물을 쉽게 얼리는 특성이 있는 세균
㉢ 질병을 치료하는 약 – 물질을 분해하는 특성이 있는 세균

(   )

서술형 길잡이

❶ 세균은 공 모양, 막대 모양, 나선 모양 등 생김새가 □□합니다.

❷ 세균은 생물의 몸뿐만 아니라 공기, 물, 땅, 물건 등 □□한 곳에서 삽니다.

13 다음 여러 가지 세균의 특징을 나타낸 표를 보고, 세균의 특징을 생김새 및 사는 곳과 관련지어 써 봅시다.

세균(이름)	생김새	사는 곳
대장균	막대 모양이다.	대장, 배출물
포도상 구균	공 모양이고, 여러 개가 뭉쳐 있다.	공기, 음식물, 피부
헬리코박터균	나선 모양이고, 꼬리가 있다.	위

(1) 생김새: _____

(2) 사는 곳: _____

❶ 일부 균류와 세균은 음식을 만드는 데 이용되는 등 우리 생활에 □□□ 영향을 미칩니다.

❷ 일부 균류와 세균은 다른 생물에게 질병을 일으키는 등 우리 생활에 □□□□ 영향을 미칩니다.

14 다음은 다양한 생물이 우리 생활에 미치는 영향을 나타낸 것입니다.

 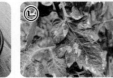  

▲ 곰팡이를 이용해 만든 된장　▲ 곰팡이가 생겨 병든 식물의 잎　▲ 질병을 일으키는 세균　▲ 죽은 나무를 분해하는 버섯

(1) 다양한 생물이 우리 생활에 미치는 이로운 영향과 해로운 영향을 각각 골라 기호를 써 봅시다.

　• 이로운 영향: (　　　　　　) • 해로운 영향: (　　　　　　)

(2) 다양한 생물이 우리 생활에 어떤 영향을 미치는지 써 봅시다.

_____

_____

❶ 일부 곰팡이의 특성을 이용하여 질병을 치료하는 □을 만듭니다.

❷ 물질을 분해하는 다양한 생물을 이용하여 □□□□□를 합니다.

15 다음 ㉠과 ㉡의 생물이 첨단 생명 과학을 통해 우리 생활에 어떻게 활용되는지 각각 써 봅시다.

> ㉠ 세균을 자라지 못하게 하는 균류
> ㉡ 물질을 분해하는 세균, 곰팡이, 원생생물

_____

_____

① 버섯과 곰팡이의 특징

- **①[　　]**: 버섯, 곰팡이와 같은 생물
- **구조**: 몸 전체가 가는 실 모양의 **②[　　]**로 이루어져 있습니다.
- **번식 방법**: **③[　　]**로 번식합니다.
- **양분을 얻는 방법**: 스스로 양분을 만들지 못하고 대부분 죽은 생물이나 다른 생물에서 양분을 얻습니다.
- **사는 환경**: 따뜻하고 축축한 환경에서 잘 자랍니다.
- **실체 현미경으로 관찰한 결과**

버섯	곰팡이
윗부분의 안쪽에 주름이 많고 깊게 파여 있습니다.	가는 실 같은 것이 엉켜 있고, 실 모양 끝에는 둥근 알갱이가 있습니다.

② 짚신벌레와 해캄의 특징

- **④[　　]**: 짚신벌레, 해캄과 같이 동물이나 식물, 균류로 분류되지 않는 생물
- **생김새**: 동물이나 식물에 비해 단순합니다.
- **사는 곳**: 주로 논, 연못과 같이 물이 고인 곳이나 하천, 도랑과 같이 물살이 느린 곳에서 삽니다.
- **광학 현미경으로 관찰한 결과**

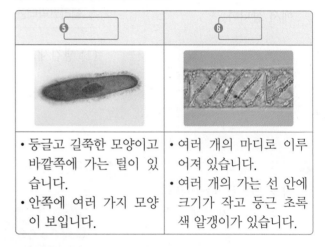

⑤[　　]	**⑥[　　]**
・둥글고 길쭉한 모양이고 바깥쪽에 가는 털이 있습니다. ・안쪽에 여러 가지 모양이 보입니다.	・여러 개의 마디로 이루어져 있습니다. ・여러 개의 가는 선 안에 크기가 작고 둥근 초록색 알갱이가 있습니다.

③ 세균의 특징

- **세균**: 젖산균, 대장균과 같이 균류나 원생생물보다 크기가 더 **⑦[　　]** 생김새가 단순한 생물
- **크기**: 매우 작아서 맨눈으로 볼 수 없고, 배율이 높은 **⑧[　　]**을 사용해야 관찰할 수 있습니다.
- **사는 곳**: 땅이나 물, 공기, 생물의 몸, 우리가 사용하는 물건 등 우리 주변 어느 곳에나 삽니다.
- **생김새**: 공 모양, 막대 모양, 나선 모양 등 다양하고, 꼬리가 있는 세균도 있습니다.

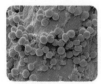

▲ 공 모양 세균　　▲ 막대 모양 세균　　▲ 나선 모양 세균

- **움직임**: 움직일 수 있는 것도 있고, 움직일 수 없는 것도 있습니다.
- **번식**: 살기에 알맞은 조건이 되면 짧은 시간 안에 많은 수로 늘어납니다.

④ 생물이 미치는 영향과 첨단 생명 과학의 활용

- **다양한 생물이 우리 생활에 미치는 영향**

⑨[　　] 영향	・음식을 만드는 데 이용됩니다. ・먹이가 되거나 산소를 제공합니다. ・지구 환경을 유지하는 역할을 합니다.
해로운 영향	・질병을 일으키기도 합니다. ・음식이나 물건을 상하게 합니다. ・일부 원생생물은 적조를 일으킵니다.

- **첨단 생명 과학이 우리 생활에 활용되는 예**

⑩[　　] 치료 약	세균을 자라지 못하게 하는 곰팡이를 이용하여 질병을 치료하는 약을 만듭니다.
생물 연료	기름 성분이 많은 원생생물을 이용하여 생물 연료를 만듭니다.
생물 농약	해충만 없애는 세균과 곰팡이를 이용하여 생물 농약을 만듭니다.
하수 처리	물질을 분해하는 세균, 곰팡이, 원생생물을 이용하여 하수 처리를 합니다.

중요

1 다음 실체 현미경에서 각 부분이 하는 일을 설명한 것으로 옳지 <u>않은</u> 것은 어느 것입니까?
（　　　）

① ㉠－눈으로 들여다보는 렌즈이다.
② ㉡－물체의 상을 확대해 주는 렌즈이다.
③ ㉢－관찰 대상을 올려놓는 곳이다.
④ ㉣－대물렌즈의 배율을 조절하는 나사이다.
⑤ ㉤－조명을 켜고 끄며 밝기를 조절하는 나사이다.

2 곰팡이를 관찰할 때 주의할 점으로 옳지 <u>않은</u> 것은 어느 것입니까?
（　　　）

① 마스크를 착용한다.
② 실험용 장갑을 착용한다.
③ 직접 냄새를 맡지 않는다.
④ 관찰 후에는 반드시 손을 깨끗이 씻는다.
⑤ 맨손으로 만져 보면서 자세하게 관찰한다.

서술형

3 오른쪽과 같이 빵에 자란 곰팡이를 실체 현미경으로 관찰한 결과를 써 봅시다.

▲ 빵에 자란 곰팡이

_____

_____

중요

4 균류에 대한 설명으로 옳은 것을 보기 에서 모두 골라 기호를 써 봅시다.

보기
㉠ 포자로 번식한다.
㉡ 몸 전체가 균사로 이루어져 있다.
㉢ 다른 생물을 먹지 않으며, 스스로 양분을 만든다.
㉣ 곰팡이, 세균 등과 같은 생물을 균류라고 한다.

（　　　　　　）

서술형

5 다음과 같은 곰팡이와 버섯의 공통점을 양분을 얻는 방법과 관련지어 써 봅시다.

▲ 과일에서 자란 곰팡이

▲ 죽은 나무에서 자란 버섯

_____

_____

6 우리 주변에서 곰팡이가 잘 자라지 못하게 하는 방법으로 옳은 것을 보기 에서 모두 골라 기호를 써 봅시다.

보기
㉠ 습기 제거제를 둔다.
㉡ 가습기를 틀어 놓는다.
㉢ 창문을 열어 바람이 잘 통하게 한다.
㉣ 햇빛이 잘 들어오지 않도록 커튼을 친다.

（　　　　　　）

7 다음은 광학 현미경으로 해캄 표본을 관찰하는 과정을 순서와 관계없이 나열한 것입니다. 순서대로 기호를 써 봅시다.

> (가) 표본을 재물대에 고정한 뒤에 전원을 켜고 조리개로 빛의 양을 조절한다.
> (나) 회전판을 돌려 배율이 가장 낮은 대물렌즈가 가운데에 오도록 한다.
> (다) 조동 나사로 재물대를 올려 표본과 대물렌즈를 가깝게 한다.
> (라) 접안렌즈로 보면서 조동 나사로 재물대를 내려 해캄을 찾고, 미동 나사로 뚜렷하게 보이도록 조절한다.

( ) → ( ) → ( ) → ( )

서술형

8 다음은 해캄 표본을 만드는 과정입니다. 덮개 유리를 비스듬히 기울여 천천히 덮는 까닭은 무엇인지 써 봅시다.

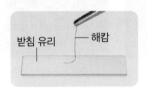

▲ 해캄을 받침 유리 위에 올려 놓는다.　▲ 덮개 유리를 비스듬히 기울여 천천히 덮는다.

_____

_____

9 광학 현미경으로 짚신벌레 영구 표본을 관찰한 결과로 옳지 <u>않은</u> 것은 어느 것입니까? ( )

① 안쪽에 여러 가지 모양이 보인다.
② 가는 실 같은 것이 서로 엉켜 있다.
③ 식물과 동물에 비해 단순한 모양이다.
④ 눈, 코, 귀와 같은 기관을 가지고 있지 않다.
⑤ 둥글고 길쭉한 모양이고 바깥쪽에 가는 털이 있다.

10 짚신벌레와 해캄에 대한 설명으로 옳은 것을 <u>두 가지</u> 골라 써 봅시다. (,)

① 해캄은 균류이다.
② 짚신벌레는 물속에서 산다.
③ 짚신벌레는 여러 개의 마디로 되어 있다.
④ 해캄은 뿌리, 줄기, 잎 등 식물의 특징을 가지고 있다.
⑤ 짚신벌레는 광학 현미경을 사용해야 자세한 모습을 볼 수 있다.

11 오른쪽 해캄이 사는 곳에 대해 옳게 말한 친구의 이름을 써 봅시다.

> • 영남: 숲속의 그늘진 곳에서 살아.
> • 희주: 주로 물이 빠르게 흐르는 계곡에서 살아.
> • 지원: 논, 연못과 같이 물이 고인 곳에서 살아.

( )

12 원생생물을 <u>두 가지</u> 골라 써 봅시다. (,)

① 곰팡이　② 지렁이　③ 아메바
④ 대장균　⑤ 종벌레

서술형

13 세균은 살기에 알맞은 조건이 되면 어떻게 되는지 써 봅시다.

_____

_____

[14~15] 다음은 세균의 생김새와 사는 곳을 조사한 표입니다.

세균(이름)	생김새	사는 곳
대장균	막대 모양이다.	대장, 배출물
포도상 구균	공 모양이고, 여러 개가 뭉쳐 있다.	공기, 음식물, 피부
헬리코박터균	나선 모양이고, 꼬리가 있다.	위

14 위 표를 보고, 오른쪽 세균과 같은 생김새인 세균을 골라 이름을 써 봅시다.

( )

15 위 표를 보고 알 수 있는 사실로 옳은 것을 보기에서 골라 기호를 써 봅시다.

보기
ㄱ 세균의 생김새는 다양하다.
ㄴ 세균은 생물의 몸에서만 산다.
ㄷ 세균은 다른 생물에 비해 크기가 크고 생김새가 복잡한 생물이다.

( )

16 우리 생활에 이로운 영향을 미치는 생물의 예를 두 가지 골라 써 봅시다. (,)

① 적조를 일으키는 원생생물
② 음식을 상하게 하는 곰팡이
③ 죽은 생물을 분해하는 균류
④ 식물에게 병을 일으키는 균류
⑤ 다른 생물의 먹이가 되는 원생생물

17 다양한 생물이 우리 생활에 미치는 영향에 대해 옳게 말한 친구의 이름을 써 봅시다.

• 준호: 우리 생활에 이로운 영향만 미쳐.
• 민영: 우리 생활에 해로운 영향만 미쳐.
• 혜린: 우리 생활에 아무런 영향도 미치지 않아.
• 수진: 우리 생활에 해로운 영향과 이로운 영향을 모두 미쳐.

( )

18 첨단 생명 과학이 활용되는 예를 조사하는 계획을 세울 때, 조사 계획에 들어가야 할 것을 보기에서 모두 골라 기호를 써 봅시다.

보기
ㄱ 역할 분담   ㄴ 조사한 결과
ㄷ 조사할 내용   ㄹ 조사할 방법

( )

19 첨단 생명 과학이 활용되는 예로 옳지 <u>않은</u> 것은 어느 것입니까? ( )

① 세균으로 해충을 없앤다.
② 버섯으로 찌개를 끓여 먹는다.
③ 인공 눈을 만드는 데 세균을 활용한다.
④ 해캄 등의 원생생물로 생물 연료를 만든다.
⑤ 영양소가 풍부한 원생생물로 건강식품을 만든다.

20 첨단 생명 과학이 우리 생활에 활용되는 예와 해당하는 생물을 옳게 줄로 이어 봅시다.

(1)	질병 치료 약	•	• ㄱ	물질을 분해하는 세균
(2)	하수 처리	•	• ㄴ	플라스틱 원료를 가진 세균
(3)	플라스틱 제품 생산	•	• ㄷ	세균을 자라지 못하게 하는 균류

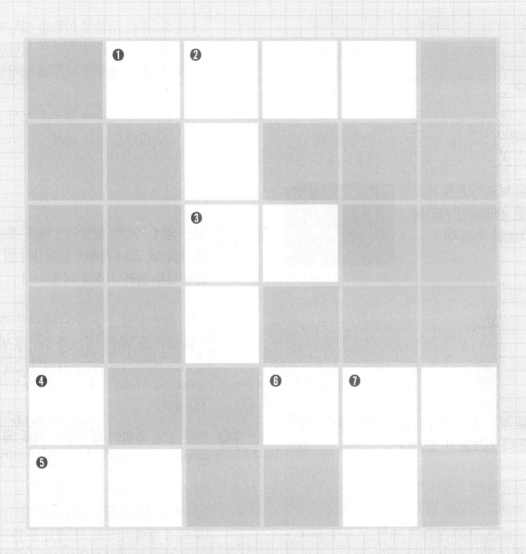

○ 정답과 해설 ● 31쪽

가로 퀴즈

❶ 짚신벌레, 해캄과 같은 생물

❸ 해캄은 주로 논, ○○과 같이 물이 고인 곳이나 하천, 도랑과 같이 물살이 느린 곳에서 삽니다.

❺ 몸이 균사로 이루어져 있고 포자로 번식하는 생물

❻ 맨눈이나 돋보기로 볼 수 없는 모습을 확대하여 관찰할 수 있는 도구 예 실체 ○○○

세로 퀴즈

❷ 기름 성분이 많은 원생생물을 이용하여 친환경 ○○ ○○를 만듭니다.

❹ 김치나 요구르트를 만들 때 ○○을 이용합니다.

❼ 생일날 먹는 ○○국의 재료인 ○○은 바다에 사는 원생생물입니다.

생생한 과학의 즐거움!
과학은 역시!

과학은 역시 오투!!

생생한과학의즐거움!과학은역시!

왜 정답과 해설

초 등 과 학

5.1

visang

왜 정답과 해설

초 등 과 학

5·1

정답과 해설 (진도책)

과학탐구 과학자처럼 탐구하기

기본 문제로 익히기   8쪽

> **1** ②   **2** 문제 인식   **3** ㉢

1 접은 색종이를 물 위에 띄우면 색종이가 물에 젖으면서 접힌 부분이 펴지기 시작합니다.

2 자연 현상을 관찰하고 탐구할 문제를 찾아 명확하게 나타내는 것을 문제 인식이라고 합니다.

3 탐구 문제를 정할 때에는 관찰이나 실험을 통해 스스로 해결할 수 있어야 하고, 탐구 범위가 좁고 구체적이어야 하며, 탐구하려는 내용이 분명히 드러나야 합니다.

기본 문제로 익히기   9쪽

> **1** ②   **2** 다르게   **3** ㉢

1 종이의 종류에 따라 접힌 부분이 물 위에서 펴지는 데 걸리는 시간을 알아보려면 종이의 종류만 다르게 하고 물의 양, 종이의 크기, 종이의 모양, 종이를 접는 방법은 모두 같게 해야 합니다.

2 실험에서 다르게 해야 할 조건과 같게 해야 할 조건을 확인하고 통제하는 것을 변인 통제라고 합니다. 변인 통제를 해야 다르게 한 조건이 실험 결과에 어떤 영향을 미치는지를 알 수 있습니다.

3 실험 계획을 세울 때에는 구체적인 실험 과정과 함께 다르게 해야 할 조건과 같게 해야 할 조건, 관찰하거나 측정해야 할 것, 준비물, 안전 수칙 등을 생각해야 합니다.

기본 문제로 익히기   10쪽

> **1** 물   **2** 색종이   **3** 민지

1 접은 꽃 모양 종이를 물 위에 띄우면 종이가 물에 젖으면서 접힌 부분이 모두 펴집니다.

2 꽃 모양 종이가 모두 펴지는 데 걸린 시간이 색종이가 50초, 도화지가 1분 30초이므로 꽃 모양 종이가 모두 펴지는 데 걸린 시간이 더 짧은 것은 색종이입니다.

3 실험 결과를 기록할 때는 실험 결과를 있는 그대로 기록하고, 실험 결과가 예상과 다르더라도 고치거나 빼지 않습니다.

기본 문제로 익히기   11쪽

> **1** 표   **2** ㉠ → ㉣ → ㉢ → ㉡
> **3** 자료 해석

1 실험 결과를 표나 그래프 등의 형태로 바꾸어 나타내는 것을 자료 변환이라고 합니다. 자료 변환을 하면 실험 결과의 특징을 쉽게 이해할 수 있습니다.

2 실험 결과를 표로 나타낼 때에는 먼저 제목을 정하고, 표에 나타낼 항목을 정한 후 표를 그리고 각 칸에 실험 결과를 나타냅니다.

3 자료 해석은 실험 결과를 통해 알 수 있는 것을 생각하고, 자료 사이의 관계나 규칙을 찾아내는 것입니다.

기본 문제로 익히기   12쪽

> **1** ②   **2** ③   **3** ㉠: 실험, ㉡: 해석

1 실험을 계획할 때 계획서에는 제목, 실험 과정, 준비물, 안전 수칙 등을 적습니다.

2 실험 결과에서 결론을 이끌어 내는 것을 결론 도출이라고 합니다.

3 탐구 문제를 확인한 후 계획을 세워 실험을 하고, 실험 결과를 해석하여 결론을 이끌어 냅니다.

1 온도와 열

① 온도를 측정하는 까닭

기본 문제로 익히기　16～17쪽

핵심 체크

❶ 온도　❷ 온도계　❸ 어림
❹ 측정　❺ 온도

Step 1

1 ℃(섭씨도)　**2** 기온　**3** ○
4 ×

4 병원에서 환자의 건강 상태를 확인할 때는 온도계를 사용하여 환자의 체온을 측정합니다. 환자의 체온을 어림하면 정확한 체온을 알 수 없어 알맞은 치료를 할 수 없습니다.

Step 2

1 온도
2 (1)－ⓛ　(2)－ⓒ　(3)－⊙
3 ⓛ　　　　**4** ⊙, ⓔ　　　**5** ③
6 혜선

1 온도는 물체의 차갑거나 따뜻한 정도를 나타낸 것으로 숫자에 단위 ℃(섭씨도)를 붙여 나타냅니다.

2 물의 온도는 수온, 몸의 온도는 체온, 공기의 온도는 기온이라고 합니다.

3 물체의 온도는 온도계로 측정해야 온도를 정확하게 알 수 있습니다.

오답 바로잡기

⊙ 단위는 kg을 사용한다.
↳ 온도의 단위는 ℃(섭씨도)를 사용합니다.
ⓒ 물체의 가볍거나 무거운 정도를 나타낸다.
↳ 온도는 물체의 차갑거나 따뜻한 정도를 나타냅니다. 물체의 가볍거나 무거운 정도를 나타내는 것은 무게입니다.

4 온도를 어림하는 경우는 ⊙, ⓔ입니다. ⓛ, ⓒ은 온도계를 사용하여 온도를 정확하게 측정하는 경우입니다.

5 ①, ②, ④는 온도계로 온도를 정확하게 측정하는 경우입니다. ③ 공부를 할 때는 책상의 온도를 정확하게 측정할 필요가 없습니다.

6 온도를 온도계로 측정하지 않으면 정확한 온도를 알 수 없으므로 여러 가지 문제가 생길 수 있어 불편함을 겪을 수 있습니다.

오답 바로잡기

· 민솔: 온도를 어림해도 정확한 온도를 알 수 있어.
↳ 온도를 온도계로 측정하지 않고, 어림하면 정확한 온도를 알 수 없습니다.
· 예봄: 온도를 온도계로 측정하면 사람마다 느끼는 온도가 달라서 불편해.
↳ 온도를 어림하지 않고 온도계로 측정하면 사람마다 느끼는 온도가 달라서 겪는 불편함을 해결할 수 있습니다.

② 온도계 사용 방법

기본 문제로 익히기　20～21쪽

핵심 체크

❶ 표면　❷ 눈높이　❸ 고체
❹ 체온　❺ 온도

Step 1

1 액체샘　**2** ×　**3** 조리용 온도계
4 ×

2 액체나 기체의 온도를 측정할 때는 주로 알코올 온도계를 사용합니다. 적외선 온도계는 주로 고체의 표면 온도를 측정할 때 사용합니다.

4 같은 물체라도 온도를 측정하는 시각, 물체가 놓인 장소, 햇빛의 양 등에 따라 온도가 다를 수 있습니다.

Step 2

1 적외선 온도계
2 (1) 29.0 ℃　(2) 섭씨 이십구 점 영 도
3 ⓛ
4 (1)－⊙　(2)－ⓛ　(3)－⊙　(4)－ⓛ
5 ③　　　　　**6** ⓔ

1 적외선 온도계로 측정하려는 물체의 표면을 겨누고 온도 측정 단추를 누르면 온도 표시 창에 물체의 온도가 나타납니다.

2 알코올 온도계는 액체 기둥의 끝이 닿은 위치의 눈금을 읽습니다. 작은 눈금은 1 ℃ 간격으로 매겨져 있으므로 교실의 기온은 29.0 ℃입니다. 29.0 ℃는 '섭씨 이십구 점 영 도'라고 읽습니다.

3 알코올 온도계의 눈금을 읽을 때에는 액체 기둥의 끝이 닿은 위치에 눈높이를 맞추어야 합니다. 따라서 알코올 온도계의 눈금을 읽을 때 눈높이로 알맞은 것은 ⓒ입니다.

4 고체인 컵과 칠판의 온도는 적외선 온도계로 측정하고, 기체인 교실의 기온과 액체인 어항 속 물의 온도는 알코올 온도계로 측정합니다.

5 ①은 적외선 온도계, ②는 알코올 온도계, ④는 조리용 온도계입니다. 체온을 측정할 때는 ③ 귀 체온계를 사용합니다.

6 물체의 온도는 물체가 놓인 장소, 측정 시각, 햇빛의 양 등에 따라 다를 수 있습니다.

③ 온도가 다른 두 물체가 접촉할 때 물체의 온도 변화

기본 문제로 익히기   24~25쪽

핵심 체크
❶ 낮아   ❷ 높아   ❸ 같아
❹ 열   ❺ 이동

Step 1
1 ×   **2** 열의 이동   **3** 높은, 낮은
4 ○

1 온도가 다른 두 물체가 접촉하면 온도가 높은 물체의 온도는 낮아지고, 온도가 낮은 물체의 온도는 높아집니다.

Step 2
1 음료수 캔, 비커   **2** ①
3 ←   **4** ㉠   **5** →
6 ②

1 음료수 캔에 담긴 차가운 물의 온도는 점점 높아지고, 비커에 담긴 따뜻한 물의 온도는 점점 낮아집니다.

2 온도가 다른 두 물체가 접촉한 채로 시간이 지나면 두 물체의 온도는 같아집니다.

3 온도가 다른 두 물체가 접촉하였을 때 열은 온도가 높은 물체에서 온도가 낮은 물체로 이동합니다. 따라서 비커에 담긴 따뜻한 물에서 음료수 캔에 담긴 차가운 물로 열이 이동합니다.

4 얼음물이 담긴 컵을 손으로 잡고 있으면 얼음물의 온도는 높아지고, 손의 온도는 낮아집니다.

오답 바로잡기
ⓛ 뜨거운 프라이팬 위에 올려놓은 빵
↳ 프라이팬의 온도는 낮아지고, 빵의 온도는 높아집니다.
ⓒ 열이 날 때 이마에 올려놓은 얼음주머니
↳ 이마의 온도는 낮아지고, 얼음주머니의 온도는 높아집니다.

5 갓 삶은 달걀을 얼음물 속에 넣을 때에는 온도가 높은 달걀에서 온도가 낮은 얼음물로 열이 이동합니다.

6 열은 온도가 높은 물체에서 온도가 낮은 물체로 이동하므로 ②는 온도가 높은 프라이팬에서 온도가 낮은 버터로 열이 이동합니다. ①은 손난로에서 손으로, ③은 생선에서 얼음으로, ④는 손에서 얼음물로 열이 이동합니다.

실력 문제로 다잡기 ①~③   26~29쪽

1 ㉠: 온도, ㉡: 측정   **2** ②
3 ⓒ   **4** (다), (나), (가)
5 ⓒ   **6** ⓒ   **7** ⓒ
8 ④   **9** ⑤   **10** ⓒ

11 서술형 길잡이 ❶ 온도 ❷ 체온
모범 답안 환자의 체온을 정확하게 알 수 없어 알맞은 치료를 할 수 없다.

12 서술형 길잡이 ❶ 끝, 눈금
(1) 22.0 ℃ (2) 모범 답안 온도계의 빨간색 액체가 더 이상 움직이지 않을 때 액체 기둥의 끝이 닿은 위치에 눈높이를 맞춰 눈금을 읽는다.

13 서술형 길잡이 ❶ 높아 ❷ 높은, 낮은
(1) 높아진다. (2) 모범 답안 비커에 담긴 온도가 높은 물에서 음료수 캔에 담긴 온도가 낮은 물로 열이 이동하기 때문이다.

1 온도는 물질의 차갑거나 따뜻한 정도를 나타내고, 온도계를 사용하여 정확한 온도를 측정할 수 있습니다.

2 온도를 측정할 때는 온도계를 사용합니다. 자는 물체의 길이를, 저울은 물체의 무게를, 시계는 시간을 측정할 때 사용합니다.

3 온실의 크기를 확인할 때는 부피를 측정해야 하는 상황입니다.

4 적외선 온도계는 온도 측정 단추를 한 번 눌러 적외선 온도계를 켜고(다), 온도를 측정하려는 물체의 표면을 겨눈 뒤, 온도 측정 단추를 누르면(나) 온도 표시 창에 온도가 표시됩니다(가).

5 알코올 온도계를 사용할 때에는 액체샘 부분이 비커 바닥이나 옆면에 닿지 않도록 해야 합니다.

6 철봉, 벽, 흙과 같은 고체의 표면 온도는 적외선 온도계로 측정하고, 물과 같은 액체의 온도는 알코올 온도계로 측정합니다. 귀 체온계는 체온을 측정할 때 사용합니다.

7 다른 물체라도 온도가 같을 수 있고, 같은 물체라도 물체가 놓인 장소나 측정 시각, 햇빛의 양 등에 따라 온도가 다를 수 있습니다.

8 뜨거운 손난로를 손으로 잡고 있을 때에는 온도가 높은 손난로에서 온도가 낮은 손으로 열이 이동합니다. 따라서 손의 온도는 점점 높아지고, 손난로의 온도는 점점 낮아집니다.

9 여름철 공기 중에 아이스크림이 있으면 온도가 높은 공기에서 온도가 낮은 아이스크림으로 열이 이동하여 아이스크림의 온도가 높아집니다. ①, ②, ③, ④는 두 물체가 접촉할 때 온도가 낮아지는 경우입니다.

10 뜨거운 국이 그릇에 담겨 있을 때 열은 온도가 높은 국에서 온도가 낮은 그릇으로 이동합니다.

> **오답 바로잡기**
>
> ㉠ 손으로 얼음물이 담긴 컵을 잡을 때 열은 컵에서 손으로 이동한다.
> └▸ 열은 온도가 높은 손에서 온도가 낮은 컵으로 이동합니다.
> ㉢ 삶은 면을 차가운 물에 행굴 때 열은 물에서 삶은 면으로 이동한다.
> └▸ 열은 온도가 높은 삶은 면에서 온도가 낮은 물로 이동합니다.
> ㉣ 얼음주머니를 열이 나는 이마에 올려놓을 때 열은 얼음주머니에서 이마로 이동한다.
> └▸ 열은 온도가 높은 이마에서 온도가 낮은 얼음주머니로 이동합니다.

11 병원에서 체온계를 사용하여 환자의 체온을 정확하게 측정해야 환자의 건강 상태를 정확하게 알 수 있고, 알맞은 치료를 할 수 있습니다.

채점 기준	
상	환자의 체온을 정확하게 알 수 없어 알맞은 치료를 할 수 없다고 옳게 썼다.
하	환자의 체온을 정확하게 알 수 없다고만 썼다.

12 알코올 온도계의 눈금을 읽을 때는 온도계의 빨간색 액체가 더 이상 움직이지 않을 때 액체 기둥의 끝이 닿은 위치에 눈높이를 맞춰 읽어야 합니다.

채점 기준	
상	22.0 °C를 쓰고, 알코올 온도계의 눈금을 읽는 방법을 옳게 썼다.
하	22.0 °C를 쓰고, 눈높이를 맞춰 눈금을 읽는다고만 썼다.

13 온도가 다른 두 물체가 접촉할 때 열은 온도가 높은 물체에서 온도가 낮은 물체로 이동합니다.

채점 기준	
상	온도가 변하는 까닭을 열의 이동과 관련지어 옳게 썼다.
하	비커에 담긴 물에서 캔에 담긴 물로 열이 이동하기 때문이라고만 썼다.

④ 고체에서 열의 이동

기본 문제로 익히기　　32~33쪽

핵심 체크

❶ 전도　　❷ 멀어　　❸ 끊겨
❹ 가까운　　❺ 먼　　❻ 이동

Step 1

1 고체　　**2** ○　　**3** ×
4 찌개, 쇠숟가락

3 고체 물체가 끊겨 있거나, 두 고체 물체가 접촉하고 있지 않다면 전도는 잘 일어나지 않습니다.

Step 2

1 ㉠　　**2** ②　　**3** ㉠
4 ㉢　　**5** 열　　**6** →

1 길게 자른 구리판의 한쪽 끝부분을 가열하면 가열한 부분에서 멀어지는 방향으로 열 변색 붙임딱지의 색깔이 변합니다.

2 구리판의 가운데를 가열했을 때 열이 이동하는 방향은 가열한 부분에서 멀어지는 모든 방향입니다.

3 구리판이 끊겨 있으면 열은 구리판이 끊긴 방향으로는 이동하지 않습니다.

4 고체에서 열이 온도가 높은 부분에서 온도가 낮은 부분으로 고체 물체를 따라 이동하는 것을 전도라고 합니다. 고체에서 열은 가열한 부분에서 멀어지는 방향으로 이동합니다.

5 고체에서 열은 고체 물체를 따라 이동합니다.

6 냄비를 불 위에 올려놓으면 냄비에서 열은 냄비의 옆면을 따라 불과 가까운 쪽에서 불과 먼 쪽으로 이동합니다.

⑤ 고체 물질의 종류에 따라 열이 이동하는 빠르기

기본 문제로 익히기   36~37쪽

핵심 체크
❶ 빠르기   **❷** 금속   **❸** 플라스틱
❹ 금속   **❺** 단열

Step 1
1 ×   **2** 플라스틱   **3** 열
4 ○

1 열은 유리나 나무보다 금속에서 더 빠르게 이동합니다.

Step 2
1 구리판   **2** 구리판, 철판, 유리판
3 ㉠   **4** (1)-㉡ (2)-㉠
5 솔해   **6** ㉡

1 열 변색 붙임딱지의 색깔이 빨리 변하는 순서는 구리판 → 철판 → 유리판과 나무판 순입니다.

2 열 변색 붙임딱지의 색깔이 구리판 → 철판 → 유리판 순으로 빠르게 변하므로 구리판, 철판, 유리판 순으로 열이 빠르게 이동합니다.

3 유리, 나무보다 구리, 철과 같은 금속에서 열이 더 빠르게 이동합니다. 금속의 종류에 따라서도 열이 이동하는 빠르기가 다릅니다. 따라서 고체 물질의 종류에 따라 열이 이동하는 빠르기가 다릅니다.

4 다리미의 손잡이는 열이 느리게 이동하는 플라스틱으로 만들고, 다리미의 바닥은 열이 빠르게 이동하는 금속으로 만듭니다.

5 주방 장갑은 열의 전도가 느린 물질로 만들어서 뜨거운 냄비와 손 사이에서 열이 이동하는 것을 막는 단열을 이용한 예입니다.

> **오답 바로잡기**
>
> • 다윤: 단열을 위해 열의 전도가 빠른 물질을 이용해.
> └→ 단열을 위해서는 열의 전도가 느린 물질을 이용합니다.
> • 창민: 단열은 물체 사이에서 열이 더 빠르게 이동하게 하는 것을 말해.
> └→ 단열은 물체 사이에서 열의 이동을 막는 것입니다.

6 아이스박스와 단열재는 안과 밖 사이에서 열이 이동하는 것을 막는 단열을 이용한 예입니다. 열이 날 때 이마에 얼음주머니를 올려놓으면 온도가 높은 이마에서 온도가 낮은 얼음주머니로 열이 이동합니다. 따라서 단열을 이용한 예가 아닙니다.

실력 문제로 다잡기 ❹ ~ ❺   38~41쪽

1 ③   **2** 승혜   **3** ㉢
4 ㉠   **5** ⑤   **6** ㉡
7 ③   **8** (가): ㉢ (나): ㉠, ㉡
9 단열
10 서술형 길잡이 **❶** 끊겨, 접촉
(1) ← (2) 모범 답안 고체 물체가 끊겨 있으면 열은 그 방향으로 이동하지 않는다.
11 서술형 길잡이 **❶** 고체
모범 답안 고체 물질의 종류에 따라 열이 이동하는 빠르기가 다르다.
12 서술형 길잡이 **❶** 바닥, 손잡이 **❷** 열
모범 답안 옷을 다리는 바닥 부분은 열이 빠르게 이동해야 하고, 손잡이 부분은 열이 느리게 이동해야 하기 때문이다.

1 구리판을 가열한 부분의 온도가 가장 먼저 높아지기 때문에 가열한 부분 ⓒ의 열 변색 붙임딱지의 색깔이 가장 먼저 변합니다.

2 고체에서 열은 고체 물체를 따라 이동하므로 고체 물체가 끊겨 있거나 접촉하고 있지 않으면 열은 이동하지 않습니다. 따라서 긴 구멍이 뚫린 구리판에서 열은 ⓒ → ㉠ → ⓒ으로 이동합니다.

3 고체에서 열은 고체 물체를 따라 온도가 높은 부분에서 온도가 낮은 부분으로 이동합니다. 따라서 가열한 부분에서 멀리 떨어진 부분도 열이 전도되어 시간이 지나면 온도가 높아집니다.

4 고체에서 열이 이동할 때는 가열한 부분에서 멀어지는 방향으로 이동합니다. ㉠은 가열한 부분에 가까워지는 방향입니다.

5 뜨거운 찌개에 쇠숟가락을 담가 놓았을 때 쇠숟가락의 손잡이가 뜨거워지는 까닭은 찌개에 담가 놓았던 부분에서 손잡이 쪽으로 열이 이동하기 때문입니다.

6 열 변색 붙임딱지의 색깔이 빨리 변할수록 열이 이동하는 빠르기가 빠릅니다. 따라서 ㉠은 철판, ⓒ은 구리판, ⓒ은 유리판입니다.

7 열은 유리보다 금속에서 더 빠르게 이동합니다.

> **오답 바로잡기**
>
> ① 모든 금속은 열이 이동하는 빠르기가 같다.
> ↳ 금속 중에서도 금속 물질의 종류에 따라 열이 이동하는 빠르기가 다릅니다.
> ② 금속보다 나무에서 열이 더 빠르게 이동한다.
> ↳ 열은 나무보다 금속에서 더 빠르게 이동합니다.
> ④ 금속보다 플라스틱에서 열이 더 빠르게 이동한다.
> ↳ 열은 플라스틱보다 금속에서 더 빠르게 이동합니다.
> ⑤ 모든 고체 물질은 종류에 관계없이 열이 이동하는 빠르기가 같다.
> ↳ 고체 물질의 종류에 따라 열이 이동하는 빠르기가 다릅니다.

8 냄비 뚜껑의 손잡이(㉠)와 냄비의 손잡이(ⓒ)는 플라스틱과 같이 열이 느리게 이동하는 물질로 만들고, 냄비의 몸체(ⓒ)는 열이 빠르게 이동하는 물질로 만들어야 합니다.

9 두 물체 사이에서 열의 이동을 막는 것을 단열이라고 합니다. 냄비 받침이나 겨울철에 모자, 장갑, 두꺼운 외투를 입는 것은 단열을 이용한 예입니다.

10 고체에서 열은 온도가 높은 부분에서 온도가 낮은 부분으로 고체 물질을 따라 이동합니다. 고체 물질이 끊겨 있거나 접촉하고 있지 않으면 열은 그 방향으로 이동하지 않습니다.

채점 기준	
상	열의 이동 방향을 옳게 표시하고, 고체 물질이 끊겨 있을 때 열의 이동 방향에 대해 옳게 썼다.
하	열의 이동 방향만 옳게 표시했다.

11 플라스틱판보다 철판에서 열이 더 빠르게 이동하며, 철판보다 구리판에서 열이 더 빠르게 이동합니다. 따라서 고체 물질의 종류에 따라 열이 이동하는 빠르기가 다릅니다.

채점 기준	
상	고체 물질의 종류에 따라 열이 이동하는 빠르기가 다르다고 옳게 썼다.
하	열이 이동하는 빠르기가 다르다고만 썼다.

12 고체 물질의 종류에 따라 열이 이동하는 빠르기가 다릅니다. 옷을 다리는 다리미의 바닥 부분은 열이 빠르게 이동하여 뜨겁고, 손잡이 부분은 열이 느리게 이동하므로 뜨겁지 않습니다.

채점 기준	
상	옷을 다리는 부분은 열이 빠르게 이동해야 하고, 손잡이 부분은 열이 느리게 이동해야 하기 때문이라고 옳게 썼다.
하	고체 물질의 종류에 따라 열이 이동하는 빠르기가 다르다고만 썼다.

⑥ 액체에서 열의 이동

기본 문제로 익히기 44~45쪽

핵심 체크
❶ 대류 ❷ 낮 ❸ 높
❹ 아랫 ❺ 높

Step 1
1 위 **2** 높아 **3** ×

3 물이 든 냄비의 아랫부분을 가열하면 물에서 대류가 일어나 열이 이동하며 시간이 충분히 지나면 물 전체의 온도가 높아집니다.

1 물이 담긴 비커 바닥에 파란색 잉크를 넣고 비커의 아랫부분을 가열하면 온도가 높아진 잉크는 위로 올라갑니다.

2 가열된 파란색 잉크가 위로 올라가는 것으로 보아, 액체에서 온도가 높아진 물질은 위로 올라간다는 것을 알 수 있습니다.

3 주변보다 온도가 높아진 액체(㉡)는 위로 올라가고, 주변보다 온도가 낮아진 액체(㉠)는 아래로 내려갑니다. 따라서 파란색 잉크가 위로 올라가는 부분은 ㉡이고, ㉠은 아래로 내려가는 부분입니다.

4 액체를 가열하면 액체에서 온도가 높아진(㉠) 물질은 위로 올라가고, 위에 있던 온도가 낮은(㉡) 물질은 아래로 내려가면서 열이 이동합니다. 이러한 과정을 대류라고 합니다.

5 가열한 부분에 있는 물은 온도가 높아집니다(㉣). 온도가 높아진 물은 위로 올라가고(㉡), 위에 있던 물은 아래로 밀려 내려옵니다(㉢). 이 과정이 반복되면서 물 전체의 온도가 높아집니다(㉠).

6 온도가 높아진 물은 욕조 윗부분으로 올라가기 때문에 욕조에 받은 물의 윗부분이 아랫부분보다 온도가 높습니다.

❼ 기체에서 열의 이동

기본 문제로 익히기 48~49쪽

핵심 체크

❶ 대류 ❷ 높아 ❸ 난방

❹ 차가운 ❺ 뜨거운

Step 1

1 × 2 위 3 ×

1 기체에서는 액체에서와 같이 주로 대류를 통해 열이 이동합니다.

3 방 안에서 난방 기구를 켜면 따뜻해진 공기는 위로 올라가고, 위쪽의 차가운 공기는 아래로 밀려 내려오면서 방 전체가 따뜻해집니다.

1 열 변색 붙임딱지를 붙인 아크릴 통으로 촛불을 덮었을 때 열 변색 붙임딱지의 색깔이 가장 먼저 변하는 위치는 아크릴 통 윗부분입니다.

2 아크릴 통 윗부분의 열 변색 붙임딱지의 색깔이 가장 먼저 변하는 것은 촛불 주변에서 온도가 높아진 공기가 위로 올라갔기 때문입니다.

3 촛불 주변에서 온도가 높아진 공기가 위로 올라가기 때문에 향 연기는 초를 넣은 쪽으로 넘어가 위로 올라갑니다.

4 기체도 액체에서와 같이 대류를 통해 열이 이동하므로 온도가 높아진 공기는 위로 올라갑니다.

5 석빙고 안에서 온도가 높은 공기는 위로 올라가 환기구로 빠져 나가므로 석빙고 안에는 차가운 공기가 오래 머무릅니다.

오답 바로잡기

㉡ 화재가 발생했을 때 뜨거운 연기는 아래로 내려온다.

↳ 온도가 높아진 공기는 위로 올라가므로 뜨거운 연기가 위로 올라갑니다.

㉢ 난방기를 방 안의 아래쪽에 켜 놓으면 아래쪽만 따뜻해진다.

↳ 난방기를 아래쪽에만 켜 놓아도 대류가 일어나 방 안 전체가 따뜻해집니다.

6 냉방기에서 나오는 차가운 공기는 아래로 내려오므로 냉방기를 높은 곳에 설치하면 방 안 전체의 공기가 시원해집니다.

1 ㉡　　　**2** ㉠　　　**3** ㉣

4 혜미　　　**5** ㉠: 차가운 물, ㉡: 따뜻한 물

6 ㉡, ㉢, ㉠　　　**7** ㉡

8 ㉠: 위, ㉡: 위, ㉢: 낮은　　　**9** ②

10 서술형 길잡이 ❶ 높아진, 낮은

모범답안 주전자 아랫부분을 가열하면 온도가 높아진 물은 위로 올라가고, 위에 있던 물이 아래로 밀려 내려온다. 이 과정이 반복되면서 주전자에 있는 물 전체가 따뜻해진다.

11 서술형 길잡이 ❶ 높아 ❷ 위

모범답안 불을 붙인 초 주변에서 온도가 높아진 공기가 위로 올라가기 때문이다.

12 서술형 길잡이 ❶ 아래

(1) 낮은 곳　(2) 모범답안 냉방기에서 나오는 차가운 공기가 아래로 내려오므로 냉방기를 높은 곳에 설치하면 방 안 전체의 공기가 시원해진다.

---

1 액체의 아랫부분을 가열하면 온도가 높아진 물질이 위로 올라가고, 위에 있던 온도가 낮은 물질이 아래로 내려오는 대류가 일어나며 열이 이동합니다.

> **오답 바로잡기**
>
> ㉠ 액체를 가열하면 액체 전체의 온도가 동시에 높아진다.
> ↳ 액체를 가열하면 대류가 일어나며 시간이 지나면 액체 전체의 온도가 높아집니다.
>
> ㉢ 액체를 가열하면 온도 높아진 물질이 위로 올라가는 전도가 일어난다.
> ↳ 전도는 고체를 가열할 때 열이 고체 물체를 따라 이동하는 것입니다.

2 액체에서 대류가 일어나 주변보다 온도가 높아진 액체는 위로 올라갑니다. 따라서 뜨거운 물을 넣은 받침 용기는 잉크가 올라가는 방향에 있는 ㉠입니다.

뜨거운 물　　차가운 물

3 물이 담긴 냄비의 바닥을 가열하면 냄비의 바닥에 있는 물의 온도가 가장 먼저 높아집니다. 온도가 높아진 물은 위로 올라갑니다.

4 전기 주전자가 물의 아랫부분을 가열하면 물에서 대류가 일어나 시간이 충분히 지난 뒤에는 물 전체의 온도가 높아집니다.

> **오답 바로잡기**
>
> • 아람: 전기 주전자에서 가열하는 아랫부분에 있는 물의 온도만 높아져.
> ↳ 가열하는 아랫부분의 물은 온도가 높아지면 위로 올라가서 시간이 지나면 물 전체의 온도가 높아집니다.
>
> • 선우: 온도가 높아진 물이 위로 올라가므로 윗부분에 있는 물의 온도만 높아져.
> ↳ 온도가 높아진 물은 위로 올라가지만 위에 있던 물은 아래로 밀려 내려가므로 시간이 지나면 물 전체의 온도가 높아집니다.

5 액체에서는 대류가 일어나므로 따뜻한 물은 위로 올라가고, 차가운 물은 아래로 내려옵니다. 따라서 위로 올라가는 따뜻한 물이 위쪽(㉡)에 있고, 아래로 내려오는 차가운 물이 아래쪽(㉠)에 있으면 두 물이 잘 섞이지 않습니다.

6 초에 불을 붙이면 촛불 주변 공기의 온도가 먼저 높아지고(㉡), 온도가 높아진 공기가 위로 올라가면서 열이 이동합니다(㉢). 따라서 아크릴 통 윗부분 열 변색 붙임딱지의 색깔이 변합니다(㉠).

7 난방 기구를 켜면 온도가 높아진 공기는 위로 올라가고 위에 있던 공기는 아래로 밀려 내려옵니다.

8 석빙고는 기체의 대류를 이용하여 더운 공기를 위(㉠)로 빼내어 차가운 공기가 석빙고 안에 오래 머무르게 합니다. 화재가 발생하면 기체의 대류로 뜨거운 연기가 위(㉡)로 이동하므로 연기를 많이 마시지 않기 위해 낮은(㉢) 자세로 대피해야 합니다.

9 기체에서는 주변보다 온도가 높아진 물질이 위로 올라가는 대류를 통해 열이 이동합니다.

> **오답 바로잡기**
>
> ① 액체는 가열해도 열이 이동하지 않는다.
> ↳ 액체에서는 주로 대류를 통해 열이 이동합니다.
> ③ 기체에서는 온도가 낮아진 물질이 위로 올라간다.
> ④ 액체에서는 온도가 높아진 물질이 아래로 내려온다.
> ↳ 기체와 액체에서는 온도가 높아진 물질이 위로 올라가고, 위에 있던 물질이 아래로 밀려 내려옵니다.
> ⑤ 기체에서 열은 온도가 높은 부분에서 온도가 낮은 부분으로 기체 물질을 따라 이동한다.
> ↳ 고체에서 열은 온도가 높은 부분에서 온도가 낮은 부분으로 고체 물체를 따라 이동합니다.

10

	채점 기준
상	물에서 일어나는 대류의 과정으로 물 전체가 따뜻해지는 과정을 옳게 썼다.
하	물에서 대류가 일어난다고만 썼다.

진도책

11 불을 붙인 초 주변의 공기는 온도가 높아지고, 온도가 높아진 공기는 위로 올라갑니다. 따라서 향 연기도 초를 넣은 쪽으로 넘어가서 위로 올라갑니다.

채점 기준	
상	촛불 주변에서 온도가 높아진 공기가 위로 올라가기 때문이라고 옳게 썼다.
하	대류가 일어나기 때문이라고만 썼다.

12 난방 기구 주변에서 따뜻해진 공기는 위로 올라가고 냉방기에서 나오는 차가운 공기는 아래로 내려오므로 난방 기구는 낮은 곳에, 냉방기는 높은 곳에 설치하는 것이 좋습니다.

채점 기준	
상	난방 기구를 설치하는 곳을 옳게 쓰고, 냉방기를 어느 곳에 설치하는 것이 좋은지를 까닭과 함께 옳게 썼다.
하	난방 기구를 설치하는 곳을 옳게 쓰고, 냉방기를 높은 곳에 설치하는 것이 좋다고만 썼다.

단원 정리하기   54쪽

❶ 온도계   ❷ 액체샘   ❸ 같아
❹ 높은   ❺ 낮은   ❻ 전도
❼ 이동   ❽ 대류   ❾ 위
❿ 전체

단원 마무리 문제   55~57쪽

1 ③   **2** ㉠: 어림, ㉡: 온도계
3 ㉣   **4** ㉠   **5** ⑤
6 ㉠: 눈금, ㉡: 액체샘
7 모범 답안 교실의 의자와 운동장의 의자, 나무 그늘의 흙과 햇빛이 비치는 곳의 흙, 그늘에 주차된 자동차와 햇빛이 비치는 곳에 주차된 자동차 등
8 ①   **9** 열
10 모범 답안 온도가 높은 프라이팬에서 온도가 낮은 버터로 열이 이동한다.
11 ㉢   **12** ③   **13** ⑤
14 ㉡   **15** ㉢   **16** ②
17 모범 답안 온도가 높아진 잉크가 액체의 대류에 따라 위로 올라가기 때문이다.
18 ⑤   **19** ㉡
20 (1) 대류 (2) 전도 (3) 대류

1 ③에서는 목욕탕 물에 손을 넣어 보며 온도를 어림합니다. ①, ②, ④에서는 온도계를 사용하여 온도를 측정합니다.

2 온도를 어림하면 온도를 정확하게 알 수 없고, 같은 온도라도 사람마다 온도를 다르게 느낄 수 있어 불편합니다. 온도계를 사용하여 온도를 측정하면 온도를 정확하게 알 수 있습니다. 전자저울은 물체의 무게를 측정할 때 사용합니다.

3 병원에서 환자의 체온을 정확하게 알지 못하면 알맞은 치료를 할 수 없으므로 온도계를 사용하여 체온을 정확하게 측정해야 합니다.

4 ㉠은 적외선 온도계로, 측정하려는 물체의 표면을 겨누고 측정 단추를 누르면 온도 표시 창에 온도가 나타납니다.

5 ㉢은 알코올 온도계로, 온도를 측정하려는 물질에 액체샘을 넣고 액체 기둥의 끝이 닿은 위치에 눈높이를 맞추어 눈금을 읽습니다.

> **오답 바로잡기**
>
> ① 주로 체온을 측정할 때 사용한다.
> ↳ 체온을 측정할 때 사용하는 온도계는 ㉡ 귀 체온계입니다.
> ② 온도계 끝을 귀에 넣고 측정 단추를 누른다.
> ↳ ㉡ 귀 체온계의 사용 방법입니다.
> ③ 주로 고체의 표면 온도를 측정할 때 사용한다.
> ↳ 고체의 표면 온도를 측정할 때는 주로 ㉠ 적외선 온도계를 사용합니다.
> ④ 온도계로 비커에 담긴 물의 온도를 측정할 때는 액체샘을 비커 바닥에 닿도록 한다.
> ↳ 알코올 온도계로 온도를 측정할 때는 액체샘이 비커 바닥에 닿지 않도록 유의합니다.

6 알코올 온도계는 고리, 몸체, 액체샘(㉡)으로 이루어져 있습니다. 몸체에서 눈금(㉠)을 읽어 온도를 알 수 있습니다.

7 같은 물체라도 물체가 놓인 장소나 측정 시각, 햇빛의 양 등에 따라 온도가 다를 수 있습니다.

채점 기준	
상	우리 주변에서 같은 물체라도 장소에 따라 온도가 다른 예를 두 가지 모두 옳게 썼다.
하	우리 주변에서 같은 물체라도 장소에 따라 온도가 다른 예를 한 가지만 옳게 썼다.

8 온도가 다른 두 물체가 접촉할 때 온도가 높은 물체의 온도는 낮아지고, 온도가 낮은 물체의 온도는 높아집니다. 따라서 음료수 캔(㉠)에 담긴 차가운 물의 온도는 높아지고, 비커(㉡)에 담긴 따뜻한 물의 온도는 낮아지다가 시간이 지나면 두 물의 온도가 같아집니다.

9 열은 따뜻한 물에서 차가운 물로 이동하고, 물체에 열을 가하면 물체의 온도가 높아집니다. 따라서 물의 온도가 변한 까닭은 ㉡에 담긴 물에서 ㉠에 담긴 물로 열이 이동하였기 때문입니다.

10 온도가 다른 두 물체가 접촉할 때 열은 온도가 높은 물체에서 온도가 낮은 물체로 이동합니다.

채점 기준	
상	온도가 높은 프라이팬에서 온도가 낮은 버터로 열이 이동한다고 옳게 썼다.
하	프라이팬에서 버터로 열이 이동한다고만 썼다.

11 열 변색 붙임딱지의 색깔은 가열한 부분에서 멀어지는 방향으로 변합니다. 따라서 ㉢ 부분을 가열하면 화살표와 같은 방향으로 열 변색 붙임딱지의 색깔이 변합니다.

12 고체에서 열이 이동할 때는 가열한 부분에서 멀어지는 모든 방향으로 열이 이동하고, 고체 물체가 끊겨 있으면 열이 잘 이동하지 않습니다.

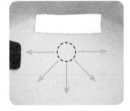

다. 따라서 긴 구멍이 뚫린 정사각형 구리판의 가운데를 가열할 때 열이 이동하는 방향은 ③입니다.

13 고체에서 열은 고체 물체를 따라 이동하므로 고체 물체가 끊겨 있거나, 두 고체 물체가 접촉하고 있지 않다면 열은 잘 이동하지 않습니다.

14 열 변색 붙임딱지의 색깔이 빠르게 변하는 판이 열이 빠르게 이동한 판이므로 열이 가장 빠르게 이동한 판은 ㉡입니다.

15 단열은 온도가 다른 두 물체 사이에서 열의 이동을 막는 것입니다. 집을 지을 때는 단열을 이용하여 집 안의 온도를 유지하기 위해 단열재를 사용합니다. 아이스박스와 주방 장갑은 단열을 이용한 예입니다.

16 물이 담긴 주전자의 바닥 부분을 가열하면 주전자 바닥에 있는 물의 온도가 높아지며, 온도가 높아진 물은 위로 올라갑니다.

17 액체에서 온도가 높아진 물질은 액체의 대류에 따라 위로 올라가고, 위에 있던 물질은 아래로 밀려 내려옵니다. 따라서 가열되어 온도가 높아진 잉크는 위로 올라갑니다.

채점 기준	
상	온도가 높아진 잉크가 액체의 대류에 따라 위로 올라가기 때문이라고 옳게 썼다.
하	액체의 대류 때문이라고만 썼다.

18 초에 불을 붙이면 촛불 주변에서 뜨거워진 공기가 위로 올라갑니다. 따라서 향 연기는 초를 넣은 쪽으로 넘어가 위로 올라갑니다.

19 화재가 발생하면 기체의 대류에 따라 뜨거운 연기가 위로 이동합니다. 따라서 연기를 많이 마시지 않기 위해 낮은 자세로 대피해야 합니다.

20 고체에서는 전도를 통해, 액체와 기체에서는 대류를 통해 열이 이동합니다. (1)은 기체, (3)은 액체에서 대류를 통해 열이 이동하는 것이고, (2)는 고체에서 전도를 통해 열이 이동하는 것입니다.

가로 세로 용어 퀴즈　58쪽

	온	도	표	시	창
전	도				
	계			단	열
			체		의
		수	온		이
대	류				동

2 태양계와 별

1 태양이 우리에게 미치는 영향

기본 문제로 익히기　　　　　　62~63쪽

핵심 체크

❶ 태양　　❷ 밝게　　❸ 양분
❹ 전기　　❺ 따뜻하게　　❻ 차갑게

Step 1

1 태양　　**2** ○　　**3** ×

3 태양이 없다면 식물은 자라지 못하고 동물도 살기 어렵습니다.

Step 2

1 ②　　**2** (1)-②　(2)-⊙　(3)-©
(4)-©　　**3** ⊙　　**4** 수연
5 ⊙　　**6** ③

1 우리가 살아가는 데 필요한 대부분의 에너지는 태양에서 얻습니다.

2 태양 빛을 이용해 전기를 만들고, 바닷물을 증발시켜 소금을 만듭니다. 또한 태양 때문에 물이 증발하여 구름이 만들어지고, 일부 동물은 식물이 태양 빛으로 만든 양분을 먹고 살아갑니다.

3 태양 빛이 있어 밝은 낮에 야외에서 뛰어놀 수 있습니다.

4 태양은 물이 순환하는 데 필요한 에너지를 끊임없이 공급합니다. 태양 때문에 물이 증발하고 구름이 되어 비가 내립니다.

오답 바로잡기

· 유림: 태양 빛은 땅을 차갑게 만들어.
↳ 태양 빛은 공기, 땅, 바닷물을 따뜻하게 합니다.
· 민호: 염전에서 소금을 만들 때에는 태양 빛 없이 바닷물만을 이용해.
↳ 염전에서는 태양 빛으로 바닷물이 증발해 소금이 만들어집니다.

5 태양이 소중한 까닭은 태양이 스스로 빛을 내고, 태양이 지구를 따뜻하게 해서 생물이 살기에 알맞은 환경을 만들어 주기 때문입니다.

6 태양이 없으면 지구에서 생물이 살기 어렵습니다.

2 태양계를 구성하는 태양과 행성

기본 문제로 익히기　　　　　　66~67쪽

핵심 체크

❶ 태양계　　❷ 행성　　❸ 토성
❹ 붉은색　　❺ 기체　　❻ 기체

Step 1

1 ○　　**2** ×　　**3** 화성
4 ○

2 지구처럼 태양의 주위를 도는 둥근 천체를 행성이라고 합니다.

Step 2

1 태양　　**2** ②, ③　　**3** ④
4 ⑤　　**5** ①　　**6** ©, ©

1 태양은 태양계의 중심에 있으며 태양계에서 유일하게 스스로 빛을 내는 천체입니다.

2 태양계의 구성원에는 태양, 행성, 위성, 소행성, 혜성 등이 있습니다. 그 중 태양계를 구성하는 행성에는 수성, 금성, 지구, 화성, 목성, 토성, 천왕성, 해왕성이 있습니다.

오답 바로잡기

① 태양
↳ 태양계에서 유일하게 빛을 내는 천체로, 행성에 비해 크기가 매우 크고 뜨겁습니다.
④ 달
↳ 지구의 주위를 도는 위성입니다.

3 태양계를 구성하는 행성에는 수성, 금성, 지구, 화성, 목성, 토성, 천왕성, 해왕성이 있습니다.

4 해왕성은 파란색을 띠고 표면이 기체로 되어 있으며 표면에 거대한 검은 반점이 있습니다.

5 화성은 표면이 지구의 사막처럼 암석과 흙으로 이루어져 있습니다.

6 태양계에서 고리가 있는 행성은 목성, 토성, 천왕성, 해왕성입니다.

실력 문제로 다잡기 ❶ ~ ❷   68~71쪽

1 태양   **2** ㉡   **3** ④
4 우현   **5** ②   **6** ㉠, ㉣
7 ④   **8** ②   **9** ①

10 서술형 길잡이 ❶ 양분 ❷ 전기
모범 답안 일부 동물은 식물이 만든 양분을 먹고 살아간다. 태양에서 오는 에너지를 이용하여 전기를 만든다.

11 서술형 길잡이 ❶ 화성, 토성
(1) 태양계 (2) 모범 답안 태양계 행성에는 수성, 금성, 지구, 화성, 목성, 토성, 천왕성, 해왕성이 있다.

12 서술형 길잡이 ❶ 암석, 목성
모범 답안 (가)는 표면이 암석으로 되어 있는 행성이고, (나)는 표면이 기체로 되어 있는 행성이다.

1 태양은 식물이 양분을 만드는 데 도움을 주고, 바닷물을 증발시켜 소금을 만드는 데에도 도움을 줍니다.

2 태양은 물이 순환하는 데 필요한 에너지를 끊임없이 공급합니다. 태양 때문에 물이 증발하고 구름이 되어 비가 내립니다.

오답 바로잡기

㉠ 태양 빛은 물체를 볼 수 없게 한다.
↳ 태양 빛은 물체를 볼 수 있게 합니다.
㉢ 태양은 식물이 광합성을 하지 못하게 하여 초식 동물이 살 수 없게 한다.
↳ 식물은 태양 빛을 이용해 광합성을 하며 양분을 만듭니다. 초식 동물은 식물이 만든 양분을 먹고 살아갑니다.

3 태양이 있어서 식물이 양분을 만들 수 있고, 전기를 만들고 생활에 이용할 수 있으며, 밝은 낮에 뛰어놀 수 있습니다. 또한 태양 빛으로 바닷물이 증발해 소금이 만들어집니다.

4 태양이 없다면 낮과 밤에 어두워 야외 활동을 할 수 없을 것입니다. 또한 태양이 없다면 지구가 차갑게 얼어붙어 생물이 살아가지 못할 것입니다.

5 태양계의 중심에 있는 것은 태양입니다. 행성은 태양 주위를 도는 둥근 천체입니다.

6 스스로 빛을 내는 천체는 태양계에서 태양이 유일합니다. 태양계에는 여덟 개의 행성(수성, 금성, 지구, 화성, 목성, 토성, 천왕성, 해왕성)이 있습니다.

7 수성은 고리가 없고 전체적으로 어두운 회색을 띠고 있습니다. 또한 표면이 암석으로 되어 있고 달처럼 충돌 구덩이가 있어 표면이 울퉁불퉁합니다. 지구에서 가장 밝게 보이는 행성은 금성입니다.

오답 바로잡기

① 고리가 있다.
↳ 수성은 고리가 없습니다. 고리가 있는 행성은 목성, 토성, 천왕성, 해왕성입니다.
② 색깔이 붉은색이다.
↳ 수성은 회색을 띱니다. 붉은색을 띠는 행성은 화성입니다.
③ 표면이 기체로 되어 있다.
↳ 수성은 표면이 암석으로 되어 있습니다. 표면이 기체로 되어 있는 행성은 목성, 토성, 천왕성, 해왕성입니다.
⑤ 지구에서 가장 밝게 보이는 행성이다.
↳ 지구에서 가장 밝게 보이는 행성은 금성입니다.

8 화성은 붉은색이고, 표면은 지구의 사막처럼 암석과 흙으로 이루어져 있습니다. 또한 대기가 있으나 지구보다 훨씬 적습니다.

9 태양계 행성은 태양 주위를 도는 둥근 천체입니다. 태양계 행성 중 수성, 금성, 지구, 화성은 고리가 없고, 목성, 토성, 천왕성, 해왕성은 고리가 있습니다.

10 초식 동물은 식물이 태양 빛을 이용해 만든 양분을 먹고 살아갑니다. 사람들은 태양에서 오는 에너지를 이용하여 전기를 만들고 생활에 이용합니다.

채점 기준	
상	태양이 생물과 우리 생활에 미치는 영향을 두 가지 모두 옳게 썼다.
하	태양이 생물과 우리 생활에 미치는 영향을 한 가지만 옳게 썼다.

11 태양계는 태양, 행성(수성, 금성, 지구, 화성, 목성, 토성, 천왕성, 해왕성), 위성, 소행성, 혜성 등으로 구성되어 있습니다.

채점 기준	
상	태양계와 태양계를 구성하는 행성을 모두 옳게 썼다.
하	태양계와 태양계를 구성하는 행성 중 한 가지만 옳게 썼다.

12 수성, 금성, 지구, 화성은 표면이 암석으로 되어 있고, 목성, 토성, 천왕성, 해왕성은 표면이 기체로 되어 있습니다.

채점 기준	
상	(가)와 (나)를 모두 옳게 썼다.
하	(가)와 (나) 중 한 가지만 옳게 썼다.

❸ 태양계 행성의 크기

핵심 체크
❶ 화성　　❷ 목성　　❸ 금성
❹ 큰　　　❺ 지구　　❻ 109

Step 1
1 ✕　　　2 큰　　　3 ○

1 태양계 행성 중 크기가 가장 작은 행성은 수성입니다.

3 수성, 금성, 지구, 화성은 상대적으로 크기가 작은 행성이고, 목성, 토성, 천왕성, 해왕성은 상대적으로 크기가 큰 행성입니다.

Step 2
1 목성　　　2 ⑤　　　3 ④
4 (1)-ⓒ　(2)-㉠　　5 해은
6 ③

1 태양계 행성은 크기가 매우 커서 직접 비교하기 어렵기 때문에 상대적인 크기로 비교합니다. 상대적인 크기가 11.2인 목성이 태양계 행성 중 크기가 가장 큽니다.

2 태양계 행성을 크기가 큰 순서대로 나열하면 목성 > 토성 > 천왕성 > 해왕성 > 지구 > 금성 > 화성 > 수성입니다. 따라서 태양계 행성 중 네 번째로 큰 ㉠은 해왕성입니다.

3 상대적인 크기가 1.0인 지구와 크기가 가장 비슷한 행성은 상대적인 크기가 0.9인 금성입니다.

4 지구보다 크기가 큰 행성은 목성, 토성, 천왕성, 해왕성이고, 지구보다 크기가 작은 행성은 수성, 금성, 화성입니다.

5 목성, 토성, 천왕성, 해왕성은 상대적으로 크기가 큰 행성입니다.

오답 바로잡기

• 나연: 지구는 토성보다 크기가 커.
  ↳ 지구는 토성보다 크기가 작습니다.
• 규민: 목성과 해왕성의 크기는 비슷해.
  ↳ 해왕성과 크기가 비슷한 행성은 천왕성입니다. 목성은 태양계 행성 중 크기가 가장 큰 행성입니다.

6 수성과 크기가 가장 비슷한 행성은 화성입니다.

❹ 태양계 행성의 거리

핵심 체크
❶ 화성　　❷ 금성　　❸ 천왕성
❹ 지구　　❺ 목성　　❻ 멀어집니다

Step 1
1 ✕　　　2 멀리　　　3 ○

1 태양계 행성 중 태양에서 가장 가까이 있는 행성은 수성입니다.

Step 2
1 멀리　　　2 해왕성　　　3 ㉠
4 ㉠
5 (1) 지구, 화성　(2) 토성, 천왕성
6 ㉢

1 지구에서 태양까지의 거리는 약 1억 5000만 km로, 태양은 지구에서 매우 멀리 떨어져 있습니다.

2 태양계 행성 중 상대적인 거리가 30.0인 해왕성이 태양에서 가장 먼 행성입니다.

3 태양에서 지구보다 가까이 있는 행성은 수성과 금성입니다.

4 태양계 행성을 태양에서 가까운 순서대로 나열하면 목성은 다섯 번째, 금성은 두 번째 행성입니다.

5 태양계 행성 중 태양에서 상대적으로 가까이 있는 행성은 수성, 금성, 지구, 화성이고, 상대적으로 멀리 있는 행성은 목성, 토성, 천왕성, 해왕성입니다.

6 태양에서 거리가 멀어질수록 행성 사이의 거리도 대체로 멀어집니다.

오답 바로잡기

㉠ 지구에서 가장 가까운 행성은 화성이다.
  ↳ 지구에서 가장 가까운 행성은 금성입니다.
㉡ 화성은 태양에서 지구보다 가까이 있다.
  ↳ 화성은 태양에서 지구보다 멀리 있습니다.
㉢ 수성, 금성은 목성, 토성에 비하면 상대적으로 태양에서 멀리 있다.
  ↳ 수성, 금성은 목성, 토성에 비하면 상대적으로 태양 가까이에 있습니다.

실력 문제로 다잡기 ③~④   80~83쪽

1 ㉠: 천왕성, ㉡: 수성   **2** ①, ⑤

3 ㉠, ㉡, ㉭   **4** ⑤   **5** ②

6 ㉠: 수성, ㉡: 해왕성   **7** 목성

8 ②   **9** ⑤

10 서술형 길잡이 ❶ 큰 ❷ 수성, 작은

모범 답안 상대적으로 크기가 큰 행성은 목성, 토성, 천왕성, 해왕성이고, 상대적으로 크기가 작은 행성은 수성, 금성, 지구, 화성이다.

11 서술형 길잡이 ❶ 금성

모범 답안 ㉠, 태양에서 지구까지의 거리를 1로 보았을 때 금성은 0.7이고 화성은 1.5이기 때문에 금성이 화성보다 지구와 더 가까이 있는 행성이다.

12 서술형 길잡이 ❶ 멀어 ❷ 화성, 토성

모범 답안 태양에서 거리가 멀어질수록 행성 사이의 거리도 대체로 멀어진다. 수성, 금성, 지구, 화성은 목성, 토성, 천왕성, 해왕성에 비해 상대적으로 태양 가까이에 있다.

1 태양계 행성을 크기가 큰 순서대로 나열하면 목성 > 토성 > 천왕성 > 해왕성 > 지구 > 금성 > 화성 > 수성입니다.

2 수성과 화성의 크기가 비슷하고, 천왕성과 해왕성의 크기가 비슷합니다. 금성은 지구와 크기가 비슷합니다.

3 태양계 행성 중 지구보다 크기가 큰 행성은 목성, 토성, 천왕성, 해왕성입니다.

4 지구의 크기를 반지름이 1 cm인 구슬에 비유했을 때, 목성의 크기는 지구 크기의 11.2배이므로 목성은 반지름이 12 cm인 농구공과 크기가 가장 비슷합니다.

5 태양에서 지구까지의 거리를 1로 보았을 때 태양에서 행성까지의 상대적인 거리를 나타낸 표입니다. 태양에서 행성까지의 거리는 매우 멀기 때문에 태양에서 행성까지의 거리를 쉽게 비교하기 위해 상대적인 거리로 비교합니다.

6 태양에서 가장 가까이 있는 행성은 수성이고, 가장 멀리 있는 행성은 해왕성입니다.

7 목성은 태양에서 지구보다 멀리 있는 행성입니다.

8 태양에서 행성까지의 거리가 가까운 순서대로 나열하면 수성 – 금성 – 지구 – 화성 – 목성 – 토성 – 천왕성 – 해왕성입니다.

9 태양에서 행성까지의 상대적인 거리를 보면 태양계가 매우 크다는 것과 함께 태양에서 거리가 멀어질수록 행성 사이의 거리도 대체로 멀어진다는 것을 알 수 있습니다.

오답 바로잡기
① 지구에서 가장 멀리 있는 행성은 천왕성이다.
↳ 지구에서 가장 멀리 있는 행성은 해왕성입니다.
② 금성은 태양에서 지구보다 멀리 있는 행성이다.
↳ 금성은 태양에서 지구보다 가까이 있는 행성입니다.
③ 태양에서 거리가 멀어질수록 행성의 크기는 작아진다.
↳ 태양에서 거리가 멀어질수록 행성의 크기가 작아지는 것은 아닙니다.
④ 지구와 크기가 가장 비슷한 행성은 태양에서 가장 가까이 있다.
↳ 지구와 크기가 가장 비슷한 행성은 금성으로, 태양에서 두 번째로 가까이 있습니다.

10 태양계 행성을 크기가 큰 순서대로 나열하면 목성 > 토성 > 천왕성 > 해왕성 > 지구 > 금성 > 화성 > 수성입니다.

채점 기준	
상	상대적으로 크기가 큰 행성과 크기가 작은 행성을 옳게 썼다.
하	상대적으로 크기가 큰 행성과 크기가 작은 행성 중 한 종류만 옳게 썼다.

11 ㉠은 금성, ㉡은 화성입니다. 금성은 태양에서 지구보다 가까이 있는 행성이고, 화성은 태양에서 지구보다 멀리 있는 행성입니다. 태양에서 지구까지의 거리를 1로 보았을 때 금성은 0.7이고 화성은 1.5이므로 금성이 화성보다 지구와 더 가까이 있는 행성입니다.

채점 기준	
상	지구와 더 가까이 있는 행성을 옳게 쓰고, 그렇게 생각한 까닭을 옳게 썼다.
하	지구와 더 가까이 있는 행성만 옳게 썼다.

12 태양에서 거리가 멀어질수록 행성 사이의 거리도 대체로 멀어집니다. 수성, 금성, 지구, 화성은 상대적으로 태양에서 가까이 있고, 목성, 토성, 천왕성, 해왕성은 상대적으로 태양에서 멀리 있습니다.

채점 기준
태양에서 행성까지의 상대적인 거리를 보고 알 수 있는 특징을 한 가지 옳게 썼다.

❺ 별과 행성의 차이점

핵심 체크

❶ 별   ❷ 행성   ❸ 빛
❹ 위치   ❺ 가까이

Step 1

1 별   **2** 행성   **3** ○
4 ×

4 금성, 화성, 목성, 토성과 같은 행성은 별에 비해 지구에서 가까운 거리에 있습니다.

Step 2

1 ①   **2** ㉠: 별, ㉡: 행성
3 ③   **4** (가)   **5** ㉢
6 민진

1 별은 태양처럼 스스로 빛을 내는 천체이지만, 태양보다 너무 멀리 있기 때문에 밤하늘에서 빛나는 작은 점으로 보입니다.

2 별은 스스로 빛을 내어 밝게 보입니다. 행성은 스스로 빛을 내지 못하고 태양 빛을 반사하여 밝게 보입니다.

3 금성, 화성, 목성, 토성과 같은 행성은 별보다 밝게 관측됩니다.

오답 바로잡기

① 행성은 스스로 빛을 낸다.
↳ 행성은 스스로 빛을 내지 못하고 태양 빛을 반사하여 밝게 보입니다.
② 별은 태양 빛을 반사한다.
↳ 별은 스스로 빛을 내어 밝게 보입니다.
④ 행성은 밤하늘에서 빛나지만 별은 빛나지 않는다.
⑤ 별은 밤하늘에서 빛나지만 행성은 빛나지 않는다.
↳ 행성과 별은 모두 밤하늘에서 밝게 빛납니다.

4 여러 날 동안 위치가 변한 천체 (가)는 화성입니다.

5 별은 여러 날 동안 위치가 거의 변하지 않고, 행성은 별들 사이에서 위치가 변한다는 것을 알 수 있습니다.

6 금성, 화성과 같은 행성은 태양 주위를 돌고 있으며, 별보다 지구에 가까이 있기 때문에 여러 날 동안 밤하늘을 관측하면 위치가 변합니다.

---

❻ 밤하늘의 별자리

핵심 체크

❶ 별자리   ❷ 북두칠성   ❸ 국자
❹ 작은곰   ❺ 카시오페이아

Step 1

1 별들(별)   **2** 북   **3** ○
4 ×

4 카시오페이아자리, 큰곰자리, 북두칠성, 작은곰자리는 북쪽 밤하늘에서 볼 수 있습니다.

Step 2

1 ①   **2** ③
3 카시오페이아자리   **4** ㉣
5 (1) – ㉡ (2) – ㉠   **6** ㉠, ㉡

1 별자리는 옛날 사람들이 밤하늘에 무리 지어 있는 별들을 연결하여 신화의 인물이나 동물, 물건의 이름을 붙인 것입니다. 별자리의 모습과 이름은 지역과 시대에 따라 다릅니다.

2 별자리를 관측할 때에는 시각과 장소를 먼저 정하고, 정해진 시각에 정해진 장소에서 나침반을 이용해 북쪽을 확인한 뒤 별자리를 관측하고, 별자리의 위치와 모양을 기록합니다.

3 카시오페이아자리는 더블유(W)자 모양이거나 엠(M)자 모양입니다.

4 큰곰자리와 작은곰자리는 모두 북쪽 밤하늘에서 볼 수 있는 별자리입니다.

5 북두칠성은 국자 모양이고, 카시오페이아자리는 더블유(W)자나 엠(M)자 모양입니다.

6 큰곰자리는 큰 곰 모양이고, 꼬리 부분에 일곱 개의 별로 이루어져 있는 북두칠성을 포함하고 있습니다.

오답 바로잡기

㉢ 인물의 이름을 따서 만들었다.
↳ 큰곰자리는 동물의 모양을 따서 이름을 붙였습니다.
㉣ 일곱 개의 별로 이루어져 있다.
↳ 큰곰자리는 일곱 개보다 많은 수의 별로 이루어져 있습니다. 큰곰자리는 일곱 개의 별로 이루어져 있는 북두칠성을 포함하고 있습니다.

⑦ 밤하늘에서 북극성 찾기

기본 문제로 익히기　　94~95쪽

핵심 체크

❶ 북극성　　❷ 북두칠성　　❸ 카시오페이아
❹ 방위　　　❺ 북쪽

Step 1

1 북　　　2 북극성　　3 ×
4 ○　　　5 ×

3 북극성은 북쪽 하늘에서 일 년 내내 거의 같은 자리에 있으므로 북극성을 찾으면 방위를 알 수 있기 때문에 중요합니다.

5 북극성을 바라본 쪽이 북쪽이고, 뒤쪽은 남쪽입니다.

Step 2

1 ④　　　2 ⑤　　　3 ©, ⓔ
4 다섯(5)　5 하니
6 ㉠: 서, ㉡: 북, ㉢: 동, ㉣: 남

1 북극성은 북쪽 하늘에서 일 년 내내 거의 같은 위치에 있어 옛날 사람들은 북극성으로 방위를 알아냈습니다.

2 북극성은 북쪽 밤하늘에서 항상 거의 같은 위치에 있어 방위를 알 수 있기 때문에 중요합니다.

오답 바로잡기

① 항상 남쪽에 있기 때문이다.
　↳ 북극성은 항상 북쪽에 있습니다.
② 밤하늘에서 가장 밝은 별이기 때문이다.
　↳ 북극성은 밤하늘에서 가장 밝은 별은 아닙니다.
③ 한 달에 한 번만 보이는 별이기 때문이다.
　↳ 북극성은 일 년 내내 보이는 별입니다.
④ 계속해서 위치가 변하는 별이기 때문이다.
　↳ 북극성은 위치가 거의 변하지 않는 별입니다.

3 북두칠성과 카시오페이아자리를 이용해 북극성을 찾을 수 있습니다.

4 북두칠성의 국자 모양 끝부분에 있는 두 별 ❶과 ❷를 연결하고, 그 거리의 다섯 배만큼 떨어진 곳에서 북극성을 찾을 수 있습니다.

5 카시오페이아자리의 바깥쪽 두 별을 이은 선을 연장해 만나는 점 (가)와 별 (나)를 연결하고, 그 거리의 다섯 배만큼 떨어진 곳에서 북극성을 찾을 수 있습니다.

6 밤하늘에서 북극성을 바라보고 서면 바라본 쪽이 북쪽이고, 오른쪽이 동쪽, 왼쪽이 서쪽, 뒤쪽이 남쪽입니다.

실력 문제로 다잡기 ⑤ ~ ⑦　　96~99쪽

1 ㉡　　　2 ③　　　3 ㉠
4 ⑤　　　5 ㉠
6 (가), (라), (다), (나)
7 (가) 카시오페이아자리　(나) 북극성　(다) 북두칠성
8 ②　　　　　9 현배
10 서술형 길잡이 ❶ 행성, 가까이
(1) 행성　(2) 모범 답안 행성은 태양 주위를 돌고, 별보다 지구에 가까이 있기 때문에 위치가 변하는 것처럼 보인다.
11 서술형 길잡이 ❶ 북두칠성, 북
모범 답안 세 별자리 모두 북쪽 밤하늘에서 볼 수 있다.
12 서술형 길잡이 ❶ 북쪽 ❷ 방위
모범 답안 북극성은 항상 북쪽 하늘에 있어 북극성을 찾으면 방위를 알 수 있기 때문이다.

1 금성, 화성, 목성, 토성과 같은 행성은 별보다 밝고 또렷하게 보입니다.

2 밤하늘의 별은 지구에서 매우 먼 거리에 있기 때문에 작은 점으로 보이며, 항상 같은 위치에서 움직이지 않는 것처럼 보입니다.

3 태양 빛을 반사하여 밝게 보이는 천체는 행성입니다. 즉, ㉠과 ㉡ 중 여러 날 동안 위치가 변한 ㉠은 행성이고, 위치가 변하지 않은 ㉡은 별입니다.

4 별자리는 밤하늘에 무리 지어 있는 별들을 연결하여 신화의 인물이나 동물, 물건의 이름을 붙인 것입니다.

오답 바로잡기

① 밤하늘에 보이는 천체는 모두 별이다.
　↳ 별과 행성 등이 보입니다.
② 별자리의 이름은 지역에 관계없이 같다.
　↳ 별자리의 이름은 지역과 시대에 따라 다릅니다.
③ 밤하늘에서 볼 수 없는 태양은 별이 아니다.
　↳ 태양은 스스로 빛을 내는 별입니다.
④ 북쪽 밤하늘에서는 별자리를 관측할 수 없다.
　↳ 북쪽 밤하늘에서는 북두칠성, 카시오페이아자리 등의 별자리를 관측할 수 있습니다.

5 북쪽 밤하늘에서 관측할 수 있으며, 일곱 개의 별로 이루어진 국자 모양의 별자리는 북두칠성입니다. 북두칠성은 큰곰자리의 꼬리 부분에 포함되어 있습니다.

6 별자리를 관측할 때에는 시각과 장소를 먼저 정하고, 정해진 시각에 정해진 장소에서 나침반을 이용해 북쪽을 확인한 뒤 별자리를 관측하고, 별자리의 위치와 모양을 기록합니다.

7 별자리 (가)는 더블유(W)자나 엠(M)자 모양인 카시오페이아자리이고, 별자리 (다)는 국자 모양인 북두칠성입니다. 별 (나)는 카시오페이아자리나 북두칠성을 이용하여 찾을 수 있는 북극성입니다.

8 북극성은 북쪽 하늘에서 일 년 내내 거의 같은 자리에 있기 때문에 북극성을 찾으면 방위를 알 수 있습니다.

오답 바로잡기

① (나)의 위치는 계절마다 변한다.
↳ (나)는 일 년 내내 북쪽 하늘에 있습니다.
③ (나)를 바라보고 서면 바라본 방향이 남쪽이다.
↳ (나)를 바라보고 서면 바라본 방향이 북쪽입니다.
④ (가)의 ㉠과 ㉡을 연결한 거리의 세 배만큼 떨어진 곳에 (나)가 있다.
↳ (가)의 ㉠과 ㉡을 연결한 거리의 다섯(5) 배만큼 떨어진 곳에 (나)가 있습니다.
⑤ (다)의 ①과 ②를 연결한 거리의 일곱 배만큼 떨어진 곳에 (나)가 있다.
↳ (다)의 ①과 ②를 연결한 거리의 다섯(5) 배만큼 떨어진 곳에 (나)가 있습니다.

9 북극성은 북쪽 밤하늘의 별자리인 북두칠성이나 카시오페이아자리를 이용해 찾을 수 있습니다.

10 행성은 태양의 주위를 돌고 별보다 지구에 가까이 있기 때문에, 행성은 별들 사이에서 위치가 변합니다.

채점 기준	
상	여러 날 동안 위치가 변한 천체와 그렇게 생각한 까닭을 옳게 썼다.
하	여러 날 동안 위치가 변한 천체만 옳게 썼다.

11

채점 기준
북쪽 밤하늘에서 볼 수 있는 별자리라고 옳게 썼다.

12 나침반이 없던 옛날에는 북극성으로 방위를 알았습니다. 북극성은 항상 북쪽 하늘에 있으므로 북극성을 바라보고 서면 바라본 쪽이 북쪽임을 알 수 있습니다.

채점 기준
북극성이 항상 북쪽 하늘에 있어 방위를 알 수 있기 때문이라고 옳게 썼다.

단원 정리하기   100쪽

❶ 태양   ❷ 태양계   ❸ 행성
❹ 금성   ❺ 화성   ❻ 별
❼ 행성   ❽ 별자리   ❾ 북극성
❿ 방위

단원 마무리 문제   101~103쪽

1 ④   **2** (1) 전기 (2) 소금
3 ④   **4** ㉠: 태양, ㉡: 행성
5 ②
6 모범답안 수성, 금성, 지구, 화성은 표면이 암석으로 되어 있고, 목성, 토성, 천왕성, 해왕성은 표면이 기체로 되어 있다.
7 ①, ④   **8** ①   **9** 대호
10 수성
11 모범답안 수성, 금성은 태양에서 지구보다 가까이 있는 행성이고, 화성, 목성, 토성, 천왕성, 해왕성은 태양에서 지구보다 멀리 있는 행성이다.
12 ④   **13** ①   **14** ⑤
15 가까이
16 모범답안 밤하늘에 무리 지어 있는 별들을 연결하여 신화의 인물이나 동물, 물건의 이름을 붙인 것이다.
17 북쪽   **18** ③   **19** ③
20 모범답안 ㉠과 ㉡을 연결하고, 그 거리의 다섯(5) 배만큼 떨어진 곳에 있는 별을 찾는다.

1 태양은 지구에 여러 영향을 미치고, 우리는 살아가는 데 필요한 대부분의 에너지를 태양에서 얻습니다.

2 우리는 태양 빛을 이용해 전기를 만듭니다. 또한 태양 빛으로 바닷물이 증발해 소금이 만들어집니다.

3 목성은 행성이므로 태양계의 중심에 있는 태양의 주위를 돕니다. 태양계는 태양과 태양의 영향을 받는 천체들(태양, 행성, 위성 등)과 그 공간을 말합니다. 달은 위성으로 스스로 빛을 내지 못합니다.

4 태양계에서 유일하게 스스로 빛을 내는 천체는 태양이고, 행성은 태양의 주위를 도는 둥근 천체입니다.

5 표면이 암석으로 되어 있고 지구에서 가장 밝게 보이는 행성은 금성입니다. 금성은 하얀색, 노란색을 띠고, 표면이 두꺼운 대기로 둘러싸여 있습니다.

6 표면이 암석으로 되어 있는 행성은 수성, 금성, 지구, 화성이고, 표면이 기체로 되어 있는 행성은 목성, 토성, 천왕성, 해왕성입니다.

채점 기준	
상	표면이 암석으로 되어 있는 행성과 표면이 기체로 되어 있는 행성을 모두 옳게 썼다.
하	표면이 암석으로 되어 있는 행성과 표면이 기체로 되어 있는 행성을 한 종류만 옳게 썼다.

7 수성, 금성, 지구, 화성은 고리가 없고, 목성, 토성 천왕성, 해왕성은 고리가 있습니다.

8 수성, 금성, 화성은 지구보다 크기가 작은 행성이고, 목성, 토성, 천왕성, 해왕성은 지구보다 크기가 큰 행성입니다.

9 태양의 반지름은 지구의 반지름보다 약 109배가 큽니다. 태양이 지구보다 매우 크기 때문에 태양과 지구의 크기를 비교하면 지구는 작은 점처럼 보입니다.

10 태양계 행성 중 태양에서 가장 가까이 있는 행성은 상대적인 거리가 0.4인 수성입니다.

11 태양에서 지구보다 가까이 있는 행성은 수성, 금성이고, 태양에서 지구보다 멀리 있는 행성은 화성, 목성, 토성, 천왕성, 해왕성입니다.

채점 기준	
상	태양에서 지구보다 가까이 있는 행성과 멀리 있는 행성을 모두 옳게 썼다.
하	태양에서 지구보다 가까이 있는 행성과 멀리 있는 행성 중 한 종류만 옳게 썼다.

12 상대적으로 크기가 작고 표면이 암석으로 되어 있는 행성들(수성, 금성, 지구, 화성)은 태양에서 상대적으로 가까이 있습니다. 상대적으로 크기가 크고 표면이 기체로 되어 있는 행성들(목성, 토성, 천왕성, 해왕성)은 태양에서 상대적으로 멀리 있습니다.

오답 바로잡기

① 목성은 화성보다 태양에서 가까이 있다.
  ↳ 목성은 화성보다 태양에서 멀리 있습니다.
② 토성은 금성보다 태양에서 가까이 있다.
  ↳ 토성은 금성보다 태양에서 멀리 있습니다.
③ 태양에서 가장 멀리 있는 행성은 천왕성이다.
  ↳ 태양에서 가장 멀리 있는 행성은 해왕성입니다.
⑤ 표면이 암석으로 되어 있는 행성들은 표면이 기체로 되어 있는 행성들보다 태양에서 멀리 있다.
  ↳ 표면이 암석으로 되어 있는 행성들은 표면이 기체로 되어 있는 행성들보다 태양에서 가까이 있습니다.

13 별은 스스로 빛을 내지만, 행성은 스스로 빛을 내지 못하고 태양 빛을 반사하여 밤하늘에서 밝게 보입니다.

14 여러 날 동안 관측한 밤하늘에서 위치가 변한 천체는 행성이고, 위치가 변하지 않은 천체는 별입니다.

15 행성은 태양의 주위를 돌고, 별보다 지구에 가까이 있기 때문에 여러 날 동안 같은 밤하늘을 관측하면 위치가 변합니다.

16 밤하늘에 무리 지어 있는 별들을 연결하여 신화의 인물이나 동물, 물건의 이름을 붙여 별자리를 만들었습니다.

채점 기준
밤하늘에 무리 지어 있는 별들을 연결하여 이름을 붙인 것이라고 옳게 썼다.

17 카시오페이아자리는 북쪽 밤하늘에서 볼 수 있습니다.

18 북극성은 일 년 내내 북쪽 하늘에서 거의 같은 자리에 있기 때문에 북극성을 찾으면 방위를 알 수 있습니다.

19 별자리 (가)는 북두칠성입니다. 북두칠성은 국자 모양으로, 큰곰자리의 꼬리 부분에 위치합니다. 북극성을 포함하는 별자리는 작은곰자리입니다.

20 카시오페이아자리에서 바깥쪽 두 별을 이은 선을 연장해 만나는 점과 가운데 별을 연결하고, 그 거리의 다섯 배만큼 떨어진 곳에서 북극성을 찾을 수 있습니다.

채점 기준
카시오페이아자리로 북극성을 찾는 방법을 옳게 썼다.

가로 세로 용어 퀴즈   104쪽

북	쪽				해
두		태			왕
칠		양		수	성
성			별		
			자		행
큰	곰	자	리		성

3 용해와 용액

① 여러 가지 물질을 물에 넣을 때의 변화

기본 문제로 익히기
108～109쪽

핵심 체크

❶ 녹습니다   ❷ 녹지 않습니다
❸ 용해   ❹ 용액   ❺ 용질
❻ 용매

Step 1

1 ×   2 밀가루   3 용해
4 용질, 용매   5 ×   6 ○

---

1 여러 가지 가루 물질을 물에 넣으면 잘 녹는 것도 있고, 잘 녹지 않는 것도 있습니다.

5 탄산 칼슘은 물에 잘 녹지 않으므로 용액이 되지 않습니다.

Step 2

1 (가), (다)   2 ㉠, ㉡   3 ①
4 (1)-㉡ (2)-㉢ (3)-㉠   5 ㉠, ㉢
6 ①

---

1 물에 넣고 유리 막대로 저었을 때 설탕과 구연산은 물에 녹고, 분필 가루와 녹말가루는 물과 섞여 뿌옇게 변합니다.

2 (가)와 (다)는 시간이 지나도 투명하고 가라앉는 것이 없습니다. 뿌옇게 변했던 (나)와 (라)는 시간이 지날수록 분필 가루나 녹말가루의 일부가 바닥에 가라앉습니다.

3 모래, 밀가루, 화단 흙, 탄산 칼슘은 물에 잘 녹지 않는 물질입니다.

4 녹는 물질인 설탕은 용질, 다른 물질을 녹이는 물질인 물은 용매, 용질과 용매가 골고루 섞여 있는 물질인 설탕물은 용액입니다.

5 용액은 오래 두어도 가라앉는 것이 없고, 거름 장치로 걸렀을 때 거름종이에 남는 것이 없습니다.

6 손 세정제, 구강 청정제, 이온 음료, 바닷물, 분말주스를 물에 녹여 만든 주스는 용액, 미숫가루를 탄 물, 과일을 생으로 갈아 만든 주스는 용액이 아닙니다.

오투 초등 과학 5-1

---

② 물에 용해된 용질의 변화

기본 문제로 익히기
112～113쪽

핵심 체크

❶ 작아   ❷ 용해   ❸ 245.2
❹ =   ❺ 용액

Step 1

1 ×   2 ×   3 같습니다
4 ○

---

1 각설탕을 물에 넣으면 부스러지면서 크기가 작아집니다.

2 물에 완전히 용해된 각설탕은 없어진 것이 아니라 크기가 매우 작게 변하여 물과 골고루 섞여 있습니다.

Step 2

1 ⑤   2 =   3 5
4 ㉠   5 ⑤   6 용액

---

1 설탕이 물에 용해되면 없어지는 것이 아니라 크기가 매우 작게 변하여 물과 골고루 섞여 설탕물이 됩니다.

2 각설탕이 물에 용해되기 전과 용해된 후의 무게는 같습니다.

3 ( )＋50＝55이므로 ( ) 안에 들어갈 숫자는 5입니다.

4 각설탕이 물에 용해되기 전과 용해된 후의 무게는 같습니다.

5 물에 용해된 각설탕은 없어진 것이 아니라 크기가 매우 작게 변하여 물과 골고루 섞여 있기 때문에 각설탕이 물에 용해되기 전과 용해된 후의 무게는 같습니다.

> **오답 바로잡기**
>
> ① 각설탕은 물과 섞이지 않기 때문이다.
> ↳ 각설탕은 물과 잘 섞입니다.
> ② 각설탕이 물과 섞이면 크기가 커지기 때문이다.
> ↳ 각설탕이 물과 섞이면 크기가 작아집니다.
> ③ 각설탕이 물에 용해되면 물의 양이 줄어들기 때문이다.
> ↳ 각설탕이 물에 용해되어도 물의 양은 줄어들지 않습니다.
> ④ 각설탕이 물에 용해되면 설탕의 양이 늘어나기 때문이다.
> ↳ 각설탕이 물에 용해되어도 설탕의 양은 늘어나지 않습니다.

6 용질이 물에 용해되면 골고루 섞여 용액이 됩니다.

20 오투 초등 과학 5-1

③ 용질마다 물에 용해되는 양 비교

기본 문제로 익히기　　　　　116~117쪽

핵심 체크
❶ 종류　　　❷ 설탕　　　❸ 제빵 소다

Step 1
1 ○　　　2 설탕　　　3 ×

2 온도와 양이 같은 물에 녹는 양은 설탕이 소금보다 많습니다.

3 온도와 양이 같은 물에 용해되는 용질의 양을 비교해야 물에 더 많이 용해되는 용질을 알 수 있습니다.

Step 2
1 ㉢　　　2 (다)
3 (가) 소금, (나) 설탕, (다) 제빵 소다
4 ③, ⑤　　　5 준호

1 ㉠, ㉡, ㉣은 같게 해 주어야 할 조건입니다.

2 (다)는 두 숟가락을 넣었을 때 용해되지 않고 바닥에 남는 것이 있습니다.

3 설탕은 여덟 숟가락을 넣었을 때 모두 용해되고, 소금은 여덟 숟가락을 넣었을 때 용해되지 않고 바닥에 남는 것이 있으며, 제빵 소다는 두 숟가락을 넣었을 때 용해되지 않고 바닥에 남는 것이 있습니다.

4 설탕과 제빵 소다도 소금과 마찬가지로 물에 용해되지만 일정한 양 이상이 되면 더 이상 용해되지 않습니다. 또한 설탕, 소금, 제빵 소다는 물의 온도와 양이 같아도 용해되는 양이 서로 다릅니다.

오답 바로잡기
① 설탕은 물에 끝없이 용해된다.
↳ 설탕은 일정한 양 이상이 되면 물에 용해되지 않습니다.
② 제빵 소다는 물에 용해되지 않는다.
↳ 제빵 소다도 물에 용해되지만, 설탕이나 소금보다 용해되는 양이 적습니다.
④ 물의 온도와 양이 같으면 용질이 용해되는 양이 모두 같다.
↳ 물의 온도와 양이 같아도 용질마다 물에 용해되는 양이 서로 다릅니다.

5 ㉠은 바닥에 용질의 일부가 녹지 않고 남아 있으므로 온도와 양이 같은 물에 용해되는 양은 ㉡이 ㉠보다 많습니다.

---

1 ㉠, ㉢　　2 ④　　　3 ③, ④
4 ㉡ → ㉢ → ㉠　　5 기범, 태연
6 ⑤　　　7 ㉠: >, ㉡: >
8 ①　　　9 100 mL
10 서술형 같잡이 ❶ 용해, 용액, 용매, 용질
모범 답안 용질인 설탕이 용매인 물에 용해되어 용액인 설탕물이 된다.
11 서술형 같잡이 ❶ 없 ❷ 용해
(1) 모범 답안 각설탕이 물에 용해될 때 무게는 변화가 없다. (2) 모범 답안 물에 용해된 각설탕은 없어진 것이 아니라 크기가 매우 작게 변하여 물과 골고루 섞여 있기 때문이다.
12 서술형 같잡이 ❶ 설탕 ❷ 다름
(1) 설탕 (2) 모범 답안 온도와 양이 같은 물에 용해되는 용질의 양은 용질의 종류에 따라 다르다.

1 ㉠과 ㉢은 뜨거나 가라앉는 것이 없으므로 용액이고, ㉡과 ㉣은 가라앉는 것이 있으므로 용액이 아닙니다.

2 용질인 분말주스가 용매인 물에 용해되면 분말주스 용액이 됩니다.

3 용액은 오래 두어도 뜨거나 가라앉는 것이 없어 거름 장치로 걸러도 거름종이에 남는 것이 없습니다. 또한 어느 부분에서나 색깔, 맛이 일정합니다.

오답 바로잡기
① 밀가루를 섞은 물은 뿌옇게 변한다.
↳ 밀가루를 섞은 물은 뿌옇게 변하므로 오랫동안 놓아두면 바닥에 가라앉는 것이 있어 용액이 아닙니다.
② 흙탕물을 그대로 두면 가라앉는 것이 생긴다.
↳ 흙탕물은 가라앉는 것이 있으므로 용액이 아닙니다.
⑤ 미숫가루를 탄 물을 거름 장치로 거르면 거름종이에 남는 것이 있다.
↳ 미숫가루를 탄 물은 거름 장치로 걸렀을 때 거름종이에 남는 것이 있으므로 용액이 아닙니다.

4 각설탕을 물에 넣으면 각설탕의 크기가 작아집니다. 작아진 설탕은 더 작은 크기의 설탕으로 나뉘어 물에 골고루 섞이고, 완전히 용해되어 눈에 보이지 않게 됩니다.

5 ㉠+105=155이므로 ㉠에 들어갈 숫자는 50입니다.

6 물에 용해된 설탕은 없어진 것이 아니라 물과 골고루 섞여 용액이 되기 때문에 설탕이 물에 용해되기 전과 용해된 후의 무게가 같습니다.

> **오답 바로잡기**
>
> ① 설탕과 물의 무게는 같다.
> ↳ 설탕의 무게는 20 g이고, 물의 무게는 100 g으로 다릅니다.
> ② 설탕이 물에 용해되면 없어진다.
> ↳ 설탕이 물에 용해되면 물과 골고루 섞여 있습니다.
> ③ 설탕이 물에 용해되면 가벼워진다.
> ↳ 설탕이 물에 용해되기 전과 용해된 후의 무게는 같습니다.
> ④ 설탕이 물에 용해되면 단맛이 없어진다.
> ↳ 설탕이 물에 용해되어도 설탕이 없어지는 것이 아니므로 단맛이 납니다.

7 온도와 양이 같은 물에 용해되는 용질의 양은 설탕＞소금＞제빵 소다 순으로 많습니다.

8 온도와 양이 같은 물에 용해되는 소금과 분말주스의 양이 다른 것으로 보아 물의 온도와 양이 같을 때 용질마다 용해되는 양이 서로 다르다는 것을 알 수 있습니다.

> **오답 바로잡기**
>
> · 은정: 물의 온도와 양에 관계없이 용질이 용해되는 양은 일정해.
> ↳ 주어진 결과로는 물의 온도, 양과 용질이 용해되는 양의 관계는 알 수 없습니다. 일반적으로 물의 온도가 높을수록, 물의 양이 많을수록 용질이 많이 용해됩니다.
> · 재범: 물의 온도와 양이 같을 때 소금이 분말주스보다 더 많이 용해돼.
> ↳ 물의 온도와 양이 같을 때 분말주스가 소금보다 더 많이 용해됩니다.

9 물의 양이 많을수록 소금이 더 많이 용해됩니다.

10

	채점 기준
상	네 가지 용어를 모두 사용하여 과정을 옳게 썼다.
하	용어를 한 가지 이상 사용하지 않고 과정을 썼다.

11

	채점 기준
상	실험 결과를 통해 알 수 있는 사실과 그 까닭을 모두 옳게 썼다.
하	실험 결과를 통해 알 수 있는 사실만 옳게 썼다.

12

	채점 기준
상	물에 더 많이 용해된 물질의 종류와 실험 결과를 통해 알 수 있는 사실을 모두 옳게 썼다.
하	물에 더 많이 용해된 물질의 종류만 옳게 썼다.

---

④ 물의 온도에 따라 용질이 용해되는 양의 변화

기본 문제로 익히기   124~125쪽

> **핵심 체크**
> ❶ 높   ❷ 온도   ❸ 높여
>
> **Step 1**
> 1 ×   2 온도   3 따뜻한
> 4 ○

1 물의 양이 같을 때 물의 온도에 따라 용질이 용해되는 양이 다릅니다.

4 일반적으로 물의 온도가 높을수록 용질이 더 많이 용해됩니다.

> **Step 2**
> 1 ④   2 ㉡   3 (1)-㉡ (2)-㉠
> 4 ③   5 ㉡   6 ③

1 눈금실린더로 온도가 다른 물을 50 mL씩 측정합니다.

2 물의 온도에 따라 백반이 용해되는 양을 비교하는 실험으로, 물의 온도만 다르게 하고 물의 양, 백반의 양은 같게 합니다.

3 따뜻한 물에 넣은 백반은 다 용해되고, 차가운 물에 넣은 백반은 일부가 용해되지 않고 바닥에 남아 있습니다.

4 물의 온도가 높으면 백반이 더 많이 용해됨을 알 수 있습니다.

5 붕산은 따뜻한 물에 더 많이 용해되며, 용질의 종류가 같아도 물의 온도에 따라 용해되는 양이 다릅니다.

6 붕산 용액이 든 비커를 가열하여 물의 온도를 높이면 남아 있는 용질을 더 많이 용해할 수 있습니다.

> **오답 바로잡기**
>
> ① 붕산을 더 넣는다.
> ↳ 더 넣은 붕산은 바닥에 가라앉습니다.
> ② 붕산 용액을 더 빠르게 젓는다.
> ↳ 더 빠르게 저어도 붕산은 더 용해되지 않습니다.
> ④ 붕산 용액을 더 큰 비커로 옮겨 담는다.
> ↳ 더 큰 비커로 옮겨 담아도 붕산은 더 용해되지 않습니다.
> ⑤ 붕산 용액이 든 비커를 냉장고에 넣어 둔다.
> ↳ 물의 온도가 낮아져 붕산이 더 많이 가라앉습니다.

⑤ 용액의 진하기를 비교하는 방법

기본 문제로 익히기   128~129쪽

핵심 체크
❶ 용질   ❷ 많   ❸ (나)
❹ (나)   ❺ (가)   ❻ (나)

Step 1
1 진하기   **2** 진한   **3** ○
4 ×

3 황설탕 용액이 진할수록 색깔이 진하고 단맛이 강합니다.

4 색깔이 없고 투명한 용액은 방울토마토, 메추리알과 같은 물체를 넣었을 때 뜨는 정도로 진하기를 비교할 수 있습니다.

Step 2
1 ⓒ   **2** 지원   **3** ⓒ
4 ③   **5** ⑤   **6** 눈금

1 물에 포함된 황색 각설탕의 양이 많을수록 진한 용액이고, 진한 용액의 색깔이 더 진하므로 ⓒ이 더 진한 용액입니다.

2 두 황색 각설탕 용액의 진하기를 비교하는 방법에는 맛 비교, 색깔 비교, 무게 비교 등이 있습니다. 진한 용액일수록 단맛이 강하고, 색깔이 더 진하며, 무게가 더 무겁습니다.

3 각설탕을 열 개 용해한 용액이 더 진한 용액이고, 용액이 진할수록 방울토마토가 더 높이 뜹니다.

4 용액의 진하기가 진할수록 방울토마토가 높이 뜹니다.

오답 바로잡기

① 용액의 진하기는 같은 양의 용질에 용해된 용매의 양이 많고 적은 정도이다.
↳ 용액의 진하기는 같은 양의 용매에 용해된 용질의 양이 많고 적은 정도입니다.
② 황색 설탕물이 진할수록 색깔이 연해진다.
↳ 황색 설탕물이 진할수록 색깔이 진해집니다.
④ 설탕물의 맛은 용액의 진하기와 관계없이 항상 같다.
↳ 설탕물이 진할수록 단맛이 강합니다.
⑤ 용액을 만들 때 같은 양의 물을 사용하면 항상 진하기가 같다.
↳ 같은 양의 물에 용질을 많이 녹일수록 용액이 진해집니다.

5 색깔이 없는 투명한 용액의 진하기는 메추리알을 넣었을 때 메추리알이 용액에 뜨는 정도로 비교할 수 있습니다. 종류를 알 수 없는 용액은 함부로 맛을 보지 않아야 합니다.

6 도구가 뜨거나 가라앉는 정도를 쉽게 비교할 수 있도록 일정한 간격으로 눈금을 표시해야 합니다.

실력 문제로 다잡기 ❹~❺   130~133쪽

1 ㉠   **2** 승현   **3** ⑤
4 ①, ②   **5** ⑤   **6** ④
7 ㉠   **8** ②, ⑤   **9** (1) ㉣ (2) ㉠
10 서술형 길잡이 ❶ 높
(1) 따뜻한 물 (2) 모범 답안 물의 온도가 높을수록 용질이 더 많이 용해되기 때문이다.
11 서술형 길잡이 ❶ 진
모범 답안 우리나라의 바닷물보다 사해의 물이 용액의 진하기가 더 진하기 때문이다.
12 서술형 길잡이 ❶ 많을
(1) ㉠ (2) 모범 답안 설탕을 더 넣어 용액을 진하게 만든다.

1 온도가 높은 물에서 백반이 더 많이 용해되므로 백반이 모두 용해된 ㉠ 비커에 담긴 물의 온도가 더 높습니다.

2 물의 온도에 따라 용질이 물에 용해되는 양이 달라집니다. 일반적으로 물의 온도가 높을수록 용질이 많이 용해됩니다.

오답 바로잡기

· 주성: 물의 온도에 관계없이 용질이 물에 용해되는 양은 일정해.
↳ 물의 온도에 따라 용질이 물에 용해되는 양이 다릅니다.
· 이한: 용질이 다 용해되지 않고 남아 있을 때 물의 온도를 낮추면 용질을 더 많이 용해할 수 있어.
↳ 물의 온도를 낮추면 용질이 더 많이 가라앉습니다.

3 물의 온도가 높을수록 백반이 더 많이 용해됩니다.

4 일반적으로 물의 양이 많을수록, 물의 온도가 높을수록 가루 물질이 물에 더 많이 용해됩니다.

5 진한 황설탕 용액일수록 용액의 높이가 더 높고 맛이 더 달며, 무게가 더 무겁고 색깔이 더 진합니다.

6 온도와 양이 같은 물에 황색 각설탕을 많이 용해할수록 용액의 진하기가 진합니다. 따라서 ⊙<ⓒ<ⓒ 순으로 용액이 진합니다.

7 메추리알이 가장 높이 뜬 ⊙ 설탕물의 진하기가 가장 진합니다. 따라서 ⊙ 설탕물에 포함된 설탕의 양이 가장 많으므로 단맛이 가장 강합니다.

8 설탕물이 진할수록 메추리알이 높이 떠오르므로 설탕물의 진하기는 ⊙>ⓒ>ⓒ 순으로 진합니다. 장을 담글 때 적당한 소금물의 진하기를 맞추기 위해 달걀을 넣어 떠오르는 정도를 확인합니다.

9 같은 양의 물에 소금을 많이 넣어 용해할수록 진한 용액입니다. 진한 용액일수록 도구가 높이 떠오르므로 도구가 떠 있는 높이는 ⓔ에서 가장 높고, ⊙에서 가장 낮습니다.

10

채점 기준	
상	붕산이 더 많이 용해되는 것과 그 까닭을 모두 옳게 썼다.
하	붕산이 더 많이 용해되는 것만 옳게 썼다.

11

채점 기준
용액의 진하기와 관련지어 까닭을 옳게 썼다.

12 (1) 용액이 진할수록 방울토마토가 높이 떠오릅니다.

(2) 설탕을 더 넣어 용액을 진하게 만들면 방울토마토가 높이 떠오릅니다.

채점 기준	
상	더 진한 용액의 기호와 방울토마토를 띄우는 방법을 모두 옳게 썼다.
하	더 진한 용액의 기호만 옳게 썼다.

단원 정리하기 134쪽

❶ 용해   ❷ 용액   ❸ 종류
❹ 온도   ❺ 높을   ❻ 진하기
❼ 진한   ❽ 진한

단원 마무리 문제 135~137쪽

1 ⓒ, ⓔ   **2** ②
3 (1) 설탕물 (2) 설탕 (3) 물   **4** ①, ③
5 ③, ④   **6** ⊙: 98, ⓒ: 25
7 모범답안 용질은 물에 용해되어도 없어지지 않고 크기가 매우 작게 변하여 물과 골고루 섞여 있기 때문이다.
8 ④   **9** ①   **10** ⓒ
11 ④   **12** ⊙   **13** ②
14 모범답안 물의 온도가 높을수록 백반이 더 많이 용해된다.
15 ⑤   **16** ⓔ
17 모범답안 맛을 비교한다. 물체(방울토마토, 메추리알 등)를 넣어 뜨는 정도를 비교한다. 무게를 비교한다. 설탕물의 높이를 비교한다. 등
18 ③   **19** ⊙   **20** ⑤

1 소금과 설탕은 물에 녹아 투명하고 가라앉는 것이 없습니다. 밀가루와 탄산 칼슘은 물과 섞여 뿌옇게 흐려졌다가 시간이 지날수록 가루가 물과 분리되어 바닥에 가라앉습니다.

2 용해는 어떤 물질이 다른 물질에 녹아 골고루 섞이는 현상입니다. 냉장고에서 꺼내 놓은 얼음이 녹는 것은 용해의 예가 아니라 물의 상태 변화입니다.

3 설탕물처럼 녹는 물질과 녹이는 물질이 골고루 섞여 있는 물질을 용액, 설탕처럼 녹는 물질을 용질, 물처럼 다른 물질을 녹이는 물질을 용매라고 합니다.

4 바닷물, 손 세정제는 용액이고, 흙탕물, 미숫가루를 탄 물, 과일을 생으로 갈아 만든 주스는 시간이 지나면 바닥에 가라앉는 것이 생기므로 용액이 아닙니다.

5 각설탕을 물에 넣으면 부스러지면서 크기가 작아집니다. 작아진 설탕은 더 작은 크기의 설탕으로 나뉘어 물과 골고루 섞이며, 완전히 용해되어 눈에 보이지 않게 됩니다.

6 설탕이 물에 용해되기 전과 용해된 후의 무게는 같으므로 설탕이 담긴 페트리 접시와 물이 담긴 비커의 무게의 합은 설탕물이 담긴 비커와 빈 페트리 접시 무게의 합과 같습니다.

7 용질은 물에 용해되어도 없어지는 것이 아니라 크기가 매우 작게 변해 물속에 남아 있기 때문에 용질이 물에 용해되기 전과 용해된 후의 무게는 같습니다.

8 온도와 양이 같은 물에 용질이 용해되는 양은 설탕 > 소금 > 제빵 소다 순입니다.

9 물의 온도와 양이 같아도 용질마다 물에 용해되는 양이 서로 다릅니다.

10 세 가지 용질 모두 50 mL의 물에서보다 많은 양이 용해됩니다.

11 소금이 처음에는 다 용해되다가 어느 정도 용해되면 더 이상 용해되지 않고 바닥에 가라앉습니다.

오답 바로잡기

① 소금이 계속 용해된다.
↳ 소금이 어느 정도 용해되면 바닥에 가라앉습니다.
② 소금물의 양이 줄어든다.
↳ 소금물의 양은 줄어들지 않습니다.
③ 소금이 물로 바뀌어 보이지 않는다.
↳ 소금이 물에 녹으면 크기가 작아져 눈에 보이지 않으며, 소금은 물로 바뀌지 않습니다.
⑤ 소금이 처음에는 용해되지 않다가 서서히 용해된다.
↳ 소금이 처음에는 용해되다가 나중에는 용해되지 않습니다.

12 따뜻한 물에서는 백반이 모두 용해되고, 차가운 물에서는 백반이 어느 정도 용해되다가 용해되지 않은 백반이 바닥에 남습니다.

13 물의 온도가 높을수록 백반이 더 많이 용해됩니다.

14 물의 온도가 높을수록 용질이 더 많이 용해됩니다.

15 온도가 낮아지면 물에 용해될 수 있는 백반의 양이 줄어들어 백반 알갱이가 다시 생겨 바닥에 가라앉습니다.

16 물의 온도와 양이 같을 때 물에 용해된 황색 각설탕의 개수가 많을수록 용액의 색깔이 진해집니다.

17 용액의 진하기는 맛, 물체가 뜨는 정도, 무게, 용액의 높이 등으로 비교할 수 있습니다.

18 ㉠ 용액보다 ㉡ 용액에서 방울토마토가 높이 떠올랐으므로 ㉡ 용액이 ㉠ 용액보다 진한 용액입니다.

오답 바로잡기

① ㉠ 용액이 ㉡ 용액보다 무겁다.
↳ ㉠ 용액이 ㉡ 용액보다 가볍습니다.
② ㉠ 용액이 ㉡ 용액보다 더 달다.
↳ ㉠ 용액이 ㉡ 용액보다 덜 답니다.
④ ㉡ 용액이 ㉠ 용액보다 색깔이 진하다.
↳ ㉠과 ㉡ 용액은 모두 무색투명하므로 색깔로는 진하기를 비교할 수 없습니다.
⑤ ㉡이 ㉠보다 비커에 담긴 용액의 높이가 낮다.
↳ ㉡이 ㉠보다 비커에 담긴 용액의 높이가 높습니다.

19 용액이 진할수록 높이 떠오르게 하기 위해 무게를 적절하게 맞춰야 합니다.

20 장을 담글 때에는 적당한 소금물의 진하기를 맞추기 위해 달걀을 띄워 떠오르는 정도를 확인합니다.

가로 세로 용어퀴즈　　　138쪽

용	액	의	진	하	기
질					
		제	빵	소	다
				금	
	용	액		물	
사	해				

4 다양한 생물과 우리 생활

① 버섯과 곰팡이의 특징

기본 문제로 익히기

142~143쪽

핵심 체크
❶ 재물대   ❷ 초점 조절   ❸ 초점
❹ 주름   ❺ 균류   ❻ 균사

Step 1
1 초점 조절   **2** ×   **3** ○

2 곰팡이와 버섯은 균사로 이루어져 있고 포자로 번식합니다.

Step 2
1 ㉠   **2** ㉠, ㉡   **3** ④
4 ⑤   **5** ㉠: 균사, ㉡: 포자
6 ②

1 ㉠은 접안렌즈, ㉡은 회전판, ㉢은 초점 조절 나사, ㉣은 대물렌즈, ㉤은 조명 조절 나사입니다.

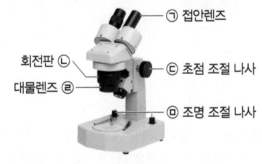

— ㉠ 접안렌즈
회전판 ㉡ —
— ㉢ 초점 조절 나사
대물렌즈 ㉣ —
— ㉤ 조명 조절 나사

2 조명을 켜고 끄며 밝기를 조절할 때 사용하는 나사는 조명 조절 나사입니다.

3 버섯의 윗부분은 우산처럼 생겼고, 갈색입니다. 버섯에서는 보통 식물에 있는 줄기, 잎과 같은 모양을 볼 수 없습니다.

4 맨눈으로는 곰팡이의 정확한 모습을 관찰할 수 없습니다.

5 곰팡이는 균사로 이루어져 있고, 포자를 이용하여 번식합니다.

6 버섯과 곰팡이는 균류에 속하는 생물이며, 스스로 양분을 만들지 못해 대부분 죽은 생물이나 다른 생물, 음식에서 양분을 얻습니다.

② 짚신벌레와 해캄의 특징

기본 문제로 익히기

146~147쪽

핵심 체크
❶ 빛의 양   ❷ 조동 나사   ❸ 미동 나사
❹ 짚신벌레   ❺ 해캄   ❻ 현미경

Step 1
1 조동 나사   **2** ○   **3** 원생생물

Step 2
1 ④   **2** ㉣   **3** ④
4 짚신벌레   **5** ②   **6** ④

1 ㉠은 대물렌즈, ㉡은 회전판, ㉢은 재물대, ㉣은 미동 나사, ㉤은 조명 조절 나사입니다.

2 관찰 대상이 뚜렷하게 보이도록 초점을 맞출 때 사용하는 부분은 미동 나사(㉣)입니다.

3 광학 현미경으로 짚신벌레 영구 표본을 관찰할 때 가장 먼저 회전판을 돌려 배율이 가장 낮은 대물렌즈가 가운데에 오도록 합니다.

4 짚신벌레는 끝이 둥글고 길쭉한 모양이고, 바깥쪽에 가는 털이 있습니다.

5 해캄은 물이 고인 곳이나 물살이 느린 곳에서 살고, 초록색이며, 가늘고 깁니다.

6 버섯은 원생생물이 아니라 균류입니다.

실력 문제로 다잡기 ① ~ ②

148~151쪽

1 ②   **2** (가) → (라) → (나) → (다)
3 인수   **4** ③   **5** ㉡
6 ㉠: 받침 유리, ㉡: 덮개 유리   **7** ③
8 (1) ㉠, ㉢ (2) ㉡, ㉣   **9** ②
10 ⑤
11 서술형 길잡이 ❶ 실, 주름
(1) ㉠: 곰팡이, ㉡: 버섯 (2) 모범 답안 윗부분의 안쪽에 주름이 많고 깊게 파여 있다.

12 서술형 길잡이 ❶ 조동 나사, 미동 나사

모범답안 (다), 접안렌즈로 보면서 조동 나사로 재물대를 내려 해캄을 찾고, 미동 나사로 해캄이 뚜렷하게 보이도록 초점을 맞춘다.

13 서술형 길잡이 ❶ 느린

모범답안 원생생물, 주로 논, 연못과 같이 물이 고인 곳이나 하천, 도랑과 같이 물살이 느린 곳에서 산다.

1 ㉠은 접안렌즈, ㉡은 회전판, ㉢은 초점 조절 나사, ㉣은 대물렌즈, ㉤은 조명 조절 나사입니다. 대물렌즈의 배율을 조절하는 부분은 회전판(㉡)입니다.

2 회전판을 돌려 대물렌즈의 배율을 가장 낮게 하고, 곰팡이를 재물대 위에 올린 뒤에 조명 조절 나사로 빛의 양을 조절합니다. 초점 조절 나사로 대물렌즈를 곰팡이에 최대한 가깝게 내린 다음, 접안렌즈로 곰팡이를 보면서 대물렌즈를 천천히 올려 초점을 맞추어 관찰합니다.

3 빵에 자란 곰팡이를 관찰할 때에는 냄새를 맡거나 맨손으로 만지지 않아야 하고, 마스크와 실험용 장갑을 착용해야 합니다. 또, 관찰한 후에는 반드시 손을 깨끗이 씻어야 합니다.

4 버섯과 곰팡이는 맨눈이나 돋보기로 관찰할 수 있습니다.

5 버섯과 곰팡이는 따뜻하고 축축한 환경에서 잘 자랍니다.

오답 바로잡기

㉠ 춥고 건조한 곳에서 잘 자란다.
↳ 버섯과 곰팡이는 따뜻하고 축축한 환경에서 잘 자랍니다.
㉢ 햇빛과 바람이 잘 통하는 곳에서 잘 자란다.
↳ 곰팡이가 잘 자라지 못하게 하기 위해서는 햇빛과 바람이 잘 통하게 해야 합니다.

6 광학 현미경으로 해캄을 관찰하기 위해 표본을 만드는 과정입니다. 해캄을 겹치지 않게 잘 펴서 받침 유리 위에 올려놓고, 덮개 유리로 덮어 해캄 표본을 만듭니다.

7 현미경의 배율은 접안렌즈 배율×대물렌즈 배율입니다. 접안렌즈의 배율이 10배, 대물렌즈의 배율이 4배이므로 물체는 40배로 확대되어 보입니다.

8 짚신벌레는 둥글고 길쭉한 모양이고 바깥쪽에 가는 털이 있으며, 안쪽에 여러 가지 모양이 보입니다. 해캄은 여러 개의 마디로 이루어져 있고 여러 개의 가는 선이 보이며, 선 안에 크기가 작고 둥근 초록색 알갱이가 있습니다.

9 짚신벌레는 다른 생물을 먹어 양분을 얻으며, 해캄은 스스로 양분을 만들 수 있습니다.

10 해캄은 긴 머리카락 모양이며, 해캄 안에 있는 크기가 작고 둥근 초록색 알갱이 때문에 초록색으로 보입니다.

오답 바로잡기

① 해캄 - 짚신 모양이다.
↳ 해캄은 긴 머리카락 모양입니다.
② 짚신벌레 - 움직이지 못한다.
↳ 짚신벌레는 움직입니다.
③ 다시마 - 주로 논이나 연못에서 산다.
↳ 다시마는 바다에서 삽니다.
④ 미역 - 크기가 작아서 현미경으로만 볼 수 있다.
↳ 미역, 김, 다시마, 우뭇가사리 등은 맨눈으로 볼 수 있는 원생생물입니다.

11 곰팡이를 실체 현미경으로 관찰하면 가는 실 같은 것이 엉켜 있고, 가는 실 모양의 끝에는 작고 둥근 알갱이가 있는 것을 볼 수 있습니다. 버섯을 실체 현미경으로 관찰하면 윗부분의 안쪽에 주름이 많고 깊게 파여 있는 것을 볼 수 있습니다.

채점 기준	
상	㉠과 ㉡을 옳게 쓰고, ㉡을 실체 현미경으로 관찰한 결과를 옳게 썼다.
하	㉠과 ㉡을 옳게 썼지만, ㉡을 실체 현미경으로 관찰한 결과를 옳게 쓰지 못했다.

12 조동 나사로 상을 찾고, 미동 나사로 정확한 초점을 맞춥니다.

채점 기준
광학 현미경으로 해캄 표본을 관찰하는 과정 중 잘못된 과정으로 (다)를 쓰고, 잘못된 부분을 옳게 고쳐 썼다.

13 원생생물에는 해캄, 짚신벌레, 종벌레, 아메바, 다시마 등이 있습니다.

채점 기준	
상	원생생물을 옳게 쓰고, 원생생물이 사는 곳을 예와 함께 옳게 썼다.
하	원생생물을 옳게 썼지만, 원생생물이 사는 곳을 예와 함께 옳게 쓰지 못했다.

❸ 세균의 특징

기본 문제로 익히기　154~155쪽

핵심 체크

❶ 막대　❷ 짧은　❸ 많은
❹ 막대　❺ 공　❻ 꼬리

Step 1

1 작은　2 ○　3 ○
4 ×

4 세균은 땅이나 물과 같은 자연 환경뿐만 아니라 생물의 몸, 우리가 사용하는 물건 등 어느 곳에나 삽니다.

Step 2

1 현미경　2 ②　3 ⑤
4 ㉡　5 ㉠　6 ④

1 세균은 매우 작아서 배율이 높은 현미경을 사용해야 관찰할 수 있습니다.

2 세균의 모양은 다양합니다. 세균은 크기가 매우 작을 뿐 크기가 모두 같은 것은 아닙니다.

3 세균은 우리 주변에 있는 땅이나 물, 공기, 생물의 몸, 우리가 사용하는 물건 등 다양한 곳에서 삽니다.

4 ㉠은 공 모양, ㉡은 막대 모양, ㉢과 ㉣은 나선 모양의 세균입니다.

㉠
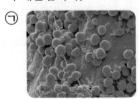
▲ 공 모양 세균

㉡

▲ 막대 모양 세균

㉢

▲ 나선 모양 세균

㉣
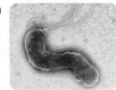
▲ 나선 모양 세균

5 포도상 구균은 ㉠과 같이 공 모양이고 여러 개가 뭉쳐서 있습니다.

6 세균은 살기에 알맞은 조건이 되면 짧은 시간 안에 많은 수로 늘어납니다.

❹ 다양한 생물이 우리 생활에 미치는 영향

기본 문제로 익히기　158~159쪽

핵심 체크

❶ 요구르트　❷ 먹이　❸ 산소
❹ 질병　❺ 음식　❻ 적조

Step 1

1 음식　2 분해　3 ○
4 ×

4 다양한 생물은 우리 생활에 이로운 영향과 해로운 영향을 모두 줍니다.

Step 2

1 ④　2 ①　3 ㉡, ㉢
4 ④　5 ⑤　6 독성

1 균류나 세균을 이용하여 된장, 김치, 요구르트 등의 음식을 만듭니다.

2 원생생물은 생물에게 필요한 산소를 만들기도 합니다.

오답 바로잡기

② 적조를 일으킨다.
↳ 원생생물이 빠르게 번식하여 적조를 일으키면 다른 생물이 살기 어려운 환경이 됩니다.
③ 해로운 세균을 물리친다.
↳ 산소를 만드는 원생생물의 영향이 아닙니다.
④ 청국장을 만드는 데 이용된다.
↳ 청국장을 만드는 데에는 고초균이 이용됩니다.
⑤ 죽은 생물이나 배설물을 분해한다.
↳ 균류나 세균은 죽은 생물을 분해하여 지구 환경을 유지합니다.

3 충치를 일으키는 세균은 우리 생활에 해로운 영향을 미치는 생물입니다.

4 적조를 일으키고, 동물과 식물에게 질병을 일으키는 것은 다양한 생물이 우리 생활에 미치는 해로운 영향입니다.

5 일부 균류가 우리 몸에 이로운 성분이 있어 한약재로 쓰이는 것은 다양한 생물이 우리 생활에 미치는 이로운 영향입니다.

6 일부 버섯(독버섯)은 독성이 있어 먹으면 생명이 위험할 수 있습니다.

⑤ 첨단 생명 과학이 우리 생활에 활용되는 예

기본 문제로 익히기
162~163쪽

핵심 체크

① 질병   **②** 생물 농약   **③** 하수 처리
④ 인공 눈   **⑤** 분해   **⑥** 원료

Step 1

1 ○   **2** 생물 연료   **3** ×
4 분해

3 생물 농약에 이용되는 세균은 해충에게만 질병을 일으킵니다.

Step 2

1 첨단 생명 과학   **2** ©
3 ①   **4** ④   **5** ©
6 ㉠

1 첨단 생명 과학은 최신의 생명 과학 기술이나 연구 결과를 활용하여 우리 생활의 여러 가지 문제를 해결하는 데 도움을 줍니다.

2 조사 계획을 세울 때에는 조사할 내용과 조사할 방법을 정하고, 조사 과정에서 각자 맡을 역할을 정해야 합니다.

3 버섯을 이용하여 음식을 만드는 것은 음식 조리 과정이므로 첨단 생명 과학이 활용되는 예라고 할 수 없습니다.

4 세균을 자라지 못하게 하는 균류(곰팡이)의 특성을 이용하여 질병을 치료하는 약을 만듭니다.

5 물을 쉽게 얼리는 특성이 있는 세균을 활용하여 인공 눈을 만듭니다.

6 물질을 분해하는 세균, 곰팡이, 원생생물을 활용하여 하수 처리를 합니다.

오답 바로잡기

© 영양소가 풍부한 원생생물
↳ 클로렐라처럼 영양소가 풍부한 원생생물을 이용하여 건강식품을 만듭니다.
© 해충에게만 질병을 일으키는 세균
↳ 해충에게만 질병을 일으키거나 해충만 없애는 세균과 곰팡이의 특성을 이용하여 생물 농약을 만듭니다.

실력 문제로 다잡기 ③ ~ ⑤
164~167쪽

1 ④   **2** ⑤   **3** ©
4 민영   **5** ④   **6** ㉠, ©
7 ⑤   **8** 도아   **9** ㉠, ©
10 ②   **11** ©   **12** ㉠, ©

13 서술형 길잡이 **①** 다양 **②** 다양
(1) 모범 답안 세균은 생김새가 다양하다.
(2) 모범 답안 세균은 다양한 곳에서 산다.

14 서술형 길잡이 **①** 이로운 **②** 해로운
(1) • 이로운 영향: ㉠, ㉣   • 해로운 영향: ㉡, ㉢
(2) 모범 답안 다양한 생물은 우리 생활에 이로운 영향을 미치기도 하고, 해로운 영향을 미치기도 한다.

15 서술형 길잡이 **①** 약 **②** 하수 처리
모범 답안 ㉠(세균을 자라지 못하게 하는 균류)을 이용하여 질병을 치료하는 약을 만들고, ㉡(물질을 분해하는 세균, 곰팡이, 원생생물)을 이용하여 하수 처리를 한다.

1 세균은 종류에 따라 생김새가 다양합니다.

2 세균은 땅이나 물, 공기, 생물의 몸, 우리가 사용하는 물건 등 우리 주변의 어느 곳에나 살고 있습니다.

3 헬리코박터균은 나선 모양이면서 꼬리가 있는 세균입니다.

4 세균은 크기가 매우 작아서 맨눈이나 돋보기로 볼 수 없고, 배율이 높은 현미경을 사용해야 관찰할 수 있습니다.

5 ④는 다양한 생물이 우리 생활에 미치는 해로운 영향입니다.

6 ©은 세균이 우리 생활에 미치는 이로운 영향입니다.

7 일부 원생생물은 생물에게 필요한 산소를 만들기도 하고, 적조를 일으키기도 합니다.

8 곰팡이나 세균의 수가 많아지면 동물과 식물이 쉽게 병에 걸릴 수 있습니다. 다양한 생물은 우리 생활에 이로운 영향과 해로운 영향을 동시에 주고 있어서 곰팡이나 세균의 수가 갑자기 줄어든다면 우리 생활은 달라질 것입니다.

9 첨단 생명 과학은 동물과 식물뿐만 아니라 균류, 원생생물, 세균 등 다양한 생물의 특성을 활용합니다.

10 해충을 없애는 곰팡이를 이용하여 친환경 생물 농약을 만듭니다.

11 첨단 생명 과학을 통해 해캄이나 기름 성분이 많은 원생생물을 이용하여 생물 연료를 만듭니다.

12 물질을 분해하는 특성이 있는 세균을 이용하여 하수 처리를 합니다.

13 세균은 공 모양, 막대 모양, 나선 모양 등 생김새가 다양하며, 생물의 몸, 공기, 물, 땅, 물건 등 다양한 곳에서 삽니다.

채점 기준
표를 보고 알 수 있는 세균의 특징을 생김새 및 사는 곳과 관련지어 모두 옳게 썼다.

14 균류나 세균은 ㉠, ㉣과 같이 음식을 만드는 데 이용되거나 죽은 생물을 분해하여 지구 환경을 유지하는 역할을 하기도 하고, ㉡, ㉢과 같이 다른 생물에게 질병을 일으키기도 합니다.

채점 기준	
상	다양한 생물이 우리 생활에 미치는 이로운 영향과 해로운 영향을 옳게 쓰고, 다양한 생물이 우리 생활에 어떤 영향을 미치는지 옳게 썼다.
하	다양한 생물이 우리 생활에 미치는 이로운 영향과 해로운 영향을 옳게 썼지만, 다양한 생물이 우리 생활에 어떤 영향을 미치는지 옳게 쓰지 못했다.

15 물질을 분해하는 특성이 있는 세균, 곰팡이, 원생생물을 이용하여 오염된 물을 깨끗하게 만듭니다.

채점 기준
세균을 자라지 못하게 하는 균류, 물질을 분해하는 다양한 생물이 첨단 생명 과학을 통해 우리 생활에 활용되는 예를 두 가지 모두 옳게 썼다.

단원 정리하기 168쪽

❶ 균류 ❷ 균사 ❸ 포자
❹ 원생생물 ❺ 짚신벌레 ❻ 해캄
❼ 작고 ❽ 현미경 ❾ 이로운
❿ 질병

단원 마무리 문제 169~171쪽

1 ④ **2** ⑤

3 모범답안 가는 실 같은 것이 서로 엉켜 있다. 가는 실 모양의 끝에는 작고 둥근 알갱이가 있다.

4 ㉠, ㉡

5 모범답안 스스로 양분을 만들지 못하고, 대부분 죽은 생물이나 다른 생물, 음식에서 양분을 얻는다.

6 ㉠, ㉢

7 (나) → (가) → (다) → (라)

8 모범답안 공기 방울이 생기지 않게 하기 위해서이다. **9** ② **10** ②, ⑤

11 지원 **12** ③, ⑤

13 모범답안 짧은 시간 안에 많은 수로 늘어난다.

14 포도상 구균 **15** ㉠ **16** ③, ⑤

17 수진 **18** ㉠, ㉢, ㉣ **19** ②

20 (1)−㉢ (2)−㉠ (3)−㉡

1 ㉣은 상의 초점을 정확히 맞출 때 사용하는 초점 조절 나사입니다. 대물렌즈의 배율을 조절하는 부분은 회전판입니다.

2 곰팡이를 관찰할 때는 냄새를 맡거나 맨손으로 만지지 않도록 주의해야 하고, 마스크와 실험용 장갑을 착용해야 합니다. 또, 관찰한 후에는 손을 깨끗이 씻어야 합니다.

3 곰팡이를 실체 현미경으로 관찰하면 가는 실 같은 것이 서로 엉켜 있고, 가는 실 모양의 끝에는 작고 둥근 알갱이가 있습니다.

채점 기준
빵에 자란 곰팡이를 실체 현미경으로 관찰한 결과를 옳게 썼다.

4 균류는 몸 전체가 균사로 이루어져 있고, 포자로 번식합니다.

오답 바로잡기

㉢ 다른 생물을 먹지 않으며, 스스로 양분을 만든다.
  ↳ 균류는 스스로 양분을 만들지 못하고 죽은 생물이나 다른 생물, 음식에서 양분을 얻으며 살아갑니다.
㉣ 곰팡이, 세균 등과 같은 생물을 균류라고 한다.
  ↳ 곰팡이, 버섯과 같은 생물을 균류라고 합니다. 세균은 균류가 아닙니다.

5 곰팡이와 버섯 같은 균류는 대부분 죽은 생물이나 다른 생물, 음식에서 양분을 얻습니다.

6 곰팡이는 따뜻하고 축축한 환경에서 잘 자랍니다. 우리 주변에서 곰팡이가 잘 자라지 못하게 하려면 햇빛이 잘 들어오게 하고, 창문을 열어 바람이 잘 통하게 해야 합니다. 또, 축축한 곳에는 습기 제거제를 두어 습기를 제거해야 합니다.

오답 바로잡기

ⓒ 가습기를 틀어 놓는다.
↳ 가습기를 틀어 놓으면 축축한 환경이 되어 곰팡이가 잘 자랍니다.
ⓔ 햇빛이 잘 들어오지 않도록 커튼을 친다.
↳ 햇빛이 들어오지 않는 그늘진 곳에서 곰팡이가 잘 자랍니다.

7 광학 현미경으로 표본을 관찰할 때 가장 먼저 해야 할 일은 회전판을 돌려 배율이 가장 낮은 대물렌즈가 가운데에 오도록 하는 것입니다.

8 덮개 유리를 덮을 때 공기 방울이 생기지 않도록 천천히 덮습니다.

9 ②는 곰팡이를 실체 현미경으로 관찰한 결과입니다.

10 짚신벌레와 해캄은 물이 고인 곳이나 물살이 느린 곳에서 삽니다. 짚신벌레는 크기가 매우 작아 광학 현미경을 사용해야 자세한 모습을 볼 수 있습니다.

오답 바로잡기

① 해캄은 균류이다.
↳ 해캄은 원생생물입니다.
③ 짚신벌레는 여러 개의 마디로 되어 있다.
↳ 여러 개의 마디로 되어 있는 것은 해캄입니다.
④ 해캄은 뿌리, 줄기, 잎 등 식물의 특징을 가지고 있다.
↳ 해캄은 식물이 가지고 있는 뿌리, 줄기, 잎 같은 부분이 없습니다.

11 해캄은 논, 연못과 같이 물이 고인 곳이나 도랑, 하천과 같이 물살이 느린 곳에서 삽니다.

12 곰팡이는 균류, 지렁이는 동물, 대장균은 세균입니다.

13 세균은 살기에 알맞은 조건이 되면 짧은 시간 안에 많은 수로 늘어납니다.

14 공 모양이고, 여러 개가 뭉쳐 있는 세균은 포도상 구균입니다.

15 표를 보고 세균은 생김새가 다양하고, 생물의 몸뿐만 아니라 공기, 음식물 등 다양한 곳에서 산다는 것을 알 수 있습니다.

오답 바로잡기

ⓛ 세균은 생물의 몸에서만 산다.
↳ 세균은 생물의 몸뿐만 아니라 공기, 음식물 등 다양한 곳에서 삽니다.
ⓒ 세균은 다른 생물에 비해 크기가 크고 생김새가 복잡한 생물이다.
↳ 세균은 다른 생물에 비해 크기가 작고 생김새가 단순한 생물입니다.

16 ①, ②, ④는 우리 생활에 해로운 영향을 미치는 생물의 예입니다.

17 균류, 원생생물, 세균 등 다양한 생물은 우리 생활에 이로운 영향과 해로운 영향을 모두 미칩니다.

18 조사 계획에는 조사할 내용, 조사할 방법, 역할 분담 등이 포함되도록 합니다.

19 버섯으로 찌개를 끓이는 것은 음식 조리 과정이므로 첨단 생명 과학이라고 할 수 없습니다.

20 질병을 치료하는 약을 만들 때 세균을 자라지 못하게 하는 균류가, 하수 처리에 물질을 분해하는 세균이, 쉽게 분해되는 플라스틱 제품 생산에 플라스틱 원료를 가진 세균이 이용됩니다.

가로 세로 용어 퀴즈　172쪽

	원	생	생	물
		물		
		연	못	
		료		
세			현	미	경
균	류			역	

정답과 해설 (평가책)

1 온도와 열

단원 정리
평가책 2~3쪽

❶ 온도   ❷ 측정   ❸ 온도 표시 창
❹ 같아   ❺ 전도   ❻ 멀어지는
❼ 다릅니다   ❽ 열   ❾ 대류
❿ 대류

쪽지 시험
평가책 4쪽

1 온도   2 온도계   3 귀 체온계
4 높은, 낮은   5 전도   6 구리
7 막는   8 위로   9 대류
10 낮은

서술 쪽지 시험
평가책 5쪽

1 모범답안 물체의 온도를 정확하게 알 수 있고, 상황에 알맞게 대처할 수 있기 때문이다.
2 모범답안 온도를 측정하려는 물체의 표면을 겨누고 온도 측정 단추를 누르면, 온도 표시 창에 온도가 표시된다.
3 모범답안 온도가 높은 프라이팬에서 온도가 낮은 버터로 열이 이동한다.
4 모범답안 고체에서 열은 온도가 높은 부분에서 온도가 낮은 부분으로 고체 물체를 따라 이동한다.
5 모범답안 온도가 높아진 물은 위로 올라가고, 위에 있던 물은 아래로 밀려 내려온다. 이 과정이 반복되면서 물 전체의 온도가 높아진다.
6 모범답안 뜨거운 연기가 위로 올라가므로 연기를 많이 마시지 않기 위해 낮은 자세로 대피한다.

단원 평가
평가책 6~8쪽

1 온도   2 ④   3 ㉢
4 (1) 21.0 ℃ (2) 섭씨 이십일 점 영 도
5 ④
6 모범답안 같은 흙이라도 흙이 놓인 장소나 측정 시각, 햇빛의 양 등에 따라 온도가 다를 수 있다.
7 ⑤

8 모범답안 갓 삶은 달걀은 온도가 낮아지고, 시원한 물은 온도가 높아진다. 시간이 지나면 달걀과 물의 온도가 같아진다.
9 ㉠: 다리미, ㉡: 옷
10 고체, 높, 낮, 고체   11 ㉡, ㉠, ㉢
12 모범답안 열이 쇠젓가락을 따라 감자 속으로 이동하여 크기가 큰 감자가 속까지 잘 익는다.
13 구리판   14 ㉡   15 단열재
16 ㉠   17 ②
18 ㉠: 아랫, ㉡: 위, ㉢: 아래
19 모범답안 향 연기가 초를 넣은 쪽으로 넘어가 위로 올라간다.
20 ①

1 온도는 물체의 차갑거나 뜨거운 정도를 숫자에 단위 ℃(섭씨도)를 붙여 나타냅니다.

2 온도를 측정하는 경우 온도계를 사용합니다. ①, ②, ③은 온도계를 사용하지 않고 온도를 어림하는 경우입니다.

3 한 물체의 온도를 두 사람이 어림하면 사람마다 온도를 다르게 느낄 수 있습니다. 온도를 측정하면 온도를 정확하게 알고, 상황에 알맞게 대처할 수 있습니다. 온도를 온도계로 정확하게 측정하지 않으면 여러 가지 문제가 생겨 불편을 겪을 수 있습니다.

4 알코올 온도계의 작은 눈금은 1 ℃를 나타내므로 컵에 담긴 물의 온도는 21.0 ℃(섭씨 이십일 점 영 도)입니다.

5 ㉡은 귀 체온계입니다. 온도계의 빨간색 액체가 멈추면 눈금을 읽는 것은 알코올 온도계의 사용 방법입니다.

6 같은 물체라도 물체가 놓인 장소나 측정 시각, 햇빛의 양 등에 따라 온도가 다를 수 있습니다.

채점 기준	
상	같은 흙이라도 흙이 놓인 장소나 측정 시각, 햇빛의 양 등에 따라 온도가 다를 수 있다고 옳게 썼다.
하	흙이 놓인 장소가 다르다고만 썼다.

7 온도가 다른 두 물체가 접촉하면 온도가 높은 물체의 온도는 낮아지고, 온도가 낮은 물체의 온도는 높아지다가, 시간이 지나면 두 물체의 온도가 같아집니다. 열은 온도가 높은 물체에서 온도가 낮은 물체로 이동합니다.

8 온도가 높은 갓 삶은 달걀은 온도가 낮아지고, 온도가 낮은 물은 온도가 높아지다가 달걀과 물의 온도가 같아집니다.

채점 기준	
상	달걀의 온도가 낮아지고, 시원한 물의 온도가 높아지며 시간이 지나면 달걀과 물의 온도가 같아진다고 옳게 썼다.
하	달걀의 온도가 낮아지고, 시원한 물의 온도가 높아진다고만 썼다.

9 다리미로 옷을 다릴 때 온도가 높은 다리미에서 온도가 낮은 옷으로 열이 이동합니다.

10 전도는 고체에서 열이 온도가 높은 부분에서 온도가 낮은 부분으로 고체 물체를 따라 이동하는 것입니다. 기체에서는 열이 대류를 통해 이동합니다.

11 고체에서 열은 가열한 부분에서 멀어지는 방향으로 고체 물체를 따라 이동합니다. 따라서 열 변색 붙임딱지의 색깔은 ㉡ → ㉠ → ㉢ 순으로 바뀝니다.

12 고체에서 열은 고체 물체를 따라 이동합니다.

채점 기준	
상	열이 쇠젓가락을 따라 감자 속으로 이동하여 크기가 큰 감자가 속까지 잘 익는다고 옳게 썼다.
하	크기가 큰 감자가 잘 익는다고만 썼다.

13 열 변색 붙임딱지의 색깔은 구리판이 가장 빠르게 변하고, 구리판, 철판, 유리판과 나무판 순으로 빠르게 변합니다.

14 고체 물질의 종류에 따라 열이 이동하는 빠르기가 다릅니다. 단열에는 고체 물질 중 열이 느리게 이동하는 물질을 이용합니다.

15 온도가 다른 두 물체 사이에서 열의 이동을 막는 것을 단열이라고 합니다. 집을 지을 때는 단열이 잘 되도록 벽에 단열재를 넣기도 합니다.

16 액체에서는 온도가 높아진 물질이 위로 올라갑니다. 따라서 파란색 잉크는 위로 올라갑니다.

17 액체와 기체에서는 주로 대류를 통해 열이 이동합니다.

18 물에서는 대류가 일어나 온도가 높아진 물은 위로 올라가고, 위에 있던 물은 아래로 밀려 내려옵니다. 이러한 과정이 반복되면 주전자에 있는 물 전체의 온도가 올라갑니다.

19 초에 불을 붙이면 촛불 주변에서 온도가 높아진 공기가 위로 올라갑니다. 따라서 향 연기는 초를 넣은 쪽으로 넘어가 위로 올라갑니다.

채점 기준	
상	향 연기가 초를 넣은 쪽으로 넘어가 위로 올라간다고 옳게 썼다.
하	향 연기가 초를 넣은 쪽으로 넘어간다고만 썼다.

20 난방 기구 주변에서 온도가 높아진 공기는 위로 올라갑니다.

서술형 평가

1 모범 답안 액체 기둥의 끝이 닿은 위치에 눈높이를 맞추어 눈금을 읽는다.

2 (1) ㉠ (2) 모범 답안 뜨거운 물에 닿은 바닥면 쪽에서는 물의 온도가 높아져 물이 위로 올라가고, 차가운 물에 닿은 바닥면 쪽에서는 물의 온도가 낮아져 물이 아래로 내려오기 때문이다.

1 알코올 온도계의 눈금을 읽을 때는 액체 기둥의 끝이 닿은 위치에 눈높이를 맞추어 눈금을 읽어야 합니다.

채점 기준	
10점	액체 기둥의 끝이 닿은 위치에 눈높이를 맞추어 눈금을 읽는다고 옳게 썼다.
5점	액체 기둥의 끝이 닿은 위치의 눈금을 읽는다고만 썼다.

2 액체에서는 온도가 높아진 물질이 위로 올라가고, 위에 있던 온도가 낮은 물질이 아래로 내려오면서 열이 이동합니다.

채점 기준	
10점	차가운 물을 넣은 받침 용기의 기호를 옳게 쓰고, 파란색 잉크가 화살표 방향으로 움직이는 까닭을 온도 변화와 함께 액체의 대류 과정으로 옳게 썼다.
7점	차가운 물을 넣은 받침 용기의 기호를 옳게 쓰고, 파란색 잉크가 화살표 방향으로 움직이는 까닭을 온도 변화를 쓰지 않고 액체의 대류 과정으로만 썼다.
3점	차가운 물을 넣은 받침 용기의 기호만 옳게 썼다.

2 태양계와 별

단원 정리

❶ 빛 ❷ 태양 ❸ 목성
❹ 수성 ❺ 해왕성 ❻ 별
❼ 변합니다 ❽ 별자리 ❾ 북쪽
❿ 북두칠성 ⓫ 북두칠성

1 태양　　**2** 행성　　**3** 수성
4 금성　　**5** 해왕성　　**6** 별
7 별자리　　**8** 북　　**9** 북극성
10 카시오페이아

1 모범답안 우리가 살아가는 데 필요한 대부분의 에너지를 태양에서 얻기 때문이다.
2 모범답안 표면이 암석으로 되어 있고 고리가 없다.
3 모범답안 태양에서 상대적으로 가까이 있는 행성은 금성, 화성이고, 상대적으로 멀리 있는 행성은 목성, 천왕성이다.
4 모범답안 별은 스스로 빛을 내지만, 행성은 태양 빛을 반사하여 빛나는 것처럼 보인다.
5 모범답안 우리나라의 북쪽 밤하늘에서 큰곰자리, 북두칠성, 작은곰자리, 카시오페이아자리를 볼 수 있다.
6 모범답안 북극성은 항상 북쪽 하늘에 있기 때문에 북극성을 찾으면 방위를 알 수 있다.

1 태양　　　　**2** ⓒ　　　　**3** ④
4 모범답안 수성, 금성, 지구, 화성은 고리가 없고, 목성, 토성, 천왕성, 해왕성은 고리가 있다.
5 ⓒ　　　　**6** 금성　　　　**7** ②
8 다온　　　　**9** ⓒ, ⓒ, ⓜ, ⓞ, ⓔ, ⓗ
10 금성　　　　**11** ⑤
12 모범답안 태양에서 거리가 멀어질수록 행성 사이의 거리도 멀어진다.
13 (1) 행성 (2) 별 (3) 행성　　　**14** ⓒ
15 모범답안 금성, 화성, 목성, 토성과 같은 행성은 별보다 지구에 가까이 있기 때문이다.
16 ⓞ　　　　**17** ④　　　　**18** ①
19 ⓞ: 북두칠성, ⓒ: 다섯(5)　　**20** ⓒ

1 태양에서 오는 에너지가 지구를 따뜻하게 하여 생물이 살기에 알맞은 환경을 만들어 주는 것처럼 태양은 지구의 중요한 에너지원입니다.

2 생물은 태양에서 에너지를 얻고, 태양이 없다면 지구는 차갑게 얼어붙을 것이기 때문에 태양은 생물에게 소중합니다.

3 태양계의 구성원 중 스스로 빛을 내는 천체는 태양입니다.

4 태양계 행성 중 고리가 없는 행성은 수성, 금성, 지구, 화성이고, 고리가 있는 행성은 목성, 토성, 천왕성, 해왕성입니다.

채점 기준
태양계 행성의 분류 기준을 행성의 고리 유무와 관련지어 옳게 썼다.

5 수성은 회색을 띠고 표면이 암석으로 되어 있으며 충돌 구덩이가 많고 고리가 없습니다.

6 지구(1.0)와 크기가 가장 비슷한 행성은 금성(0.9)입니다.

7 지구보다 크기가 작은 행성은 수성, 금성, 화성입니다.

8 목성은 태양계 행성 중 크기가 가장 큰 행성입니다. 수성(0.4)과 화성(0.5), 천왕성(4.0)과 해왕성(3.9)의 크기가 비슷합니다.

9 태양에서 행성까지의 거리가 가까운 순서대로 나열하면 수성, 금성, 지구, 화성, 목성, 토성, 천왕성, 해왕성입니다.

10 태양계 행성 중 지구에서 가장 가까운 행성은 금성(0.7)입니다.

11 태양에서 지구보다 가까이 있는 행성은 수성, 금성이고, 태양에서 지구보다 멀리 있는 행성은 화성, 목성, 토성, 천왕성, 해왕성입니다.

12 태양에서 행성까지의 거리를 비교하면 태양에서 거리가 멀어질수록 행성 사이의 거리도 대체로 멀어진다는 것을 알 수 있습니다.

채점 기준
태양에서 거리가 멀어질수록 각 행성 사이의 거리도 멀어진다는 것을 옳게 썼다.

13 별은 스스로 빛을 내는 천체이고, 행성은 태양의 주위를 돌며 태양 빛을 반사해 밝게 보이는 천체입니다.

14 여러 날 동안 밤하늘을 관측하면 행성은 위치가 변합니다.

15 행성은 별에 비해 지구와 가까운 거리에 있기 때문에 별보다 밝고 또렷하게 보입니다.

채점 기준
금성, 화성, 목성, 토성과 같은 행성이 주위의 별보다 더 밝고 또렷하게 보이는 까닭을 옳게 썼다.

16 큰곰자리와 카시오페이아자리는 우리나라의 북쪽 하늘에서 일 년 내내 볼 수 있습니다. 큰곰자리의 꼬리 부분에 있는 별 일곱 개를 북두칠성이라고 합니다.

17 주변이 탁 트이고 밝지 않은 곳이 별자리를 관측하기에 적당합니다.

18 북극성은 북쪽 하늘에서 일 년 내내 거의 같은 자리에 있는 별입니다. 북극성은 항상 북쪽 하늘에 있으므로 북극성을 찾으면 방위를 알 수 있습니다.

19 북두칠성의 국자 모양 끝부분에 있는 두 별을 연결하고, 그 거리의 다섯 배만큼 떨어진 곳에 북극성이 있습니다.

20 카시오페이아자리에서 바깥쪽의 두 별을 지나는 선을 각각 연장해 만나는 점과 가운데 별을 연결하고, 그 거리의 다섯 배만큼 떨어진 곳에서 북극성을 찾을 수 있습니다.

서술형 평가
평가책 17쪽

1 (1) 화성 (2) 모범답안 붉은색을 띤다. 표면이 암석으로 되어 있다. 고리가 없다. 지구보다 대기가 훨씬 적다. 등
2 모범답안 스스로 빛을 내는 것이 아니라 태양 빛을 반사하기 때문이다.
3 모범답안 ⓒ, 바깥쪽의 두 선을 연장해 만나는 점을 찾고

1 수성, 금성, 지구, 화성은 표면이 암석으로 되어 있습니다. 그 중 화성은 붉은색을 띠고 표면이 지구의 사막처럼 암석과 흙으로 되어 있으며 지구보다 대기가 훨씬 적습니다.

	채점 기준
10점	표에서 잘못 분류한 행성을 옳게 쓰고, 그 행성의 특징을 두 가지 모두 옳게 썼다.
7점	표에서 잘못 분류한 행성을 옳게 썼지만 그 행성의 특징을 한 가지만 옳게 썼다.
3점	표에서 잘못 분류한 행성만 옳게 썼다.

2 행성은 스스로 빛을 내지 못하고 태양 빛을 반사하기 때문에 밤하늘에서 빛나는 것처럼 보입니다.

	채점 기준
10점	행성이 밤하늘에서 빛나 보이는 까닭을 옳게 썼다.
5점	행성이 밤하늘에서 빛나 보이는 까닭을 썼지만 미흡하다.

3 카시오페이아자리에서 바깥쪽의 두 별을 이은 선을 연장해 만나는 점과 가운데 별을 연결하고, 그 거리의 다섯 배만큼 떨어진 곳에 있는 별이 북극성입니다.

	채점 기주
10점	잘못 설명한 부분의 기호를 옳게 쓰고, 옳게 고쳐 썼다.
3점	잘못 설명한 부분의 기호만 옳게 썼다.

3 용해와 용액

단원 정리
평가책 18~19쪽

❶ 용해 ❷ 용액 ❸ 같습니다
❹ 용질의 종류 ❺ 물의 온도 ❻ 높
❼ 진하기 ❽ 높이

쪽지 시험
평가책 20쪽

1 밀가루 **2** 용해 **3** 작아집니다
4 무게 **5** 설탕 **6** 다릅니다
7 따뜻한 **8** 황색 각설탕을 열 개 용해한 용액
9 진할수록 **10** 물

서술 쪽지 시험
평가책 21쪽

1 모범답안 용질은 녹는 물질이고, 용매는 다른 물질을 녹이는 물질이다.
2 모범답안 물 위에 뜨거나 바닥에 가라앉는 것이 없다. 거름 장치로 걸렀을 때 거름종이에 남는 것이 없다. 어느 부분에서나 색깔, 맛이 일정하다. 등
3 모범답안 각설탕이 물에 용해되기 전과 용해된 후의 무게는 같다.
4 모범답안 일반적으로 물의 온도가 높을수록 용질이 더 많이 용해된다.

5 모범답안 같은 양의 용매에 용해된 용질의 양이 많고 적은 정도이다.

6 모범답안 색깔로 비교할 수 있다. 맛으로 비교할 수 있다. 무게를 측정해 비교할 수 있다. 물의 높이를 측정해 비교할 수 있다. 물체가 뜨는 정도로 비교할 수 있다. 등

단원 평가
평가책 22~24쪽

1 ⑤　　　　**2** ②　　　　**3** ⑤
4 ㉠, ㉡, ㉢
5 모범답안 크기가 작아지면서 작은 설탕으로 나뉘어 물에 골고루 섞이고 완전히 용해되면 눈에 보이지 않게 된다.
6 ㉠　　　　**7** ②　　　　**8** ②
9 모범답안 설탕, 소금, 제빵 소다가 모두 용해된다.
10 ㉠: 설탕, ㉡: 소금
11 설탕, 소금, 제빵 소다　　**12** ②
13 모범답안 따뜻한 물에서는 백반이 모두 용해되고, 차가운 물에서는 어느 정도 용해되다가 용해되지 않은 백반이 바닥에 남아 있다.
14 소윤　　**15** ㉣　　**16** ②
17 ④
18 모범답안 방울토마토나 메추리알을 넣어 뜨고 가라앉는 정도를 비교한다.
19 ②　　　　**20** ①

1 설탕과 구연산은 물에 녹아 투명하며 뜨거나 가라앉는 것이 없고, 분필 가루와 녹말가루는 물에 잘 녹지 않아 바닥에 가라앉는 것이 있습니다.

2 녹는 물질은 용질, 다른 물질을 녹이는 물질은 용매입니다.

3 소금을 물에 녹인 용액은 투명하고, 알갱이가 없으며, 물 위에 떠 있는 물질이 없습니다. 따라서 거름 장치로 걸렀을 때 거름종이에 남는 것이 없습니다.

4 ㉠, ㉡, ㉢은 용액이고, ㉣은 용액이 아닙니다.

5 각설탕이 부스러지면서 작은 설탕으로 나누어지고, 완전히 용해되어 보이지 않게 됩니다.

채점 기준	
상	시간에 따른 변화를 옳게 썼다.
하	크기가 작아진다고만 썼다.

6 각설탕이 물에 용해되기 전과 용해된 후의 무게는 같습니다.

7 설탕이 물에 용해된 후의 무게는 156 g이고, 물이 담긴 비커의 무게가 100 g이므로 각설탕이 담긴 페트리 접시의 무게는 56 g입니다.

8 온도와 양이 같은 물에 여러 가지 용질을 넣었을 때 각 용질이 용해되는 양을 비교하는 실험입니다.

9 설탕, 소금, 제빵 소다를 한 숟가락씩 넣고 저으면 모두 용해됩니다.

채점 기준
설탕, 소금, 제빵 소다를 한 숟가락씩 넣고 저었을 때의 변화를 옳게 썼다.

10 설탕은 여덟 숟가락을 넣었을 때에도 다 용해되고, 소금은 여덟 숟가락을 넣었을 때 바닥에 가라앉습니다.

11 온도와 양이 같은 물에 설탕>소금>제빵 소다 순으로 용질이 많이 용해됩니다.

12 물의 온도에 따라 백반이 용해되는 양을 알아보는 실험에서는 물의 온도만 다르게 하고, 다른 조건은 모두 같게 해야 합니다.

13 따뜻한 물에서는 백반이 다 용해되지만, 차가운 물에서는 백반이 바닥에 남아 있습니다.

채점 기준
따뜻한 물과 차가운 물에서 백반이 용해되는 양을 비교하여 옳게 썼다.

14 물의 온도가 높을수록 백반이 더 많이 용해됩니다.

15 물의 온도가 높고, 물의 양이 많을수록 용질이 더 많이 용해됩니다.

16 황설탕 용액 뒤에 흰 종이를 대어 보는 것은 색깔로 진하기를 비교하는 방법입니다.

17 온도와 양이 같은 물에 황색 각설탕을 많이 용해할수록 용액이 진합니다.

18 색깔로 비교할 수 없는 소금물의 진하기는 방울토마토나 메추리알 같은 물체를 넣었을 때 그 물체가 용액에 뜨고 가라앉는 정도로 비교할 수 있습니다.

채점 기준
소금물의 진하기를 비교할 수 있는 방법 한 가지를 옳게 썼다.

19 용액이 진할수록 방울토마토가 높이 떠오르므로 용액의 진하기는 ㉠>㉢>㉡입니다.

20 소금물의 위쪽에 떠 있는 메추리알을 가라앉게 하려면 물을 더 넣어 용액을 묽게 만듭니다.

서술형 평가   평가책 25쪽

1 (모범답안) 소금을 물에 녹여 소금물을 만든다. 분말주스를 물에 녹여 주스를 만든다.

2 (1) ㉠ (2) (모범답안) 백반 용액이 든 비커를 가열한다.

3 (1) < (2) (모범답안) 용액이 진할수록 메추리알이 높이 떠오른다.

1 설탕이 물에 녹는 것처럼 어떤 물질이 다른 물질에 녹아 골고루 섞이는 현상을 용해라고 합니다.

채점 기준	
10점	용해의 예 두 가지를 모두 옳게 썼다.
5점	용해의 예를 한 가지만 옳게 썼다.

2 백반이 다 용해되지 않고 남아 있을 때 물의 온도를 높이면 용해되지 않고 남아 있던 용질을 더 많이 용해할 수 있습니다.

채점 기준	
10점	물의 온도가 높은 비커와 바닥에 남은 백반의 용해 방법을 모두 옳게 썼다.
7점	물의 온도가 높은 비커는 틀렸지만 바닥에 남은 백반의 용해 방법을 옳게 썼다.
3점	물의 온도가 높은 비커만 옳게 썼다.

3 메추리알을 넣었을 때 용액이 진할수록 메추리알이 높이 떠오릅니다.

채점 기준	
10점	용액의 진하기를 옳게 비교하고, 용액의 진하기에 따라 메추리알이 뜨는 정도를 옳게 썼다.
4점	용액의 진하기만 옳게 비교했다.

④ 다양한 생물과 우리 생활

단원 정리   평가책 26~27쪽

❶ 균류   ❷ 버섯   ❸ 포자
❹ 원생생물   ❺ 짚신벌레   ❻ 세균

❼ 막대   ❽ 산소   ❾ 해캄
❿ 분해

쪽지 시험   평가책 28쪽

1 균사   **2** 따뜻하고 축축한
3 조동 나사   **4** 원생생물   **5** 해캄
6 작습니다   **7** 세균   **8** 이로운
9 첨단 생명 과학   **10** 생물 연료

서술 쪽지 시험   평가책 29쪽

1 (모범답안) 포자로 번식한다.
2 (모범답안) 스스로 양분을 만들지 못하고 죽은 생물이나 다른 생물에서 양분을 얻는다.
3 (모범답안) 주로 논, 연못과 같이 물이 고인 곳이나 하천, 도랑과 같이 물살이 느린 곳에서 산다.
4 (모범답안) 크기가 매우 작아서 맨눈으로 볼 수 없다. 살기에 알맞은 조건이 되면 짧은 시간 안에 많은 수로 늘어난다.
5 (모범답안) 균류나 세균은 음식이나 물건을 상하게 하기도 한다.
6 (모범답안) 해충에게만 질병을 일으키거나 해충만 없애는 세균과 곰팡이의 특성을 이용하여 친환경 생물 농약을 만든다.

단원 평가   평가책 30~32쪽

1 ㉢, 대물렌즈   **2** ②   **3** ②
4 ③   **5** 연주, 유진
6 (모범답안) 창문을 열어 바람이 잘 통하게 한다. 햇빛이 잘 들어오게 한다.
7 ①, ④   **8** 회전판   **9** ④
10 ④
11 (모범답안) 주로 물이 고인 곳이나 물살이 느린 곳에서 산다.
12 세균   **13** ㉡   **14** 막대
15 ⑤   **16** (1) 원생생물 (2) 해로운 영향
17 ②   **18** 예은   **19** ㉡
20 ⑤

정답과 해설 **37**

1 물체와 마주 보는 렌즈이며, 물체의 상을 확대해 주는 렌즈는 ⓒ 대물렌즈입니다. ㉠은 접안렌즈, ㉡은 회전판, ㉣은 재물대, ㉤은 초점 조절 나사입니다.

2 현미경을 사용할 때에는 먼저 회전판을 돌려 대물렌즈의 배율을 가장 낮게 합니다.

3 균류는 자라고 번식하는 생물입니다.

4 곰팡이, 버섯과 같은 생물을 균류라고 합니다.

5 버섯과 곰팡이는 따뜻하고 축축한 환경에서 잘 자라고, 주로 여름철에 많이 볼 수 있습니다.

6 곰팡이가 잘 자라지 못하게 하려면 햇빛이 잘 들어오게 하고, 바람이 잘 통하게 해야 합니다.

채점 기준	
상	곰팡이가 잘 자라지 못하게 하는 방법을 두 가지 모두 옳게 썼다.
하	곰팡이가 잘 자라지 못하게 하는 방법을 한 가지만 썼다.

7 해캄 표본을 올려놓는 곳은 재물대이고, 눈으로 들여다보는 렌즈는 접안렌즈입니다.

8 광학 현미경에서 대물렌즈의 배율을 조절할 때 사용하는 부분은 회전판입니다.

9 해캄을 광학 현미경으로 관찰하면 여러 개의 마디로 이루어져 있고, 가는 선 안에는 크기가 작고 둥근 초록색 알갱이가 있는 것을 볼 수 있습니다.

10 짚신벌레는 식물이나 동물보다 생김새가 단순합니다.

11 짚신벌레와 해캄은 논, 연못과 같이 물이 고인 곳이나 하천, 도랑과 같이 물살이 느린 곳에서 삽니다.

채점 기준
주로 물이 고인 곳이나 물살이 느린 곳에서 산다고 옳게 썼다.

12 세균은 균류나 원생생물보다 크기가 더 작고 생김새가 단순한 생물입니다.

13 ㉡은 짚신벌레로, 원생생물입니다. ㉠은 나선 모양 세균, ㉢은 공 모양 세균입니다.

14 세균은 공 모양, 막대 모양, 나선 모양 등 생김새가 다양하며, 대장균은 막대 모양입니다.

15 대장균, 포도상 구균, 헬리코박터균이 사는 곳으로 보아 세균은 생물의 몸, 공기, 음식 등 다양한 곳에서 산다는 것을 알 수 있습니다.

16 일부 원생생물은 강이나 바다에서 빠르게 번식하여 적조를 일으켜 다른 생물이 살기 어려운 환경을 만들기도 합니다.

17 곰팡이가 물건을 상하게 하는 것은 생물이 우리 생활에 미치는 해로운 영향입니다.

18 균류나 세균이 많아지면 김치, 요구르트, 된장 등의 음식을 만들기 더 쉬워집니다.

19 빠르게 번식하는 세균의 특징을 이용하여 짧은 시간 동안 많은 양의 약품을 생산할 수 있습니다.

20 플라스틱 원료를 가진 세균을 이용하여 쉽게 분해되는 친환경 플라스틱 제품을 만듭니다.

서술형 평가　　평가책 33쪽

1 (1) ㉠: 접안렌즈, ㉡: 회전판, ㉢: 대물렌즈, ㉣: 재물대
(2) **모범 답안** 재물대를 위아래로 미세하게 움직여 상의 초점을 정확히 맞춘다.
2 (1) **모범 답안** 공 모양, 막대 모양, 나선 모양 등 생김새가 다양하고 단순하다.
(2) **모범 답안** 땅이나 물, 공기, 생물의 몸, 우리가 사용하는 물건 등 우리 주변 곳곳에 살고 있다.

1 관찰 대상의 초점을 정확히 맞출 때에는 미동 나사를 사용합니다.

채점 기준	
10점	광학 현미경 각 부분의 이름을 옳게 쓰고, 미동 나사가 하는 일을 옳게 썼다.
4점	광학 현미경 각 부분의 이름을 옳게 썼지만, 미동 나사가 하는 일을 쓰지 못했다.

2 세균은 공 모양, 막대 모양, 나선 모양 등 생김새가 다양하고 단순합니다. 세균은 땅이나 물, 공기, 생물의 몸, 우리가 사용하는 물건 등 우리 주변 어느 곳에나 살고 있습니다.

채점 기준	
10점	다양한 세균의 공통점을 생김새와 사는 곳과 관련지어 모두 옳게 썼다.
5점	다양한 세균의 공통점을 생김새와 사는 곳과 관련지어 한 가지만 옳게 썼다.

1 ㉡
2 ②
3 ㉠: 높아, ㉡: 낮아
4 ①
5 ④
6 지성
7 대류
8 ㉠
9 ③
10 은비
11 ㉡
12 지구
13 ㉢
14 수성
15 ⑤
16 행성, 별
17 ㉠
18 모범 답안 냄비의 바닥은 열이 빠르게 이동해야 하고, 손잡이는 열이 느리게 이동해야 하기 때문이다.
19 모범 답안 윗부분, 촛불 주변에서 온도가 높아진 공기가 위로 올라가기 때문이다.
20 모범 답안 우리나라의 북쪽 하늘에서 볼 수 있다. 우리나라에서 일 년 내내 볼 수 있다.

1 온도는 온도계를 사용하여 측정합니다. 온도의 단위는 ℃(섭씨도)이고, 공기의 온도는 기온이라고 합니다.

2 고리, 몸체, 액체샘으로 이루어져 있는 온도계는 알코올 온도계입니다.

3 음료수 캔에 담긴 차가운 물의 온도는 높아지고 비커에 담긴 따뜻한 물의 온도는 낮아집니다.

4 국을 끓여 그릇에 담았을 때는 온도가 높은 국에서 온도가 낮은 그릇으로 열이 이동합니다.

5 열 변색 붙임딱지의 색깔이 가장 먼저 변하는 부분은 가열한 부분인 ㉡입니다. ㉡에서부터 ㉡ → ㉠ → ㉢ 순으로 색깔이 변합니다. 이 실험으로 고체에서는 열이 고체 물체를 따라 이동한다는 것을 알 수 있습니다.

6 단열은 온도가 다른 두 물체 사이에서 열의 이동을 막는 것을 말합니다. 액체나 기체에서 열이 이동하는 과정은 대류이고, 고체에서 열이 고체 물체를 따라 이동하는 것은 전도입니다.

7 액체에서 온도가 높아진 물질이 위로 올라가면서 열이 이동하는 과정을 대류라고 합니다.

8 촛불 주변에서 온도가 높아진 공기가 위로 올라가기 때문에 향 연기가 초를 넣은 쪽으로 넘어가 위로 올라갑니다.

9 태양은 지구에서 물이 순환하도록 돕고, 지구를 따뜻하게 합니다.

10 수성은 회색을 띠고 고리가 없습니다. 천왕성은 청록색을 띠고 희미한 고리가 있습니다.

11 수성, 금성, 지구, 화성은 표면이 암석으로 되어 있고, 목성, 토성, 천왕성, 해왕성은 표면이 기체로 되어 있습니다.

12 금성(0.9)과 크기가 가장 비슷한 행성은 지구(1.0)입니다.

13 수성, 금성, 화성은 상대적으로 크기가 작은 행성입니다.

14 태양에서 가장 가까운 행성은 수성입니다.

15 태양에서 지구까지의 거리를 두루마리 휴지 한 칸으로 정했을 때 태양에서 각 행성까지의 거리를 나타내는 데 필요한 휴지 칸 수는 화성 1.5칸, 목성 5.2칸, 천왕성 19.1칸, 해왕성 30.0칸입니다.

16 여러 날 동안 밤하늘을 관측하면 행성은 별들 사이에서 위치가 변하지만 별은 위치가 거의 변하지 않습니다.

17 북극성은 북쪽 하늘에서 일 년 내내 같은 자리에 있으므로, 북극성을 찾으면 방위를 알 수 있습니다.

18 금속에서는 열이 빠르게 이동하지만, 플라스틱에서는 열이 느리게 이동합니다.

채점 기준	
상	냄비의 바닥은 열이 빠르게 이동해야 하고, 손잡이는 열이 느리게 이동해야 하기 때문이라고 옳게 썼다.
하	손잡이는 열이 느리게 이동해야 하기 때문이라고만 썼다.

19 촛불 주변에서 온도가 높아진 공기는 기체의 대류로 위로 올라갑니다. 따라서 아크릴 통의 윗부분에 있는 열 변색 붙임딱지의 색깔이 가장 먼저 변합니다.

채점 기준	
상	열 변색 붙임딱지의 색깔이 가장 먼저 변하는 부분의 위치와 까닭을 모두 옳게 썼다.
하	열 변색 붙임딱지의 색깔이 가장 먼저 변하는 부분의 위치만 옳게 썼다.

20 큰곰자리, 작은곰자리, 카시오페이아자리는 우리나라의 북쪽 하늘에서 일 년 내내 볼 수 있습니다.

채점 기준	
상	세 별자리의 공통점 두 가지를 모두 옳게 썼다.
하	세 별자리의 공통점 두 가지 중 한 가지만 옳게 썼다.

1 ③	**2** ④	**3** 108
4 ⑤	**5** ©	**6** ©
7 ①, ⑤	**8** 물의 온도	**9** ㉠, ©
10 ③	**11** ⑤	**12** ③
13 ©	**14** ㉠: 조동 나사, ©: 미동 나사	
15 세균	**16** ©	**17** ①

18 모범답안 ©, 용액의 진하기가 진할수록 메추리알이 높이 떠오르기 때문이다.

19 (1) 모범답안 균류나 세균은 된장, 김치, 치즈, 요구르트 등의 음식을 만드는 데 이용된다.
(2) 모범답안 일부 원생생물은 적조를 일으켜 다른 생물이 살기 어려운 환경을 만든다.

20 (1) 모범답안 기름 성분이 많은 원생생물의 특징을 이용하여 친환경 생물 원료를 만든다.
(2) 모범답안 플라스틱을 분해하는 세균을 이용하여 플라스틱 쓰레기 문제를 해결한다.

1 분필 가루는 바닥에 가라앉는 것이 있으므로 ©은 용액이 아닙니다.

2 설탕이나 구연산 같은 용질이 용매인 물에 용해되면 용액이 됩니다.

3 각설탕이 물에 용해되기 전과 용해된 후의 무게는 같습니다.

4 설탕, 소금, 제빵 소다를 한 숟가락씩 넣고 유리 막대로 저으면 세 용질은 모두 용해됩니다.

5 설탕과 소금은 두 숟가락을 넣었을 때에도 다 용해되고, 제빵 소다는 바닥에 가라앉습니다.

6 물의 온도가 높으면 백반이 더 많이 용해됩니다.

7 물을 더 넣거나 물의 온도를 높이면 더 많은 양의 붕산을 용해할 수 있습니다.

8 물의 온도에 따라 용질이 용해되는 양을 비교하는 실험을 할 때에는 물의 온도를 제외한 모든 조건을 같게 해야 합니다.

9 투명한 용액은 색깔로 진하기를 비교할 수 없습니다.

10 황설탕 용액은 맛, 색깔, 무게, 용액의 높이, 물체가 뜨는 정도 등으로 진하기를 비교할 수 있습니다.

11 버섯과 곰팡이는 따뜻하고 축축한 환경에서 잘 자랍니다.

12 짚신벌레와 해캄은 동물이나 식물, 균류로 분류되지 않는 원생생물입니다.

13 짚신벌레와 해캄은 주로 논, 연못과 같이 물이 고인 곳이나 하천, 도랑과 같이 물살이 느린 곳에서 삽니다.

14 광학 현미경으로 표본을 관찰할 때에는 조동 나사로 표본의 상을 찾고, 미동 나사로 정확한 초점을 맞춥니다.

15 세균은 땅이나 물, 공기, 생물의 몸, 물건 등 우리 주변 어느 곳에나 살고, 크기가 매우 작습니다.

16 공 모양 세균이 여러 개가 뭉쳐 있는 모습입니다. 세균은 생물이며 곰팡이보다 크기가 작습니다.

17 버섯으로 찌개를 끓이는 것은 음식 조리 과정이므로 첨단 생명 과학을 우리 생활에 활용한 예라고 할 수 없습니다.

18 물에 용해된 설탕은 없어지는 것이 아니라 매우 작게 나뉘어 물속에 남아 있기 때문에 물에 용해된 설탕의 양이 많을수록 용액이 진합니다.

채점 기준	
상	가장 진한 용액의 기호와 그 까닭을 모두 옳게 썼다.
하	가장 진한 용액의 기호만 옳게 썼다.

19 균류나 세균은 된장, 김치, 요구르트 등의 음식을 만드는 데 이용됩니다. 일부 원생생물은 강이나 바다에서 빠르게 번식하여 적조를 일으켜 다른 생물이 살기 어려운 환경을 만들기도 합니다.

채점 기준	
상	다양한 생물이 우리 생활에 미치는 이로운 영향과 해로운 영향을 모두 옳게 썼다.
하	다양한 생물이 우리 생활에 미치는 이로운 영향과 해로운 영향 중 한 가지만 옳게 썼다.

20 기름 성분이 많은 원생생물을 이용하여 친환경 생물 연료를 만들고, 플라스틱을 분해하는 세균을 이용하여 플라스틱 쓰레기를 처리할 수 있습니다.

채점 기준	
상	첨단 생명 과학이 우리 생활에 활용되는 예를 원생생물, 세균과 관련하여 두 가지 모두 옳게 썼다.
하	첨단 생명 과학이 우리 생활에 활용되는 예를 원생생물, 세균과 관련하여 한 가지만 옳게 썼다.

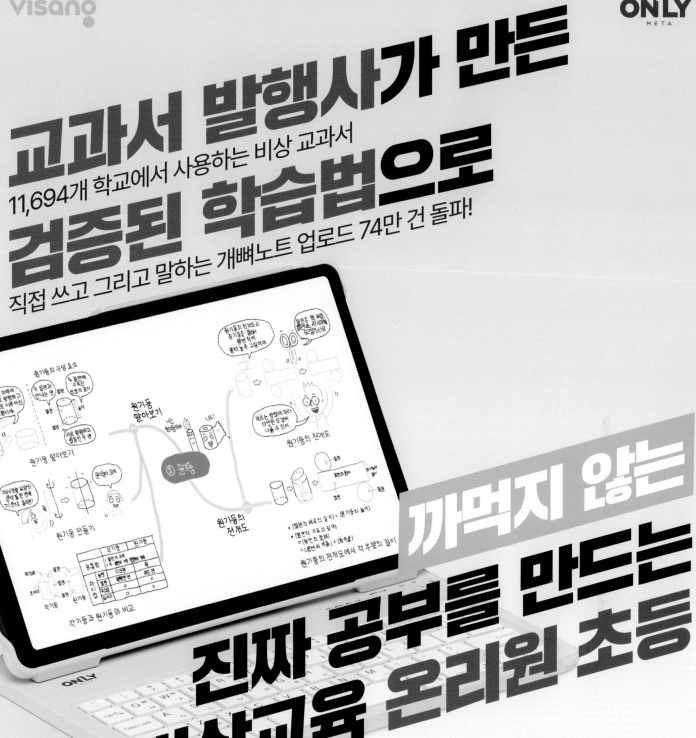

oE 오·투·시·리·즈　생생한 학습자료와 검증된 컨텐츠로 과학 공부에 대한 모범 답안을 제시합니다.

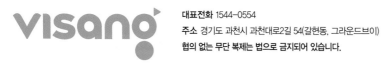

대표전화 1544-0554
주소 경기도 과천시 과천대로2길 54(갈현동, 그라운드브이)
협의 없는 무단 복제는 법으로 금지되어 있습니다.

비상교재 누리집에서 더 많은 정보를 확인해 보세요.
http://book.visang.com/

생생한 과학의 즐거움! 과학은 역시!

오투 평가책

초등과학

5.1

단원 평가 대비

학업성취도 평가 대비

• 단원 정리   • 단원 평가
• 쪽지 시험   • 서술형 평가
• 서술 쪽지 시험

• 학업성취도 평가 대비 문제 1회(1~2단원)
• 학업성취도 평가 대비 문제 2회(3~4단원)

visang

우리는 남다른 상상과 혁신으로
교육 문화의 새로운 전형을 만들어
모든 이의 행복한 경험과 성장에 기여한다

ABOVE IMAGINATION

우리는 남다른 상상과 혁신으로
교육 문화의 새로운 전형을 만들어
모든 이의 행복한 경험과 성장에 기여한다

오투 평가책

초 등 과 학

5.1

단원 정리 （ 1. 온도와 열 ）

탐구1 온도 측정이 필요한 까닭 알아 보기

▲ 체온을 어림할 때

▲ 수온을 어림할 때

▲ 체온을 측정할 때

▲ 수온을 측정할 때

탐구2 온도계의 사용 방법 익히기

▲ 적외선 온도계의 사용 방법

▲ 알코올 온도계의 사용 방법

탐구3 온도가 다른 두 물체가 접촉할 때 두 물체의 온도 변화 측정하기

알코올 온도계

1 온도를 측정하는 까닭

① ❶ [　　] : 물체의 차갑거나 따뜻한 정도를 나타낸 것입니다.

② 온도를 측정하는 까닭: 온도를 ❷ [　　] 하면 물체의 온도를 정확하게 알 수 있습니다.

③ 온도 측정 도구: 온도를 측정하기 위해 온도계를 사용합니다.

④ 온도를 어림하는 경우와 온도를 측정하는 경우 예

온도를 어림하는 경우	• 손으로 이마를 만져 보며 체온을 어림합니다. • 수영장 물에 발을 먼저 넣고 수온을 어림합니다. • 음식을 손으로 만져 보며 온도를 어림합니다.
온도를 측정하는 경우	• 병원에서 환자의 체온을 측정합니다. • 열대어가 살기에 적절한지 어항의 수온을 측정합니다. • 달궈진 프라이팬의 온도를 측정합니다.

2 온도계 사용 방법

① 온도계의 사용 방법

적외선 온도계	알코올 온도계
온도를 측정하려는 물체의 표면을 겨누고 온도 측정 단추를 누르면, ❸ [　　] 에 온도가 표시됩니다.	온도를 측정하려는 물질에 액체샘 부분을 넣고, 액체 기둥의 끝이 닿은 위치에 눈높이를 맞추어 눈금을 읽습니다.

② 물체의 종류에 따라 사용하는 온도계

적외선 온도계	알코올 온도계	귀 체온계	조리용 온도계
고체의 표면 온도	액체나 기체의 온도	체온	음식의 내부 온도

③ 여러 가지 물체나 장소의 온도: 같은 물체나 같은 장소라도 온도가 다를 수 있고, 다른 물체나 다른 장소라도 온도가 같을 수 있습니다.

3 온도가 다른 두 물체가 접촉할 때 물체의 온도 변화

① 온도가 다른 두 물체가 접촉할 때 두 물체의 온도 변화

온도가 높은 물체: 온도가 낮아집니다.	→	시간이 지나면 두 물체의 온도는 ❹ [　　] 집니다.
온도가 낮은 물체: 온도가 높아집니다.		

② 온도가 다른 두 물체가 접촉할 때 열의 이동

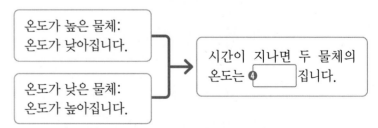

온도가 높은 물체 ——열의 이동——→ 온도가 낮은 물체

4 고체에서 열의 이동

① ⑤ [＿＿＿] : 고체에서 열이 온도가 높은 부분에서 온도가 낮은 부분으로 고체 물체를 따라 이동하는 것입니다.

② **열이 전도되는 방향**: 고체를 가열한 부분에서 ⑥ [＿＿＿] 방향으로 열이 이동합니다.

③ **열의 전도가 잘 일어나지 않는 경우**: 고체 물체가 끊겨 있거나, 두 고체 물체가 접촉하고 있지 않다면 전도는 잘 일어나지 않습니다.

5 고체 물질의 종류에 따라 열이 이동하는 빠르기

① **고체 물질의 종류에 따라 열이 이동하는 빠르기**: 고체 물질의 종류에 따라 열이 이동하는 빠르기가 ⑦ [＿＿＿].

> (빠름) 구리 – 철 – 금속이 아닌 물질 (느림)

② **단열**: 온도가 다른 두 물체 사이에서 ⑧ [＿＿]의 이동을 막는 것입니다.

③ **단열을 이용하는 예**: 컵 싸개, 단열재, 아이스박스 등

6 액체에서 열의 이동

① ⑨ [＿＿] : 액체에서 온도가 높아진 물질이 위로 올라가고, 위에 있던 온도가 낮은 물질이 아래로 내려오면서 열이 이동하는 과정입니다.

② **액체의 대류로 열이 이동하는 과정**

| 가열되어 온도가 높아진 물질이 위로 올라갑니다. | → | 위에 있던 온도가 낮은 물질이 밀려 내려옵니다. |

→ | 이러한 과정이 반복되며 물질 전체의 온도가 높아집니다. |

7 기체에서 열의 이동

① **기체에서 열의 이동**: 기체에서도 액체에서와 같이 ⑩ [＿＿]를 통해 열이 이동합니다.

② **기체에서 대류로 열이 이동하는 과정**

| 온도가 높은 물체가 있으면 주변 공기의 온도가 높아집니다. | → | 온도가 높아진 공기가 위로 올라가면서 열이 이동합니다. |

③ **기체의 대류가 일어나는 예**: 방 안에서 난방 기구를 켜면 따뜻해진 공기는 위로 올라가고, 위쪽의 차가운 공기는 아래로 밀려 내려오면서 방 전체가 따뜻해집니다.

탐구4 고체에서 열의 이동 알아보기

▲ 길게 자른 구리판   ▲ 긴 구멍이 뚫린 구리판

탐구5 고체 물질의 종류에 따라 열이 이동하는 빠르기 비교하기

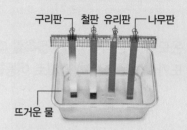

구리판 철판 유리판 나무판

뜨거운 물

탐구6 액체에서 열의 이동 알아보기

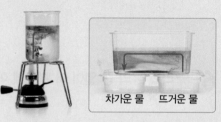

차가운 물   뜨거운 물

▲ 열 장치를 이용하기   ▲ 차가운 물과 뜨거운 물을 이용하기

탐구7 기체에서 열의 이동 알아보기

▲ 열 변색 붙임딱지를 이용하기   ▲ 향 연기를 이용하기

1 물체의 차갑거나 따뜻한 정도는 (   )(으)로 나타냅니다.

_____

2 온도를 측정하기 위해 (   )을/를 사용합니다.

_____

3 (귀 체온계, 적외선 온도계)는 체온을 측정할 때 사용합니다.

_____

4 온도가 다른 두 물체가 접촉할 때 열은 온도가 (높은, 낮은) 물체에서 온도가 (높은, 낮은) 물체로 이동합니다.

_____

5 고체에서 열이 온도가 높은 부분에서 온도가 낮은 부분으로 고체 물체를 따라 이동하는 것을 무엇이라고 합니까?

_____

6 구리와 유리 중 열이 더 빠르게 이동하는 물질은 무엇입니까?

_____

7 단열은 온도가 다른 두 물체 사이에서 열의 이동을 (돕는, 막는) 것입니다.

_____

8 온도가 높아진 물은 (위로, 아래로) 이동합니다.

_____

9 액체와 기체에서는 주로 (   )을/를 통해 열이 이동합니다.

_____

10 방 안 전체의 공기를 따뜻하게 하려면 난로는 (낮은, 높은) 곳에 설치하는 것이 좋습니다.

_____

1 온도를 정확하게 측정해야 하는 까닭을 써 봅시다.

_____

_____

2 적외선 온도계의 사용 방법을 써 봅시다.

_____

_____

3 뜨거운 프라이팬에 차가운 버터를 올려놓았을 때 열의 이동을 써 봅시다.

_____

_____

4 고체에서 열이 어떻게 이동하는지 써 봅시다.

_____

_____

5 물을 끓일 때, 물의 아랫부분만 가열해도 물 전체의 온도가 높아지는 까닭을 써 봅시다.

_____

_____

6 건물 안에서 화재가 발생하여 뜨거운 연기가 생겼을 때 낮은 자세로 대피해야 하는 까닭을 써 봅시다.

_____

_____

단원 평가 (1. 온도와 열)

이름   맞은 개수

○ 정답과 해설 • 32쪽

1 ( ) 안에 알맞은 말을 써 봅시다.

> ( )은/는 숫자에 단위 ℃(섭씨도)를 붙여 물체의 차갑거나 뜨거운 정도를 나타낸다.

( )

2 온도를 측정하는 경우는 어느 것입니까?

( )

①
▲ 음식이 뜨거운지 손으로 만져 볼 때

②
▲ 열이 나는지 손으로 이마를 만져 볼 때

③
▲ 수영장 물이 차가운지 발을 먼저 넣어 볼 때

④
▲ 튀김 기름이 뜨거워졌는지 온도계로 확인할 때

3 온도에 대한 설명으로 옳은 것을 보기 에서 골라 기호를 써 봅시다.

> **보기**
> ㉠ 한 물체의 온도를 두 사람이 동시에 측정하면 온도를 다르게 측정한다.
> ㉡ 온도를 어림하면 온도를 정확하게 알고, 상황에 알맞게 대처할 수 있다.
> ㉢ 온도를 정확하게 측정하지 않으면 여러 가지 문제가 생길 수 있다.

( )

4 오른쪽은 컵에 담긴 물의 온도를 측정한 알코올 온도계의 눈금입니다. 컵에 담긴 물의 온도가 몇 ℃인지 쓰고, 읽어 봅시다.

(1) 쓰기: ( )
(2) 읽기: ( )

5 다음은 여러 가지 온도계의 모습입니다. ㉠~㉢ 온도계에 대한 설명으로 옳지 <u>않은</u> 것은 어느 것입니까? ( )

㉠   ㉡   ㉢

① ㉠은 적외선 온도계이다.
② ㉠은 측정 단추를 누르면 온도 표시 창에 물체의 온도가 나타난다.
③ ㉡은 체온을 측정할 때 사용한다.
④ ㉡은 온도계의 빨간색 액체가 멈추면 눈금을 읽는다.
⑤ ㉢은 음식의 내부 온도를 측정할 때 사용한다.

6 다음은 운동장의 흙과 나무 그늘의 흙의 온도를 측정한 결과를 나타낸 표입니다. 운동장의 흙과 나무 그늘의 흙이 온도가 다른 까닭을 써 봅시다.

장소	온도	장소	온도
운동장의 흙	18.0 ℃	나무 그늘의 흙	17.1 ℃

_____

_____

7 온도가 다른 두 물체가 접촉할 때에 대한 설명으로 옳은 것은 어느 것입니까? (   )

① 두 물체의 온도는 변하지 않는다.
② 온도가 낮은 물체는 온도가 더 낮아진다.
③ 온도가 높은 물체는 온도가 더 높아진다.
④ 열은 온도가 낮은 물체에서 온도가 높은 물체로 이동한다.
⑤ 두 물체가 접촉한 채로 시간이 지나면 두 물체의 온도는 같아진다.

서술형

8 오른쪽과 같이 갓 삶은 달걀을 시원한 물에 담가 놓았을 때 달걀과 시원한 물의 온도 변화를 써 봅시다.

_____

_____

9 다음은 오른쪽과 같이 금속판이 뜨거워진 다리미로 옷을 다릴 때 다리미와 옷 사이에서 열의 이동을 설명한 것입니다. (   ) 안에 알맞은 말을 각각 써 봅시다.

> 열은 (㉠)에서 (㉡)(으)로 이동한다.

㉠: (   ) ㉡: (   )

10 다음은 전도에 대한 설명입니다. (   ) 안의 알맞은 말에 ○표를 해 봅시다.

> (고체, 기체)에서 열은 온도가 (높, 낮)은 부분에서 온도가 (높, 낮)은 부분으로 (고체, 기체) 물체를 따라 이동한다.

11 오른쪽과 같이 긴 구멍이 뚫린 구리판에 열 변색 붙임딱지를 붙이고 구리판의 가운데를 가열하였습니다. 열 변색 붙임딱지의 색깔이 바뀌는 위치를 순서대로 나열하여 기호를 써 봅시다.

(   ) → (   ) → (   )

서술형

12 오른쪽과 같이 감자를 찔 때 크기가 큰 감자에는 쇠젓가락을 꽂아 두었습니다. 감자에 쇠 젓가락을 꽂아 둔 까닭을 써 봅시다.

_____

_____

13 오른쪽과 같이 열 변색 붙임딱지를 붙인 구리판, 철판, 유리판, 나무판을 뜨거운 물이 담긴 수조에 동시에 넣을 때 열 변색 붙임딱지의 색깔이 가장 빠르게 변하는 판을 써 봅시다.

(   )

14 고체에서 열이 이동하는 빠르기에 대한 설명으로 옳은 것을 보기 에서 골라 기호를 써 봅시다.

> 보기
> ㉠ 고체 물질의 종류와 상관없이 열이 이동하는 빠르기는 같다.
> ㉡ 금속인 물질은 금속이 아닌 물질보다 열이 빠르게 이동한다.
> ㉢ 고체 물질 중 열이 빠르게 이동하는 물질을 단열에 이용한다.

( )

15 오른쪽과 같이 겨울이나 여름에 적절한 실내 온도를 오랫동안 유지할 수 있도록 집을 지을 때 벽에 넣는 것이 무엇인지 써 봅시다.

( )

16 물이 담긴 비커 바닥에 파란색 잉크를 넣고 아랫부분을 가열할 때 파란색 잉크의 움직임을 화살표로 나타낸 것으로 옳은 것을 골라 기호를 써 봅시다.

㉠　　　　㉡

( )

17 액체와 기체에서 열이 이동하는 방법은 무엇입니까? ( )

① 단열　　② 대류　　③ 발열
④ 전도　　⑤ 증발

18 다음은 주전자로 물을 끓일 때에 대한 설명입니다. ( ) 안에 알맞은 말을 각각 써 봅시다.

> 주전자로 물을 끓일 때 주전자의 (㉠) 부분을 가열하면 온도가 높아진 물은 (㉡)(으)로 이동하고, (㉢)에 있던 물은 (㉢)(으)로 이동하여 물 전체의 온도가 높아진다.

㉠: ( )　㉡: ( )　㉢: ( )

19 오른쪽과 같이 불을 붙인 초를 비커 바닥의 가장자리에 놓고 티(T) 자 모양 종이를 비커 가운데에 걸쳐 놓은 다음, 초를 넣은 반대쪽 비커 바닥 근처에 불을 붙인 향을 넣었습니다. 향 연기가 어떻게 움직일지 써 봅시다.

티(T)자 모양 종이

향　　초

_____

_____

20 방 안에서 난방 기구를 한 곳에 켜 놓았을 때, 온도가 높아진 공기의 움직임을 화살표로 나타낸 것으로 옳은 것은 어느 것입니까? ( )

①

②

③

④

1 다음은 알코올 온도계로 비커에 담긴 물의 온도를 측정하는 방법을 설명한 것입니다. 과정 (다)의 밑줄 친 부분에 알맞은 말을 써 봅시다. [10점]

(가) 고리 부분에 실을 매달아 스탠드에 걸고 물을 담은 비커를 알코올 온도계 아래에 놓는다.

(나) 알코올 온도계의 액체샘 부분을 비커에 담긴 물에 넣는다.

(다) 온도계의 빨간색 액체가 더 이상 움직이지 않을 때 _____

_____

_____

_____

2 오른쪽과 같이 물이 담긴 사각 용기의 바닥면에 파란색 잉크를 넣은 다음, 한쪽 받침 용기에 차가운 물을 가득 넣고 다른쪽 받침 용기에 뜨거운 물을 가득 넣으니 파란색 잉크가 화살표 방향으로 움직였습니다. [10점]

(1) ㉠과 ㉡ 중 차가운 물을 넣은 받침 용기는 어느 것인지 골라 기호를 써 봅시다. [3점]

(　　　　　　　　)

(2) 파란색 잉크가 화살표 방향으로 움직인 까닭을 써 봅시다. [7점]

_____

_____

단원 정리 (2. 태양계와 별)

▲ 전기를 만듭니다.　　▲ 소금이 만들어집니다.

▲ 수성　　▲ 금성　　▲ 지구　　▲ 화성

▲ 목성　　▲ 토성　　▲ 천왕성　　▲ 해왕성

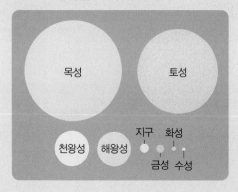

1 태양이 생물과 우리 생활에 미치는 영향

① 태양은 지구를 따뜻하게 하여 생물이 살아가기에 알맞은 환경을 만들어 줍니다.

② 식물은 태양 **❶**[　　　]을 이용해 양분을 만들고, 초식 동물은 식물이 만든 양분을 먹고 살아갑니다.

③ 태양은 지구의 에너지원입니다.

2 태양계를 구성하는 태양과 행성

① **태양계**: 태양과 태양의 영향을 받는 천체들과 그 공간

② **태양계의 구성원**: 태양, 행성, 위성, 소행성, 혜성 등

❷ [　　]	태양계에서 유일하게 스스로 빛을 내는 천체로, 태양계의 중심에 있습니다.
행성	태양의 주위를 도는 둥근 천체입니다.

③ 표면의 상태에 따른 태양계 행성 분류

표면이 암석으로 되어 있는 행성	표면이 기체로 되어 있는 행성
수성, 금성, 지구, 화성	목성, 토성, 천왕성, 해왕성

3 태양계 행성의 크기

① 지구의 반지름을 1로 보았을 때 태양계 행성의 상대적인 크기

수성	금성	지구	화성	❸ [　　]	토성	천왕성	해왕성
0.4	0.9	1.0	0.5	11.2	9.4	4.0	3.9

→ 가장 작은 행성은 수성이고, 가장 큰 행성은 목성입니다.

② 크기에 따른 태양계 행성 분류

지구보다 작은 행성	지구보다 큰 행성
수성, 금성, 화성	목성, 토성, 천왕성, 해왕성

4 태양계 행성의 거리

① 태양계 행성의 상대적인 거리

❹ [　　]	금성	지구	화성	목성	토성	천왕성	해왕성
0.4	0.7	1.0	1.5	5.2	9.6	19.1	30.0

→ 태양에서 가장 가까이 있는 행성은 수성이고, 가장 멀리 있는 행성은 ❺ [　　]입니다.

② 거리에 따른 태양계 행성 분류

태양에서 지구보다 가까이 있는 행성	태양에서 지구보다 멀리 있는 행성
수성, 금성	화성, 목성, 토성, 천왕성, 해왕성

5 별과 행성의 차이점

① 밤하늘에서 별과 행성이 빛나 보이는 까닭: ❻ [ ]은 스스로 빛을 내기 때문이고, 행성은 태양 빛을 반사하기 때문입니다.

② 여러 날 동안 밤하늘을 관측했을 때 알 수 있는 별과 행성의 차이점

별	• 밝게 빛나는 작은 점으로 보입니다. • 위치가 거의 변하지 않습니다.
행성	• 금성, 화성, 목성, 토성과 같은 행성은 별보다 밝고 또렷하게 보입니다. • 별들 사이에서 위치가 ❼ [ ].

➡ 행성이 별보다 지구에 가까이 있기 때문입니다.

6 밤하늘의 별자리

① ❽ [ ]: 밤하늘에 무리 지어 있는 별들을 연결하여 신화의 인물이나 동물, 물건의 이름을 붙인 것

② 우리나라의 북쪽 밤하늘의 별자리: 북쪽 밤하늘에서 일 년 내내 볼 수 있습니다.

큰곰자리	카시오페이아자리
• 큰 곰 모양입니다. • 북두칠성을 포함합니다.	• 더블유(W)자나 엠(M)자 모양입니다.
북두칠성	작은곰자리
• 국자 모양입니다. • 큰곰자리의 꼬리 부분에 7개의 별로 이루어져 있습니다.	• 작은 곰 모양입니다. • 작은 국자자리라고도 합니다. • 북극성을 포함합니다.

7 밤하늘에서 북극성 찾기

① 북극성: ❾ [ ] 하늘에서 일 년 내내 같은 자리에 있는 별
   ➡ 북극성을 찾으면 방위를 알 수 있습니다.

② 북쪽 밤하늘의 별자리를 이용해 북극성을 찾는 방법

• ❿ [ ]으로 북극성을 찾는 방법

⓫ [ ]의 국자 모양 끝 부분의 두 별 찾기	두 별을 연결한 거리의 다섯 배만큼 떨어진 곳에 있는 별 찾기

• 카시오페이아자리로 북극성을 찾는 방법

카시오페이아자리에서 바깥쪽 두 별을 이은 선을 연장해 만나는 점 찾기	만나는 점과 가운데 별을 연결한 거리의 다섯 배만큼 떨어진 곳에 있는 별 찾기

탐구5 별과 행성의 관측상의 차이점 알아보기

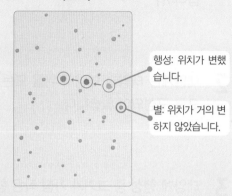

행성: 위치가 변했습니다.

별: 위치가 거의 변하지 않았습니다.

탐구6 북쪽 밤하늘의 별자리에 이름 붙여보기

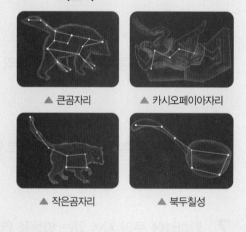

▲ 큰곰자리 ▲ 카시오페이아자리

▲ 작은곰자리 ▲ 북두칠성

탐구7 북쪽 밤하늘의 별자리를 이용해 북극성 찾아보기

북두칠성
1배
2배
3배
4배
북극성
5배
카시오페이아자리
5배
4배
3배
2배
1배

1 지구에 있는 생물이 살아가는 데 필요한 대부분의 에너지는 무엇에서 얻습니까?

_____

2 태양계는 태양과 태양 주위를 도는 (   ), 위성, 소행성, 혜성 등으로 구성되어 있습니다.

_____

3 태양계 행성 중 크기가 가장 작은 행성은 (수성, 목성)입니다.

_____

4 태양계 행성 중 지구와 크기가 가장 비슷한 행성은 무엇입니까?

_____

5 태양계 행성 중 태양에서 가장 멀리 있는 행성은 (수성, 해왕성)입니다.

_____

6 태양처럼 스스로 빛을 내는 천체는 (별, 행성)입니다.

_____

7 밤하늘에 무리 지어 있는 별들을 연결하여 신화의 인물이나 동물, 물건의 이름을 붙인 것을 (   )(이)라고 합니다.

_____

8 큰곰자리, 북두칠성, 작은곰자리, 카시오페이아자리는 (   )쪽 밤하늘의 대표적인 별자리입니다.

_____

9 북쪽 하늘에서 일 년 내내 거의 같은 위치에 있어 방위를 알 수 있는 별은 무엇입니까?

_____

10 북극성을 찾을 때 이용하는 두 별자리는 북두칠성과 (   )자리입니다.

_____

1 태양이 우리에게 소중한 까닭을 써 봅시다.

2 수성, 금성, 지구, 화성의 공통적인 특징을 써 봅시다.

3 목성, 화성, 금성, 천왕성을 태양에서 상대적으로 가까이 있는 행성과 멀리 있는 행성으로 분류하여 써 봅시다.

4 별과 행성의 차이점을 빛나 보이는 까닭과 관련지어 써 봅시다.

5 우리나라의 북쪽 밤하늘에서 볼 수 있는 별자리를 두 가지 써 봅시다.

6 밤하늘에서 북극성을 찾으면 방위를 알 수 있는 까닭을 써 봅시다.

2
단원

1 다음 ( ) 안에 공통으로 들어갈 알맞은 말을 써 봅시다.

> ( )은/는 지구를 따뜻하게 하여 생물이 살기에 알맞은 환경을 만들어 준다.

( )

⭐중요

2 태양이 생물에게 소중한 까닭으로 옳은 것을 보기 에서 골라 기호를 써 봅시다.

> 보기
> ㉠ 태양이 없으면 비만 내리기 때문이다.
> ㉡ 태양이 없으면 지구에 사는 생물의 수가 늘어나기 때문이다.
> ㉢ 태양이 없으면 식물이 자라지 못하고 동물도 살기 어렵기 때문이다.

( )

⭐중요

3 태양계와 태양계의 구성원에 대한 설명으로 옳지 <u>않은</u> 것은 어느 것입니까? ( )

① 위성은 행성의 주위를 돈다.
② 태양은 태양계의 중심에 있다.
③ 태양계는 태양, 행성, 위성 등으로 구성된다.
④ 태양계에서 스스로 빛을 내는 천체는 모두 아홉 개이다.
⑤ 태양계는 태양과 태양의 영향을 받는 천체들과 그 공간을 말한다.

서술형

4 다음과 같이 태양계 행성을 분류한 기준은 무엇인지 행성의 고리 유무와 관련지어 써 봅시다.

수성, 금성, 지구, 화성	목성, 토성, 천왕성, 해왕성

5 수성의 특징에 대한 설명으로 옳은 것을 보기 에서 골라 기호를 써 봅시다.

> 보기
> ㉠ 노란색을 띤다.
> ㉡ 희미한 고리가 있다.
> ㉢ 달처럼 충돌 구덩이가 있다.

( )

[6~8] 다음은 지구의 반지름을 1로 보았을 때 태양계 행성 모형을 크기가 큰 행성부터 나열한 것입니다.

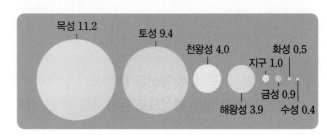

6 위 태양계 행성 모형을 보고, 지구와 크기가 가장 비슷한 행성을 써 봅시다.

( )

⭐중요

7 위 태양계 행성 모형을 보고, 지구보다 작은 행성끼리 옳게 짝 지은 것은 어느 것입니까?

( )

① 수성, 목성 ② 수성, 화성
③ 금성, 토성 ④ 금성, 해왕성
⑤ 토성, 해왕성

8 위 태양계 행성 모형을 보고, 태양계 행성의 크기를 옳게 말한 친구의 이름을 써 봅시다.

> • 리은: 가장 작은 행성은 목성이야.
> • 다온: 태양계 행성의 크기는 다양해.
> • 정현: 해왕성과 화성은 크기가 비슷해.

( )

[9~11] 다음은 태양에서 지구까지의 거리를 1로 보았을 때 태양에서 행성까지의 상대적인 거리를 나타낸 표입니다.

행성	상대적인 거리	행성	상대적인 거리
수성	0.4	목성	5.2
금성	0.7	토성	9.6
지구	1.0	천왕성	19.1
화성	1.5	해왕성	30.0

9 위 표를 보고, 보기 의 행성을 태양에서 행성까지의 거리가 가까운 순서대로 기호를 써 봅시다.

보기
ㄱ 목성   ㄴ 수성   ㄷ 지구
ㄹ 토성   ㅁ 화성   ㅂ 해왕성

( )

10 위 표를 보고, 지구에서 가장 가까운 행성을 써 봅시다.

( )

11 위 표를 보고, 다음과 같이 태양계 행성을 분류한 기준으로 옳은 것은 어느 것입니까?

( )

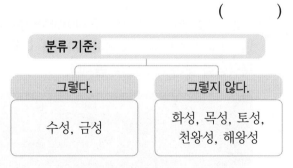

분류 기준:

그렇다.	그렇지 않다.
수성, 금성	화성, 목성, 토성, 천왕성, 해왕성

① 고리가 있는 행성인가?
② 색깔이 노란색인 행성인가?
③ 지구보다 크기가 큰 행성인가?
④ 표면이 기체로 되어 있는 행성인가?
⑤ 태양에서 지구보다 가까이 있는 행성인가?

12 다음은 태양에서 지구까지의 거리를 1로 보았을 때 태양계 행성의 상대적인 거리를 나타낸 그림입니다. 태양에서 거리가 멀어질수록 행성 사이의 거리는 어떠한지 써 봅시다.

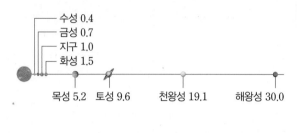

수성 0.4
금성 0.7
지구 1.0
화성 1.5

목성 5.2   토성 9.6   천왕성 19.1   해왕성 30.0

중요

13 다음은 별과 행성의 특징입니다. 별에 대한 설명에는 '별', 행성에 대한 설명에는 '행성'이라고 써 봅시다.

(1) 태양의 주위를 돈다. ( )
(2) 스스로 빛을 내는 천체이다. ( )
(3) 태양 빛을 반사하여 밝게 보인다. ( )

14 오른쪽은 여러 날 동안 밤하늘을 관측해 나타낸 그림 위에 투명 필름을 덮고 모든 천체의 위치를 표시한 뒤 투명 필름을 겹쳐서 위치가 변한 천체에 ○표 한 것입니다. 위치가 변한 천체의 예로 적절한 것을 보기 에서 골라 기호를 써 봅시다.

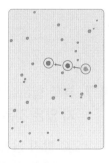

보기
ㄱ 별   ㄴ 혜성   ㄷ 금성

( )

15 다음과 같은 행성이 별보다 더 밝고 또렷하게 보이는 까닭은 무엇인지 써 봅시다.

> 금성, 화성, 목성, 토성

_____

_____

중요

16 다음 두 별자리에 대한 설명으로 옳은 것을 보기 에서 골라 기호를 써 봅시다.

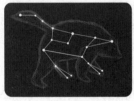

▲ 큰곰자리

▲ 카시오페이아자리

> 보기
> ㉠ 카시오페이아자리는 더블유(W)자 모양처럼 보인다.
> ㉡ 두 별자리 모두 우리나라의 남쪽 하늘에서 볼 수 있다.
> ㉢ 큰곰자리의 꼬리 부분에 있는 별 일곱 개를 작은곰자리라고 한다.

(   )

17 북쪽 밤하늘의 별자리를 관측하는 방법으로 옳지 않은 것은 어느 것입니까? (   )

① 밝지 않은 곳에서 관측한다.
② 관측한 별자리의 위치와 모양을 기록한다.
③ 하늘이 충분히 어두워지는 때에 관측한다.
④ 주변에 높은 건물이 많은 곳에서 관측한다.
⑤ 나침반을 이용해 북쪽을 확인하고 북쪽 밤하늘에서 보이는 별자리를 관측한다.

중요

18 다음 (   ) 안에 들어갈 알맞은 말을 옳게 짝지은 것은 어느 것입니까? (   )

> 작은곰자리의 꼬리 부분에 있는 별인 (㉠)은/는 북쪽 하늘에서 일 년 내내 거의 같은 자리에 있기 때문에 (㉠)을/를 찾으면 (㉡)을/를 알 수 있다.

	㉠	㉡
①	북극성	방위
②	북극성	거리
③	태양	방위
④	태양	거리
⑤	소행성	방위

19 다음은 오른쪽 그림의 별자리를 이용하여 북극성을 찾는 방법입니다. (   ) 안에 들어갈 알맞은 말을 각각 써 봅시다.

> (㉠)의 국자 모양 끝부분에 있는 두 별을 연결하고, 그 거리의 (㉡) 배만큼 떨어진 곳에서 북극성을 찾을 수 있다.

㉠: (   ) ㉡: (   )

20 다음은 밤하늘에 있는 카시오페이아자리를 나타낸 그림입니다. 카시오페이아자리를 이용하여 북극성을 찾아 기호를 써 봅시다.

카시오페이아자리

(   )

1 다음은 태양계 행성을 표면 상태에 따라 분류한 것입니다. [10점]

표면이 암석으로 되어 있는 행성	표면이 기체로 되어 있는 행성
수성, 금성, 지구	화성, 목성, 토성, 천왕성, 해왕성

(1) 위 표에서 잘못 분류한 행성을 써 봅시다. [3점]

(   )

(2) 위 (1)번 답에 해당하는 행성의 특징을 두 가지 써 봅시다. [7점]

_____

_____

2 다음은 별과 행성의 관측상의 차이점을 나타낸 표입니다. 빈칸에 행성의 특징을 써 봅시다. [10점]

구분	별	행성
밤하늘에서 빛나 보이는 까닭	태양처럼 스스로 빛을 내기 때문이다.	_____ _____

3 다음은 카시오페이아자리를 이용하여 북극성을 찾는 방법입니다. 잘못 설명한 부분을 골라 기호를 쓰고, 옳게 고쳐 써 봅시다. [10점]

카시오페이아자리에서 ㉠국자 모양 끝부분에 있는 두 별을 연결하고, ㉡카시오페이아자리의 가운데 별과 앞서 찾은 점 사이 거리의 ㉢다섯 배만큼 떨어진 곳을 보면 북극성을 찾을 수 있다.

_____

_____

단원 정리 (3. 용해와 용액)

탐구1 용해, 용액, 용질, 용매 알아보기

▲ 설탕(용질)   ▲ 물(용매)   ▲ 설탕물(용액)

1 여러 가지 물질을 물에 넣을 때의 변화

① 용해, 용액, 용질, 용매

❶	어떤 물질이 다른 물질에 녹아 골고루 섞이는 현상
❷	녹는 물질과 녹이는 물질이 골고루 섞여 있는 물질
용질	녹는 물질
용매	다른 물질을 녹이는 물질

② 용액의 특징
- 오래 두어도 뜨거나 가라앉는 것이 없습니다.
- 거름 장치로 걸러도 거름종이에 남는 것이 없습니다.
- 어느 부분에서나 색깔, 맛이 일정합니다.

③ 일상생활에서 볼 수 있는 용액의 예: 탄산음료, 손 세정제, 구강 청정제, 바닷물, 이온 음료 등

탐구2 각설탕이 물에 용해되기 전과 용해된 후의 무게 변화

각설탕 — 물   (=)   설탕물 —

245.2 g   245.2 g

2 물에 용해된 용질의 변화

① 각설탕을 물에 넣었을 때 시간에 따른 변화

각설탕을 물에 넣으면 부스러지면서 크기가 작아집니다.	→	작아진 설탕은 더 작은 크기의 설탕으로 나뉘어 물에 골고루 섞입니다.	→	완전히 용해되어 눈에 보이지 않게 됩니다.

② 각설탕이 물에 용해되기 전과 용해된 후의 무게 변화: 각설탕이 물에 용해되기 전과 용해된 후의 무게는 ❸ [   ].
→ 물에 용해된 설탕은 없어진 것이 아니라 매우 작게 변하여 물과 골고루 섞여 있기 때문입니다.

탐구3 온도와 양이 같은 물에 설탕, 소금, 제빵 소다가 용해되는 양 비교하기

설탕   소금   제빵 소다

▲ 한 숟가락씩 넣었을 때의 모습

설탕   소금   제빵 소다

▲ 두 숟가락씩 넣었을 때의 모습

설탕   소금

▲ 여덟 숟가락씩 넣었을 때의 모습

3 용질마다 물에 용해되는 양 비교

① 온도와 양이 같은 물에 용질이 용해되는 양 비교

(○: 다 용해된 경우, △: 다 용해되지 않은 경우)

용질	약숟가락으로 넣은 횟수(회)							
	1	2	3	4	5	6	7	8
설탕	○	○	○	○	○	○	○	○
소금	○	○	○	○	○	○	○	△
제빵 소다	○	△	더 넣지 않습니다.					

→ 온도와 양이 같은 물에 용해되는 양은 ❹ [   ]에 따라 다릅니다.

② 온도와 양이 같은 물에 용해되는 용질의 양을 비교하면 어느 용질이 물에 더 많이 용해되는지 알 수 있습니다.

4 물의 온도에 따라 용질이 용해되는 양의 변화

① 물의 온도에 따라 백반이 용해되는 양 비교하기
• 실험에서 다르게 해야 할 조건과 같게 해야 할 조건

다르게 해야 할 조건	같게 해야 할 조건
❺	백반의 양, 물의 양 등

• 따뜻한 물과 차가운 물에 백반이 용해되는 양 비교하기

따뜻한 물	차가운 물
다 용해됩니다.	어느 정도 용해되다가 용해되지 않은 백반이 바닥에 남아 있습니다.

➡ 백반이 용해되는 양: 따뜻한 물＞차가운 물
② 알 수 있는 것
• 물의 온도에 따라 백반이 용해되는 양이 다릅니다.
• 물의 양이 같을 때 물의 온도가 ❻⬚⬚⬚⬚⬚을수록 백반이 더 많이 용해됩니다.
③ 차가운 물에서 바닥에 남은 용질이 든 비커를 가열할 때의 변화:
물에 넣은 용질이 완전히 용해되지 않고 남아 있을 때 물의 온도를 높이면 남아 있는 용질을 더 많이 용해할 수 있습니다.

5 용액의 진하기를 비교하는 방법

① 용액의 ❼⬚⬚⬚⬚: 같은 양의 용매에 용해된 용질의 많고 적은 정도 ➡ 용매의 양이 같을 때 용해된 용질의 양이 많을수록 진한 용액입니다.
② 용액의 진하기를 비교하는 방법
• 황설탕 용액의 진하기를 비교하는 방법: 색깔이나 맛 등을 이용해 비교할 수 있습니다.

구분	비교하는 방법	진한 용액의 특징
색깔	포함된 황설탕의 양이 많을수록 색깔이 진합니다.	색깔이 더 진합니다.
맛	포함된 황설탕의 양이 많을수록 단맛이 강합니다.	단맛이 더 강합니다.

• 물체가 뜨는 정도로 용액의 진하기를 비교하는 방법: 색깔이나 맛으로 비교할 수 없는 투명한 용액의 진하기는 방울토마토나 메추리알 등의 물체를 넣어서 비교할 수 있습니다.
➡ 용액이 진할수록 물체가 ❽⬚⬚⬚⬚ 떠오릅니다.
③ 일상생활에서 물체가 뜨는 정도로 용액의 진하기를 확인하는
예: 장을 담글 때 적당한 소금물의 진하기를 맞추려고 달걀을 띄워 달걀이 떠오르는 정도를 확인합니다.

탐구4 **따뜻한 물과 차가운 물에서 백반이 용해되는 양 비교하기**

▲ 따뜻한 물에 용해된 백반   ▲ 차가운 물에 가라앉은 백반

탐구5 **용액의 진하기를 비교하는 방법 알아보기**
• 황설탕 용액의 색깔로 진하기 비교하기

▲ 연한 용액   ▲ 진한 용액

• 물체가 뜨는 정도로 진하기 비교하기

▲ 연한 용액   ▲ 진한 용액

1 설탕, 소금, 밀가루 중 물에 용해되지 않는 것은 무엇입니까?

_____

2 녹는 물질이 녹이는 물질에 골고루 섞이는 현상을 (용해, 용액)(이)라고 합니다.

_____

3 각설탕을 물에 녹이면 크기가 (커집니다, 작아집니다).

_____

4 각설탕이 물에 용해되기 전과 용해된 후의 (   )은/는 같습니다.

_____

5 온도와 양이 같은 물에 설탕, 소금, 제빵 소다를 각각 한 숟가락씩 더 넣으면서 녹였을 때 가장 많이 용해되는 물질은 무엇입니까?

_____

6 온도와 양이 같은 물에 용해되는 양은 용질마다 (같습니다, 다릅니다).

_____

7 물의 양이 같을 때 따뜻한 물과 차가운 물 중 백반이 더 많이 용해되는 것은 (따뜻한, 차가운) 물입니다.

_____

8 온도가 같은 물을 비커 두 개에 같은 양씩 넣고 한 비커에는 황색 각설탕을 한 개, 다른 비커에는 황색 각설탕을 열 개 넣어 용해하였을 때 더 진한 용액은 어느 것입니까?

_____

9 설탕물에 메추리알을 넣으면 용액이 (진할수록, 연할수록) 메추리알이 높이 떠오릅니다.

_____

10 설탕물의 위쪽에 떠 있는 방울토마토를 가라앉게 하려면 (설탕, 물)을 더 넣어야 합니다.

_____

● 정답과 해설 ● 35쪽

1 용질과 용매를 비교하여 써 봅시다.

_____

_____

2 용액의 특징을 두 가지 써 봅시다.

_____

_____

3 각설탕이 물에 용해되기 전과 용해된 후의 무게를 비교하여 써 봅시다.

_____

_____

4 물의 양이 같을 때 물의 온도와 용질이 용해되는 양 사이의 관계를 써 봅시다.

_____

_____

5 용액의 진하기는 무엇인지 써 봅시다.

_____

_____

6 진하기가 다른 두 황설탕 용액의 진하기를 비교할 수 있는 방법을 두 가지 써 봅시다.

_____

_____

1 온도가 같은 물이 150 mL씩 담긴 비커 네 개에 설탕, 분필 가루, 구연산, 녹말가루를 각각 한 숟가락씩 넣고 저었을 때의 변화로 옳은 것은 어느 것입니까? ( )

① 설탕은 물과 섞여 뿌옇게 변한다.
② 분필 가루는 물에 녹아 투명하다.
③ 구연산은 물에 녹지 않고 가라앉는다.
④ 녹말가루는 뜨거나 가라앉는 것이 없다.
⑤ 설탕과 구연산은 물에 잘 녹고, 분필 가루와 녹말가루는 물에 잘 녹지 않는다.

2 다음 ( ) 안에 알맞은 말을 순서대로 옳게 짝지은 것은 어느 것입니까? ( )

> 어떤 물질이 다른 물질에 녹아 골고루 섞이는 현상에서 녹는 물질은 ( ), 다른 물질을 녹이는 물질은 ( )이다.

① 용질, 용액   ② 용질, 용매
③ 용해, 용액   ④ 용매, 용질
⑤ 용액, 용해

3 소금을 물에 녹인 용액의 특징으로 옳은 것은 어느 것입니까? ( )

① 투명하지 않다.
② 알갱이가 보인다.
③ 떠 있는 물질이 있다.
④ 거름종이에 걸러지는 물질이 있다.
⑤ 시간이 지나도 가라앉는 물질이 없다.

4 일상생활에서 볼 수 있는 용액을 보기 에서 모두 골라 기호를 써 봅시다.

> 보기 ㉠ 탄산음료   ㉡ 손 세정제
> ㉢ 구강 청정제   ㉣ 미숫가루를 탄 물

( )

5 다음 각설탕을 물에 넣었을 때 시간에 따른 변화를 써 봅시다.

_____

_____

[6~7] 다음은 각설탕이 물에 용해되기 전과 용해된 후의 무게를 측정하는 모습입니다.

(가) 각설탕 / 물
(나) 설탕물

▲ 용해되기 전   ▲ 용해된 후

6 위 실험에서 (가)와 (나)의 무게를 옳게 비교한 것을 보기 에서 골라 기호를 써 봅시다.

> 보기 ㉠ (가)=(나)   ㉡ (가)>(나)
> ㉢ (가)<(나)

( )

7 위 실험에서 (나)의 무게가 156 g일 때 (가)에서 각설탕이 담긴 페트리 접시의 무게는 몇 g입니까? (단, 물이 담긴 비커의 무게는 100 g입니다.) ( )

① 25 g   ② 56 g   ③ 80 g
④ 112 g   ⑤ 156 g

[8~11] 다음과 같이 온도가 같은 물 50 mL가 담긴 비커 세 개에 설탕, 소금, 제빵 소다를 각각 한 숟가락씩 더 넣으면서 저었습니다.

▲ 설탕　　　▲ 소금　　　▲ 제빵 소다

8 위 실험은 무엇을 알아보기 위한 것입니까?
　　　　　　　　　　　　　　　（　　　　）

① 용질이 물에 용해될 때 무게의 변화
② 여러 가지 용질이 물에 용해되는 양의 비교
③ 물의 양에 따라 용질이 용해되는 양의 비교
④ 물의 온도에 따라 용질이 용해되는 양의 비교
⑤ 용질이 물에 용해되기 전과 용해된 후의 무게 비교

^{서술형}
9 위 실험에서 설탕, 소금, 제빵 소다를 각각 한 숟가락씩 넣고 저었을 때의 변화를 써 봅시다.

_____

_____

10 다음은 위 실험에서 용질을 각각 한 숟가락씩 더 넣으면서 저은 뒤의 결과입니다. ㉠과 ㉡은 무엇인지 용질의 이름을 각각 써 봅시다.

용질	두 숟가락	여덟 숟가락
㉠	다 용해된다.	다 용해된다.
㉡	다 용해된다.	바닥에 남아 있다.

㉠: (　　　　　) ㉡: (　　　　　)

11 위 실험 결과 온도가 같은 물 50 mL에 용해되는 양이 많은 용질부터 순서대로 써 봅시다.
　（　　　）>（　　　）>（　　　）

[12~13] 다음은 물의 온도에 따라 백반이 용해되는 양을 비교하는 실험입니다.

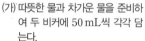

(가) 따뜻한 물과 차가운 물을 준비하여 두 비커에 50 mL씩 각각 담는다.
(나) 백반을 두 숟가락씩 각 비커에 넣고 유리 막대로 젓는다.

12 위 실험에서 다르게 해야 하는 조건은 어느 것입니까?　　　　　　　　（　　　　）

① 물의 양　　　　　② 물의 온도
③ 백반의 양　　　　④ 약숟가락의 크기
⑤ 백반 한 숟가락의 양

^{서술형}
13 위 실험 결과 따뜻한 물과 차가운 물에서 백반이 용해되는 양을 비교하여 써 봅시다.

_____

_____

^{중요}
14 다음 대화에서 물의 온도에 따라 백반이 용해되는 양을 옳게 설명한 사람의 이름을 써 봅시다.

- 소윤: 물의 온도가 높을수록 백반이 더 많이 용해돼.
- 율이: 아니야. 물의 온도가 낮을수록 백반이 더 많이 용해돼.
- 덕윤: 물의 온도에 관계없이 백반이 용해되는 양은 일정할 것 같아.
- 예림: 맞아. 백반이 용해되는 양은 물의 온도와 관계가 없고 물의 양에 따라 달라져.

（　　　　　　　　）

15 용질을 가장 많이 용해할 수 있는 물을 보기 에서 골라 기호를 써 봅시다.

> 보기
> ㉠ 0 ℃의 물 100 mL
> ㉡ 10 ℃의 물 100 mL
> ㉢ 50 ℃의 물 100 mL
> ㉣ 60 ℃의 물 200 mL

(   )

16 다음은 황설탕 용액의 진하기를 비교하는 방법 중 무엇을 나타낸 것입니까? (   )

흰 종이

① 맛 비교   ② 색깔 비교
③ 무게 비교   ④ 온도 비교
⑤ 비커의 크기 비교

17 온도와 양이 같은 물에 황색 각설탕을 용해하여 황설탕 용액을 만들었습니다. 가장 진한 황설탕 용액은 어느 것입니까?   (   )

①
▲ 황색 각설탕 한 개

②
▲ 황색 각설탕 세 개

③
▲ 황색 각설탕 다섯 개

④
▲ 황색 각설탕 열 개

서술형

18 다음과 같이 색깔로 진하기를 비교할 수 없는 소금물의 진하기를 맛을 보지 않고 비교할 수 있는 방법을 한 가지 써 봅시다.

_____

_____

19 다음은 진하기가 다른 설탕물에 같은 방울토마토를 넣은 모습입니다. 용액의 진하기를 비교한 것으로 옳은 것은 어느 것입니까? (   )

① ㉠>㉡>㉢   ② ㉠>㉢>㉡
③ ㉡>㉢>㉠   ④ ㉢>㉠>㉡
⑤ ㉢>㉡>㉠

20 오른쪽과 같이 소금물의 위쪽에 떠 있는 메추리알을 가라앉게 하는 방법으로 옳은 것은 어느 것입니까? (   )

① 물을 더 넣는다.
② 소금을 더 넣는다.
③ 소금물을 증발시킨다.
④ 메추리알을 하나 더 넣는다.
⑤ 비커를 따뜻한 물에 넣는다.

1 설탕을 물에 녹여 설탕물을 만드는 것과 같이 일상생활에서 볼 수 있는 용해의 예를 두 가지 써 봅시다. [10점]

_____

_____

2 오른쪽은 온도가 다른 물이 50 mL씩 담긴 두 비커에 각각 같은 양의 백반을 넣고 유리 막대로 저은 결과입니다. [10점]

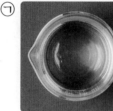 

(1) ㉠과 ㉡ 중 물의 온도가 더 높은 것을 골라 기호를 써 봅시다. [3점]

(   )

(2) ㉡에서 바닥에 남아 있는 백반을 물을 더 넣지 않고 모두 용해할 수 있는 방법을 한 가지 써 봅시다. [7점]

_____

_____

3 오른쪽은 온도와 양이 같은 물에 설탕의 양을 다르게 넣어 용해한 두 설탕물에 메추리알을 넣은 모습입니다. [10점]

(1) 두 용액의 진하기를 비교하여 ( ) 안에 >, =, <를 써 봅시다. [4점]

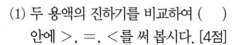

㉠ (   ) ㉡

(2) 위 실험 결과를 참고하여 용액의 진하기에 따라 메추리알이 뜨는 정도는 어떠한지 써 봅시다. [6점]

_____

_____

탐구1 버섯과 곰팡이 관찰하기

• 표고버섯을 실체 현미경으로 관찰한 모습

• 빵에 자란 곰팡이를 실체 현미경으로 관찰한 모습

1 버섯과 곰팡이의 특징

① ❶ [　　] : 버섯, 곰팡이와 같은 생물

구분	❷ [　　]	곰팡이
맨눈과 돋보기	• 윗부분은 우산처럼 생겼고, 아랫부분은 막대처럼 생겼습니다. • 윗부분은 갈색이고, 아랫부분은 하얀색입니다.	• 푸른색, 검은색, 하얀색 등의 곰팡이가 보입니다. • 정확한 모습은 관찰하기 어렵습니다.
실체 현미경	• 윗부분의 안쪽에 주름이 많고 깊게 파여 있습니다. • 윗부분 겉면은 가죽처럼 주름이 있습니다.	• 가는 실 같은 것이 서로 엉켜 있습니다. • 가는 실 모양의 끝에는 작고 둥근 알갱이가 있습니다.

② 버섯과 곰팡이의 공통점
• 몸 전체가 가는 실 모양의 균사로 이루어져 있고, ❸ [　　]로 번식합니다.
• 스스로 양분을 만들지 못하고 대부분 죽은 생물이나 다른 생물에서 양분을 얻습니다.
• 따뜻하고 축축한 환경에서 잘 자랍니다.

탐구2 짚신벌레와 해캄 관찰하기

• 짚신벌레 영구 표본을 광학 현미경으로 관찰한 모습

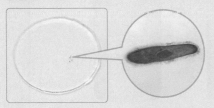

• 해캄을 광학 현미경으로 관찰한 모습

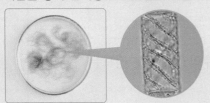

2 짚신벌레와 해캄의 특징

① ❹ [　　] : 짚신벌레, 해캄과 같이 동물이나 식물, 균류로 분류되지 않는 생물

구분	❺ [　　]	해캄
맨눈과 돋보기	• 점 모양으로 보입니다. • 작은 점이 여러 개 보이는데, 어떤 모습인지 관찰하기 어렵습니다.	• 초록색입니다. • 머리카락처럼 가늘고 긴 실 모양이 여러 가닥 뭉쳐 있습니다.
광학 현미경	• 짚신처럼 끝이 둥글고 길쭉한 모양입니다. • 바깥쪽에 가는 털이 있습니다. • 안쪽에 여러 가지 모양이 보입니다.	• 여러 개의 마디로 이루어져 있습니다. • 여러 개의 가는 선이 보이고, 선 안에는 크기가 작고 둥근 초록색 알갱이가 있습니다.

② 짚신벌레와 해캄의 공통점
• 생김새가 식물이나 동물보다 단순하고 크기가 작습니다.
• 동물, 식물과 생김새가 다릅니다.
• 주로 논, 연못과 같이 물이 고인 곳이나 하천, 도랑과 같이 물살이 느린 곳에서 삽니다.

3 세균의 특징

① ❻ ☐ : 젖산균, 대장균과 같이 균류나 원생생물보다 크기가 더 작고 생김새가 단순한 생물

② 세균의 특징

- 크기가 매우 작아서 맨눈으로 볼 수 없습니다.
- 공 모양, ❼ ☐ 모양, 나선 모양 등 생김새가 다양하고, 꼬리가 달린 것도 있습니다.
- 하나씩 떨어져 있거나 여러 개가 서로 붙어 있기도 합니다.
- 땅이나 물, 공기, 생물의 몸, 우리가 사용하는 물건 등 우리 주변 어느 곳에나 살고 있습니다.
- 살기에 알맞은 조건이 되면 짧은 시간 안에 많은 수로 늘어날 수 있습니다.

4 다양한 생물이 우리 생활에 미치는 영향

이로운 영향	• 균류나 세균은 된장, 김치, 치즈, 요구르트 등의 음식을 만드는 데 이용됩니다. • 원생생물은 다른 생물의 먹이가 되거나 생물에게 필요한 ❽ ☐ 를 만듭니다. • 균류나 세균은 죽은 생물을 분해하여 지구 환경을 유지하는 역할을 합니다.
해로운 영향	• 균류나 세균은 다른 생물에게 질병을 일으키기도 하고, 음식이나 물건을 상하게 하기도 합니다. • 일부 원생생물은 적조를 일으켜 다른 생물이 살기 어려운 환경을 만들기도 합니다. • 일부 균류는 독성이 있어 먹으면 생명이 위험할 수 있습니다.

5 첨단 생명 과학이 우리 생활에 활용되는 예

질병을 치료하는 약 생산	• 세균을 자라지 못하게 하는 곰팡이의 특성을 이용하여 질병을 치료하는 약을 만듭니다. • 빠르게 번식하는 세균의 특징을 이용하여 짧은 시간 동안 많은 양의 약품을 생산합니다.
생물 연료 생산	❾ ☐ 등의 원생생물이 양분을 만드는 특성을 이용하여 친환경 생물 연료를 만듭니다.
생물 농약 생산	해충에게만 질병을 일으키거나 해충만 없애는 세균과 곰팡이의 특성을 이용하여 친환경 생물 농약을 만듭니다.
하수 처리	물질을 ❿ ☐ 하는 특성이 있는 세균, 곰팡이, 원생생물을 이용하여 하수 처리를 합니다.
인공 눈 생산	물을 쉽게 얼리는 특성이 있는 세균을 이용하여 인공 눈을 만듭니다.

탐구3 세균의 생김새 알아보기

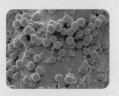
▲ 공 모양 세균

▲ 막대 모양 세균

▲ 나선 모양 세균

탐구4 다양한 생물이 우리 생활에 미치는 영향 알아보기

▲ 요구르트를 만드는 데 이용되는 세균

▲ 생물에게 필요한 산소를 만드는 원생 생물

▲ 식물에게 병을 일으키는 균류

▲ 적조를 일으키는 원생생물

탐구5 첨단 생명 과학이 우리 생활에 활용되는 예 알아보기

▲ 질병을 치료하는 약

▲ 생물 연료

▲ 생물 농약

▲ 하수 처리

◐ 정답과 해설 ● 37쪽

1 버섯, 곰팡이와 같은 생물의 몸을 이루고 있는 것은 무엇입니까?

2 균류는 (춥고 건조한, 따뜻하고 축축한) 환경에서 잘 자랍니다.

3 광학 현미경에서 재물대를 위아래로 크게 움직여 상을 찾고 상의 초점을 대략 맞출 때 사용하는 나사는 (조동 나사, 미동 나사)입니다.

4 짚신벌레, 해캄과 같이 동물이나 식물, 균류로 분류되지 않는 생물을 무엇이라고 합니까?

5 광학 현미경으로 관찰했을 때 여러 개의 가는 선이 보이고, 선 안에는 크기가 작고 둥근 초록색 알갱이가 있는 것은 (짚신벌레, 해캄)입니다.

6 세균은 균류나 원생생물보다 크기가 더 (큽니다, 작습니다).

7 (   )은/는 땅이나 물, 공기, 생물의 몸, 우리가 사용하는 물건 등 우리 주변 어느 곳에나 살고 있습니다.

8 균류나 세균이 된장, 김치, 치즈, 요구르트 등의 음식을 만드는 데 이용되는 것은 다양한 생물이 우리 생활에 미치는 (이로운, 해로운) 영향입니다.

9 (   )은/는 일상생활에서 일어나는 다양한 문제를 해결할 수 있는 최신의 생명 과학 기술이나 연구 결과를 말합니다.

10 해캄 등의 생물을 이용하여 만든 기름을 무엇이라고 합니까?

서술 쪽지 시험 (4. 다양한 생물과 우리 생활)

이름	맞은 개수

정답과 해설 ● 37쪽

4 단원

1 균류의 번식 방법을 써 봅시다.

2 균류가 양분을 얻는 방법을 써 봅시다.

3 원생생물이 사는 환경을 써 봅시다.

4 다양한 세균의 공통점을 두 가지 써 봅시다.

5 다양한 생물이 우리 생활에 미치는 영향 중 해로운 영향을 생물의 종류를 포함하여 한 가지 써 봅시다.

6 우리 생활에서 첨단 생명 과학이 활용되고 있는 예를 한 가지 써 봅시다.

[1~2] 오른쪽은 실체 현미경의 모습을 나타낸 것입니다.

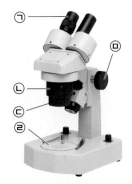

1 위 실체 현미경에서 다음과 같은 일을 하는 부분의 기호와 이름을 차례대로 써 봅시다.

> 물체와 마주 보는 렌즈이며, 물체의 상을 확대한다.

(　　　　　　　)

2 위 실체 현미경으로 버섯을 관찰할 때 가장 먼저 할 일은 어느 것입니까?　(　　　)

① 관찰 대상을 재물대에 올려놓는다.
② 회전판을 돌려 대물렌즈의 배율을 가장 낮게 한다.
③ 전원을 켜고 조명 조절 나사로 빛의 양을 조절한다.
④ 접안렌즈로 보면서 초점 조절 나사로 대물렌즈를 천천히 올려 초점을 맞춘다.
⑤ 옆에서 보면서 초점 조절 나사를 돌려 대물렌즈를 버섯에 최대한 가깝게 내린다.

3 균류에 대한 설명으로 옳지 <u>않은</u> 것은 어느 것입니까?　(　　　)

① 포자로 번식한다.
② 자라고 번식하지만 생물이 아니다.
③ 생김새와 생활 방식이 동물과 다르다.
④ 가는 실 모양의 균사로 이루어져 있다.
⑤ 죽은 생물이나 다른 생물에서 양분을 얻는다.

4 다음은 빵에 자란 곰팡이와 표고버섯입니다. 두 생물을 가리키는 말로 옳은 것은 어느 것입니까?　(　　　)

▲ 빵에 자란 곰팡이　　　　▲ 표고버섯

① 식물　　　　② 동물
③ 균류　　　　④ 세균
⑤ 원생생물

5 버섯과 곰팡이가 잘 자라는 환경에 대해 옳게 설명한 친구의 이름을 모두 써 봅시다.

> • 화석: 버섯은 여름에 잘 자라고, 곰팡이는 겨울에 잘 자라.
> • 연주: 버섯과 곰팡이는 주로 여름철에 많이 볼 수 있어.
> • 유진: 버섯과 곰팡이는 따뜻하고 축축한 환경에서 잘 자라.

(　　　　　　　)

서술형
6 우리 주변에서 곰팡이가 잘 자라지 못하게 하는 방법을 두 가지 써 봅시다.

_____

_____

[7~9] 다음은 광학 현미경으로 해캄을 관찰하는 과정입니다.

(가) 배율이 가장 낮은 대물렌즈가 가운데에 오도록 한다.

(나) 해캄 표본을 (㉠)의 가운데에 고정한 뒤, 전원을 켜고 빛의 양을 조절한다.

(다) 대물렌즈와 해캄 표본을 최대한 가깝게 한다.

(라) (㉡)(으)로 보면서 조동 나사와 미동 나사를 조절하여 초점을 맞춘다.

7 위 ㉠과 ㉡에 들어갈 광학 현미경의 부분을 옳게 짝 지은 것을 **두 가지** 써 봅시다.

(,)

① ㉠ – 재물대
② ㉠ – 회전판
③ ㉠ – 조리개
④ ㉡ – 접안렌즈
⑤ ㉡ – 대물렌즈

8 위 광학 현미경에서 대물렌즈의 배율을 조절할 때 사용하는 부분을 무엇이라고 하는지 써 봅시다.

( )

9 위 과정대로 해캄을 관찰한 결과로 옳은 것은 어느 것입니까? ( )

① 스스로 움직인다.
② 짧은 다리가 많이 있다.
③ 초록색의 잎만 가지고 있다.
④ 여러 개의 마디로 이루어져 있다.
⑤ 다양한 크기의 노란색 알갱이가 서로 붙어 있다.

10 짚신벌레의 특징에 대한 설명으로 옳지 않은 것은 어느 것입니까? ( )

① 바깥쪽에 가는 털이 있다.
② 짚신처럼 길쭉한 모양이다.
③ 안쪽에 여러 가지 모양이 보인다.
④ 식물이나 동물보다 생김새가 복잡하다.
⑤ 동물이나 식물, 균류로 분류되지 않는 원생생물이다.

서술형

11 짚신벌레와 해캄의 공통점을 사는 곳과 관련지어 써 봅시다.

_____

_____

12 다음 설명에 해당하는 생물을 써 봅시다.

• 생김새가 단순한 생물이다.
• 균류나 원생생물보다 크기가 작다.

( )

13 세균이 아닌 것을 골라 기호를 써 봅시다.

( )

[14~15] 다음은 세균이 사는 곳과 특징을 조사한 결과를 나타낸 표입니다.

세균(이름)	특징	사는 곳
대장균	(㉠) 모양이다.	대장, 배출물
포도상 구균	공 모양이고, 여러 개가 뭉쳐 있다.	공기, 음식물, 피부
헬리코박터균	나선 모양이고, 꼬리가 있다.	위

14 오른쪽은 대장균의 모습입니다. 위 표의 ㉠에 들어갈 말을 써 봅시다.

( )

15 위 표를 통해 알 수 있는 사실로 옳은 것은 어느 것입니까? ( )

① 모든 세균은 꼬리가 있다.
② 세균은 하나씩 따로 떨어져 있다.
③ 세균의 모양은 모두 같고 크기만 다르다.
④ 세균은 크기가 매우 크고 복잡한 모양의 생물이다.
⑤ 세균은 생물의 몸뿐만 아니라 공기, 음식물 등 다양한 곳에서 산다.

16 다음 적조와 관련 있는 생물과 생물이 미치는 영향을 골라 각각 ○표 해 봅시다.

(1) 생물: (균류, 세균, 원생생물)
(2) 영향: (이로운 영향, 해로운 영향)

17 생물이 우리 생활에 미치는 이로운 영향이 <u>아닌</u> 것은 어느 것입니까? ( )

① 원생생물은 산소를 만든다.
② 곰팡이는 물건을 상하게 한다.
③ 세균은 죽은 생물을 분해한다.
④ 균류는 된장을 만드는 데 활용된다.
⑤ 원생생물은 다른 생물의 먹이가 된다.

18 균류와 세균 중 일부의 수가 갑자기 많아질 때 우리 생활의 변화를 <u>잘못</u> 설명한 친구의 이름을 써 봅시다.

- 예은: 김치, 요구르트, 된장 등의 음식을 만들기 어려워져.
- 유민: 음식에 곰팡이가 빨리 피어서 음식을 먹을 수 없어.
- 태훈: 동물이나 식물이 병에 쉽게 걸릴 수 있어.

( )

19 짧은 시간 동안 많은 양의 약품을 생산하는 데 이용되는 생물을 보기 에서 골라 기호를 써 봅시다.

보기
㉠ 해충을 없애는 곰팡이
㉡ 빠르게 번식하는 세균
㉢ 물질을 분해하는 원생생물

( )

20 첨단 생명 과학이 우리 생활에 활용되고 있는 예와 활용되는 생물을 옳게 짝 지은 것은 어느 것입니까? ( )

① 생물 연료 – 물질을 분해하는 세균
② 하수 처리 – 물을 쉽게 얼리는 세균
③ 생물 농약 – 양분을 만드는 원생생물
④ 질병을 치료하는 약 – 영양소가 풍부한 원생생물
⑤ 친환경 플라스틱 제품 생산 – 플라스틱 원료를 가진 세균

1 다음은 광학 현미경의 모습입니다. [10점]

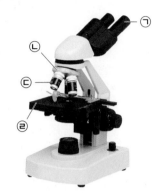

(1) 위 ㉠~㉣ 부분의 이름을 각각 써 봅시다. [4점]

㉠: (   )   ㉡: (   )
㉢: (   )   ㉣: (   )

(2) 위 광학 현미경에서 미동 나사가 하는 일은 무엇인지 써 봅시다. [6점]

_____

_____

2 다음은 다양한 세균의 모습입니다. [10점]

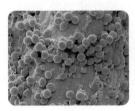  

(1) 다양한 세균의 공통점을 생김새와 관련지어 써 봅시다. [5점]

_____

_____

(2) 다양한 세균의 공통점을 사는 곳과 관련지어 써 봅시다. [5점]

_____

_____

○ 정답과 해설 ● 39쪽

1. 온도와 열

1 온도에 대한 설명으로 옳은 것을 보기 에서 골라 기호를 써 봅시다.

보기
ㄱ 단위는 cm를 사용한다.
ㄴ 온도계를 사용하여 측정한다.
ㄷ 공기의 온도는 수온이라고 한다.

( )

1. 온도와 열

2 여러 가지 온도계에 대한 설명으로 옳지 않은 것은 어느 것입니까? ( )

① 귀 체온계는 체온을 측정할 때 사용한다.
② 조리용 온도계는 고리, 몸체, 액체샘으로 이루어져 있다.
③ 적외선 온도계는 온도 표시 창에 물체의 온도가 나타난다.
④ 적외선 온도계는 주로 고체의 표면 온도를 측정할 때 사용한다.
⑤ 알코올 온도계를 주변보다 따뜻한 물에 넣으면 빨간색 액체가 관을 따라 위로 올라간다.

1. 온도와 열

3 오른쪽과 같이 차가운 물을 담은 음료수 캔을 따뜻한 물을 담은 비커에 넣고, 1분마다 음료수 캔과 비커에 담긴 물의 온도를 측정하였습니다. ( ) 안에 알맞은 말을 각각 써 봅시다.

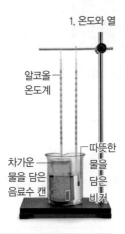

알코올 온도계
따뜻한 물을 담은 비커
차가운 물을 담은 음료수 캔

음료수 캔에 담긴 물의 온도는 (ㄱ)지고, 비커에 담긴 물의 온도는 (ㄴ)진다.

ㄱ: ( ) ㄴ: ( )

1. 온도와 열

4 온도가 다른 두 물체가 접촉하고 있을 때, 두 물체 사이에서 열이 이동하는 방향을 나타낸 것으로 옳지 않은 것은 어느 것입니까? ( )

① 국을 끓여 그릇에 담았을 때: 그릇 → 국
② 얼음 위에 생선을 올려놓을 때: 생선 → 얼음
③ 뜨거운 다리미로 옷을 다릴 때: 다리미 → 옷
④ 갓 삶은 달걀을 차가운 물에 담가 놓을 때: 삶은 달걀 → 물
⑤ 뜨거운 프라이팬에 고기를 올려놓을 때: 프라이팬 → 고기

1. 온도와 열

5 오른쪽과 같이 긴 구멍이 뚫린 구리판에 열 변색 붙임딱지를 붙이고 구리판의 가운데를 가열할 때, 열 변색 붙임딱지의 색깔 변화에 대한 설명으로 옳은 것은 어느 것입니까?

가열한 부분
ㄱ ㄴ ㄷ

( )

① ㄱ 부분만 색깔이 변한다.
② ㄴ 부분은 색깔이 변하지 않는다.
③ 색깔이 가장 먼저 변하는 부분은 ㄷ이다.
④ ㄴ → ㄱ → ㄷ 순으로 색깔이 변힌다.
⑤ 이 실험으로 고체에서는 열이 이동하지 않는다는 것을 알 수 있다.

1. 온도와 열

6 단열에 대해 옳게 설명한 사람의 이름을 써 봅시다.

• 혜진: 액체나 기체에서 열이 이동하는 과정이야.
• 수희: 고체에서 열이 고체 물체를 따라 이동하는 것을 말해.
• 지성: 온도가 다른 두 물체 사이에서 열의 이동을 막는 것을 말해.

( )

7 오른쪽과 같이 물이 담긴 비커 바닥에 파란색 잉크를 넣고 아랫부분을 가열할 때 파란색 잉크가 화살표 방향으로 움직였습니다. 이와 관련이 있는 열의 이동은 무엇인지 써 봅시다.

파란색 잉크

( )

8 오른쪽과 같이 초를 비커 바닥의 가장자리에 놓고 티(T) 자 모양 종이를 비커 가운데 걸쳐 놓은 다음, 초에 불을 붙였습니다. 초를 넣은 반대쪽 비커 바닥 근

처에 향불을 넣으니 향 연기가 초를 넣은 쪽으로 넘어가 위로 올라갔습니다. 향 연기의 움직임에 대한 설명으로 옳지 <u>않은</u> 것을 보기 에서 골라 기호를 써 봅시다.

> 보기
> ㉠ 촛불 주변의 공기는 촛불 주변에 계속 머물러 있다.
> ㉡ 향 연기가 이렇게 움직인 까닭은 기체의 대류 때문이다.
> ㉢ 초를 켜지 않고 향불을 똑같이 넣으면 향 연기는 바로 위로 올라간다.

( )

9 다음과 같이 지구에 영향을 미치는 것은 어느 것입니까? ( )

> • 지구에서 물이 순환하는 데 필요한 에너지를 공급한다.
> • 지구를 따뜻하게 하여 지구가 생물이 살기에 알맞은 환경을 만들어 준다.

① 달 ② 땅속 ③ 태양
④ 구름 ⑤ 바다

10 태양계 행성의 특징에 대해 옳게 말한 친구의 이름을 써 봅시다.

> • 영주: 수성은 청록색을 띠고 고리가 없어.
> • 재원: 천왕성은 노란색을 띠고 고리가 없어.
> • 은비: 해왕성은 파란색을 띠고 고리가 있어.

( )

11 다음 태양계 행성 중 토성과 표면의 상태가 같은 행성을 골라 기호를 써 봅시다.

▲ 금성   ▲ 목성   ▲ 화성

( )

[12~13] 다음은 지구의 반지름을 1로 보았을 때 태양계 행성의 상대적인 크기를 나타낸 표입니다.

행성	수성	금성	지구	화성
상대적인 크기	0.4	0.9	1.0	0.5
행성	목성	토성	천왕성	해왕성
상대적인 크기	11.2	9.4	4.0	3.9

12 위 표를 보고, 금성과 상대적인 크기가 가장 비슷한 행성을 써 봅시다.

( )

13 위 표에 대한 설명으로 옳지 <u>않은</u> 것을 보기 에서 골라 기호를 써 봅시다.

> 보기
> ㉠ 토성의 크기는 지구의 9.4배이다.
> ㉡ 천왕성과 해왕성은 크기가 비슷하다.
> ㉢ 수성, 금성, 화성은 상대적으로 크기가 큰 행성이다.

( )

[14~15] 다음은 태양에서 지구까지의 거리를 1로 보았을 때 태양에서 행성까지의 상대적인 거리를 나타낸 그림입니다.

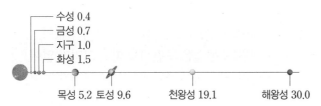

- 수성 0.4
- 금성 0.7
- 지구 1.0
- 화성 1.5

목성 5.2 토성 9.6 천왕성 19.1 해왕성 30.0

2. 태양계와 별

14 위 그림을 보고, 태양에서 가장 가까운 행성을 써 봅시다.

(   )

2. 태양계와 별

15 위 그림을 보고, 태양에서 지구까지의 거리를 두루마리 휴지 한 칸으로 정했을 때 태양에서 행성까지의 거리를 나타내는 데 필요한 휴지 칸 수가 가장 많은 행성은 어느 것입니까? (   )

① 화성   ② 지구   ③ 목성
④ 천왕성   ⑤ 해왕성

2. 태양계와 별

16 다음 (   ) 안의 알맞은 말에 ○표 해 봅시다.

> 여러 날 동안 밤하늘을 관측하면 (별, 행성)은 위치가 조금씩 변하지만, (별, 행성)은 움직이지 않은 것처럼 보인다.

2. 태양계와 별

17 밤하늘에서 북극성이 중요한 까닭을 보기 에서 골라 기호를 써 봅시다.

> 보기
> ㉠ 방위를 알 수 있기 때문이다.
> ㉡ 한 달에 한 번만 볼 수 있기 때문이다.
> ㉢ 밤하늘에서 가장 밝은 별이기 때문이다.

(   )

서술형 문제

1. 온도와 열

18 오른쪽과 같이 냄비의 바닥은 금속으로 만들고, 손잡이는 플라스틱으로 만드는 까닭을 써 봅시다.

손잡이

바닥

_____

_____

1. 온도와 열

19 오른쪽과 같이 구멍이 뚫린 아크릴 통에 열 변색 붙임딱지를 붙이고 촛불을 덮었습니다. 열 변색 붙임딱지 중 색깔이 가장 먼저 변하는 부분의 위치와 그 까닭을 써 봅시다.

초

_____

_____

2. 태양계와 별

20 다음 세 별자리의 공통점을 두 가지 써 봅시다.

> 큰곰자리, 작은곰자리, 카시오페이아자리

_____

[1~2] 다음은 온도와 양이 같은 물에 설탕, 구연산, 분필 가루를 한 숟가락씩 넣고 유리 막대로 저은 뒤, 10분 동안 그대로 두었을 때의 모습입니다.

▲ 설탕

▲ 구연산

▲ 분필 가루

3. 용해와 용액

1 위 ㉠~㉢ 중 용액을 모두 골라 옳게 짝 지은 것은 어느 것입니까? ( )

① ㉠ ② ㉢ ③ ㉠, ㉡
④ ㉡, ㉢ ⑤ ㉠, ㉡, ㉢

3. 용해와 용액

2 다음은 **1**번의 결과에서 나타나는 현상을 설명한 것입니다. ( ) 안에 알맞은 말을 차례대로 옳게 짝 지은 것은 어느 것입니까? ( )

> 가루 물질이 물에 ( )되면 ( )이/가 된다.

① 용질, 용매 ② 용질, 용액
③ 용해, 용매 ④ 용해, 용액
⑤ 용액, 용질

3. 용해와 용액

3 각설탕이 물에 용해되기 전에 측정한 무게가 다음과 같을 때 각설탕이 물에 용해된 후에 측정한 설탕물의 무게를 써 봅시다.

> • 물의 무게: 80 g
> • 각설탕의 무게: 28 g

( ) g

[4~5] 다음과 같이 온도가 같은 물이 50 mL씩 담긴 비커 세 개에 설탕, 소금, 제빵 소다를 각각 한 숟가락씩 넣고 유리 막대로 저었습니다.

▲ 설탕 ▲ 소금 ▲ 제빵 소다

3. 용해와 용액

4 위 실험에서 설탕, 소금, 제빵 소다를 한 숟가락씩 넣고 저었을 때에 대한 설명으로 옳은 것은 어느 것입니까? ( )

① 설탕은 용해되지 않고 바닥에 가라앉는다.
② 소금은 용해되지 않고 바닥에 가라앉는다.
③ 제빵 소다는 용해되지 않고 바닥에 가라앉는다.
④ 소금과 제빵 소다만 용해된다.
⑤ 설탕, 소금, 제빵 소다는 모두 용해된다.

3. 용해와 용액

5 다음은 위 실험에서 설탕, 소금, 제빵 소다를 두 숟가락씩 넣고 저었을 때의 결과입니다. ㉠~㉢ 중 제빵 소다를 넣은 것을 골라 기호를 써 봅시다.

㉠ ㉡ ㉢

( )

3. 용해와 용액

6 같은 양의 차가운 물과 따뜻한 물 중 백반이 더 많이 용해되는 것의 기호를 써 봅시다.

▲ 차가운 물

▲ 따뜻한 물

( )

7 물이 담긴 비커에 붕산을 넣고 충분히 저었는데 다 용해되지 않고 바닥에 가라앉았습니다. 남은 붕산을 모두 용해할 수 있는 방법으로 옳은 것을 <u>두 가지</u> 골라 써 봅시다. (,)

① 물을 더 넣는다.
② 붕산을 건져 낸다.
③ 붕산 용액을 큰 비커에 옮겨 담는다.
④ 붕산 용액이 든 비커를 얼음물에 넣는다.
⑤ 붕산 용액이 든 비커를 가열 장치로 가열한다.

8 물의 온도에 따라 용질이 용해되는 양을 비교하는 실험을 하려고 합니다. 이때 실험 조건 중 다르게 해야 하는 조건을 써 봅시다.

( )

9 두 용액의 진하기를 비교하는 방법으로 옳은 것을 보기 에서 모두 골라 기호를 써 봅시다.

> 보기
> ㉠ 설탕물의 진하기는 맛으로 비교할 수 있다.
> ㉡ 투명한 용액의 진하기는 색깔로 비교할 수 있다.
> ㉢ 소금물의 진하기는 방울토마토와 같은 물체를 넣어 비교할 수 있다.

( )

10 황설탕 용액의 진하기를 비교할 수 있는 방법이 <u>아닌</u> 것은 어느 것입니까? ( )

① 용액의 맛 　　② 용액의 색깔
③ 용액의 냄새 　　④ 용액의 무게
⑤ 용액의 높이

11 버섯과 곰팡이에 대한 설명으로 옳지 <u>않은</u> 것은 어느 것입니까? ( )

① 균류이다.
② 포자로 번식한다.
③ 맨눈으로 관찰할 수 있다.
④ 스스로 양분을 만들지 못한다.
⑤ 따뜻하고 건조한 환경에서 잘 자란다.

12 짚신벌레와 해캄에 대한 설명으로 옳지 <u>않은</u> 것은 어느 것입니까? ( )

① 해캄은 여러 가닥이 뭉쳐 있다.
② 해캄은 초록색이며 가늘고 길다.
③ 짚신벌레는 동물이고, 해캄은 식물이다.
④ 짚신벌레는 안쪽에 여러 가지 모양이 보인다.
⑤ 짚신벌레는 길쭉한 모양이고 바깥쪽에 가는 털이 있다.

13 짚신벌레와 해캄이 사는 환경으로 옳은 것을 보기 에서 골라 기호를 써 봅시다.

> 보기
> ㉠ 물과 땅을 오가며 산다.
> ㉡ 숲 속의 바위틈에 붙어서 산다.
> ㉢ 물이 고인 곳이나 물살이 느린 곳에서 산다.

( )

14 다음은 광학 현미경으로 짚신벌레 영구 표본을 관찰하는 방법 중 일부분을 나타낸 것입니다. ( ) 안에 들어갈 말을 각각 써 봅시다.

> (가) 접안렌즈로 보면서 (㉠)(으)로 재물대를 내려 짚신벌레를 찾고, (㉡)(으)로 초점을 정확히 맞춘다.
> (나) 대물렌즈의 배율을 높이고, (㉡)(으)로 초점을 맞추어 관찰한다.

㉠: ( ) ㉡: ( )

15 다음과 같은 특징을 가진 생물의 종류를 써 봅시다.

4. 다양한 생물과 우리 생활

- 우리 주변 어느 곳에나 산다.
- 균류나 원생생물보다 크기가 더 작다.
- 살기에 알맞은 조건이 되면 짧은 시간 안에 많은 수로 늘어날 수 있다.

( )

16 오른쪽 세균에 대해 설명한 것으로 옳은 것을 보기 에서 골라 기호를 써 봅시다.

4. 다양한 생물과 우리 생활

보기
㉠ 막대 모양 세균이다.
㉡ 여러 개가 뭉쳐 있다.
㉢ 생물이라고 할 수 없다.
㉣ 곰팡이보다 크기가 크다.

( )

17 첨단 생명 과학을 우리 생활에 활용한 예로 옳지 <u>않은</u> 것은 어느 것입니까? ( )

4. 다양한 생물과 우리 생활

① 버섯으로 찌개를 끓인다.
② 세균으로 오염된 물질을 분해한다.
③ 세균으로 스키장의 인공 눈을 만든다.
④ 해캄 등의 생물을 이용하여 생물 연료를 만든다.
⑤ 영양소가 풍부한 원생생물로 건강식품을 만든다.

18 다음은 진하기가 다른 설탕물이 담긴 세 개의 비커에 같은 메추리알을 넣은 모습입니다. ㉠~㉢ 중 가장 진한 용액의 기호를 쓰고, 그 까닭을 써 봅시다.

3 용해와 용액

_____

_____

19 다양한 생물이 우리 생활에 미치는 이로운 영향과 해로운 영향을 각각 <u>한 가지</u>씩 써 봅시다.

4. 다양한 생물과 우리 생활

(1) 이로운 영향: _____

_____

(2) 해로운 영향: _____

_____

20 다음 생물들과 관련된 첨단 생명 과학이 우리 생활에 활용되는 예를 각각 <u>한 가지</u>씩 써 봅시다.

4. 다양한 생물과 우리 생활

원생생물, 세균

(1) 원생생물: _____

_____

(2) 세균: _____

_____

oE 오·투·시·리·즈 생생한 학습자료와 검증된 컨텐츠로 과학 공부에 대한 모범 답안을 제시합니다.

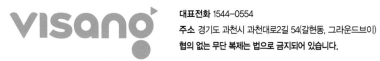

대표전화 1544-0554
주소 경기도 과천시 과천대로2길 54(갈현동, 그라운드브이)
협의 없는 무단 복제는 법으로 금지되어 있습니다.

초등 수학 고민 끝!
비상 수학 시리즈로 해결

◇ 초등 수학 교재 가이드 ◇

		기초	기본	응용	심화
초등 필수 역량서	완자 **공부력** 계산	다양한 계산 문제로 **속도와 정확성** 키우기			
	완자 **공부력** 문장제 기본		수학 문장제 기본 패턴을 익히고 문제 해결력 강화		
	완자 **공부력** 문장제 발전			수학 문장제 응용 문제를 풀면서 문제 해결력 완성	
개념 완성 개념서	교과서 **개념잡기**	교과서 개념 **4주 만에 단기 완성**			
연산서	**개념+연산** 라이트	전 단원 연산 훈련으로 기본 연산력 완성			
	개념+연산 파워		기초·스킬업·문장제 연산으로 응용 연산력 완성		
기본서	**개념+유형** 라이트	기초에서 응용까지 기본 실력 완성			
	개념+유형 파워		기본에서 심화까지 응용력 완성		
심화서	**개념+유형** 최상위 탑 / 수학의 신			다양한 심화 유형으로 종합 사고력 향상	

※ 『최상위 탑』은 『수학의 신』으로 전면 개편 예정 / 초등 3, 4학년: 25년 초 출간 예정, 초등 5, 6학년: 26년 초 출간 예정

오ㅌ 오·투·시·리·즈   생생한 학습자료와 검증된 컨텐츠로 과학 공부에 대한 모범 답안을 제시합니다.

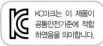

비상교재
누리집에
방문해보세요

http://book.visang.com/

발간 이후에 발견되는 오류 비상교재 누리집 〉 학습자료실 〉 초등교재 〉 정오표
본 교재의 정답 비상교재 누리집 〉 학습자료실 〉 초등교재 〉 정답·해설

ISBN 979-11-6609-855-0

정가 15,000원
품질혁신코드 VS01QI23_4

KC마크는 이 제품이
공통안전기준에 적합
하였음을 의미합니다.

초등학교   반   번   이름